畜禽养殖场生物安全

胡新岗　王　胜　主编

中国农业出版社
农村读物出版社
北　京

内容提要

本书根据各类畜禽养殖场（户）生物安全体系建设实际需要，结合畜禽疫病防控专业教学及兽医防疫咨询服务的实践经验，并参阅相关文献资料编写而成。全书从畜禽养殖场生物安全知识概述、畜禽养殖场生物安全设施规划与建设、畜禽养殖中的生物安全管理、畜禽养殖场生物安全消毒技术、畜禽养殖场生物安全其他操作技术、畜禽养殖场疫情应急处置、畜禽养殖场疫病监测与净化等方面系统介绍了养殖场生物安全体系的相关概念及养殖场生物安全体系的建设内容。

全书注重内容的科学性、实用性，力求反映养殖场动物疫病防控所需的新知识、新技术、新方法，内容丰富，系统全面，图文并茂，通俗易懂，易于操作，不仅适于作为集团化养殖企业、一般养殖场（户）兽医防疫人员的工作手册，也适于饲养管理人员阅读借鉴，还可作为职业院校畜牧兽医类专业师生及基层村级动物防疫员的学习工作参考资料。

编写人员

主　　编　胡新岗　王　胜

副 主 编　李其松　蔡丙严　黄银云　黄　健

编写人员　（以姓氏笔画为序）

王　胜（南京宝辉生物饲料有限公司）
王　勇（南京新九州农牧科技有限公司）
李其松（南京新九州农牧科技有限公司）
吴玉龙（南京新九州农牧科技有限公司）
吴春阳（南京新九州农牧科技有限公司）
陆　昊（南京新九州农牧科技有限公司）
郁小霞（宿迁市泗阳县畜牧兽医站）
郑晓萍（苏州市吴中区畜牧兽医站）
胡新岗（江苏农牧科技职业学院）
郭海波（南京新九州农牧科技有限公司）
黄　健（南京宝辉生物饲料有限公司）
黄银云（江苏农牧科技职业学院）
蔡丙严（江苏农牧科技职业学院）

审　　稿　刘俊栋（江苏农牧科技职业学院）

前言

FOREWORD

近年来，我国畜牧业发展十分迅速，畜禽养殖业已经成为农业农村经济发展的支柱产业，养殖主体呈现集团化养殖企业、规模化养殖场、养殖小区、家庭牧场及养殖户并存的局面，对保障民生、振兴经济发挥了重要作用。但是必须看到，畜牧业发展常常受到疫病风险、市场风险、政策风险、行业风险、饲养管理风险等多重风险影响，特别是疫病风险对养殖业的影响尤为严重。加强动物疫病防控，保障养殖业和公共卫生安全向来是党和国家农业农村政策的关注点，也是养殖业自身的责任和义务。

2018 年以来非洲猪瘟疫情对我国养猪业的严重打击，暴露了我国养殖业动物疫病防控的薄弱环节，其中养殖场生物安全体系不健全是各地疫情发生的根本原因。因此，熟悉养殖场生物安全体系内容，加强养殖场生物安全体系建设成为各类养殖主体、兽医防疫工作者必须重视的问题。为了帮助广大畜牧兽医工作者熟悉什么是养殖场生物安全体系，养殖场如何建设生物安全体系，编者根据长期企业实践及教学研究经验，并参阅相关文献资料，组织编写成此书。

本书从畜禽养殖场生物安全知识概述、畜禽养殖场生物安全设施规划与建设、畜禽养殖中的生物安全管理、畜禽养殖场生物安全消毒技术、畜禽养殖场生物安全其他操作技术、畜禽养殖场疫情应急处置、畜禽养殖场疫病监测与净化等方面，系统介绍了养殖场生物安全体系的相关概念及养殖场生物安全体系的建设内容。在编写过程中，注重内容的科学性、实用性，力求反映养殖场动物疫病防控所需的新知识、新技术、新方法，内容丰富，系统全面，图文并茂，通俗易懂，易于操作，不仅适于作为集团化养殖企业、一般养殖场（户）

兽医防疫人员的工作手册，也适于饲养管理人员阅读借鉴，还可作为职业院校畜牧兽医类专业师生及基层村级动物防疫员的学习工作参考资料。

本书共7章，具体编写分工如下：第一章由胡新岗编写，第二章由王勇、郭海波编写，第三章由吴春阳、陆昊编写，第四章由王胜、李其松编写，第五章由胡新岗、黄银云、郁小霞编写，第六章由蔡丙严、吴玉龙、郑晓萍编写，第七章、附录由黄健编写。全书由胡新岗、王胜统稿，由刘俊栋审稿。

在本书编写过程中，得到了南京宝辉生物饲料有限公司、南京新九州农牧科技有限公司、江苏农牧科技职业学院有关领导的关心和支持，在此表示感谢。同时感谢本书参考文献的编著者，对他们为养殖业的辛苦付出致敬。

由于编写时间仓促和编者水平有限，书中不足之处在所难免，恳请广大同仁和读者不吝指正，深表谢忱。

编　者

2020年9月

目 录

CONTENTS

前言

第一章 畜禽养殖场生物安全知识概述 …… 1

第一节 生物安全与养殖场生物安全体系 …… 1
第二节 养殖场生物安全体系建设的意义 …… 3

第二章 畜禽养殖场生物安全设施规划 …… 5

第一节 养殖场的选址要求 …… 5
第二节 养殖场的规划布局 …… 7

第三章 畜禽养殖中的生物安全管理 …… 11

第一节 养殖场人流与物流的安全管理 …… 11
第二节 养殖场饲料与饮用水安全管理 …… 19
第三节 养殖场粪污的安全处理 …… 26
第四节 养殖场虫鼠的预防与灭杀 …… 30
第五节 养殖场安全追溯体系的建立 …… 34

第四章 畜禽养殖场生物安全消毒技术 …… 37

第一节 消毒的基础知识 …… 37
第二节 影响消毒效果的因素 …… 44
第三节 常用消毒剂消毒效果及安全性评价方法 …… 46
第四节 养殖场常用的化学消毒剂 …… 51
第五节 常见消毒的误区 …… 72
第六节 养猪场的消毒 …… 76

第七节　养禽场的消毒 …………………………………… 90

第五章　畜禽养殖场生物安全其他操作技术 ……………… 103

第一节　预防接种技术 ………………………………… 103
第二节　药物预防技术 ………………………………… 125
第三节　驱虫技术 ……………………………………… 135
第四节　养殖场化验室生物安全 ……………………… 139

第六章　畜禽养殖场疫情应急处置 ………………………… 144

第一节　动物疫情报告 ………………………………… 144
第二节　动物疫情调查与分析 ………………………… 147
第三节　动物尸体剖检及病料采集、包装与送检 …… 154
第四节　患病动物隔离与处理 ………………………… 170
第五节　病害动物扑杀与无害化处理 ………………… 173

第七章　畜禽养殖场的疫病监测与净化 …………………… 182

第一节　养殖场的日常疫病监测 ……………………… 182
第二节　养殖场的生产性检疫 ………………………… 191
第三节　规模化畜禽养殖场动物疫病净化 …………… 197

附　录 ……………………………………………………… 206

附录一　一、二、三类动物疫病病种名录 …………… 206
附录二　病死及病害动物无害化处理技术规范 ……… 208

参考文献 …………………………………………………… 217

第一章　畜禽养殖场生物安全知识概述

第一节　生物安全与养殖场生物安全体系

一、生物安全

生物安全是指生物的正常生存、发展以及人类的生命和健康不受人类开发利用活动侵害和损害的状态，或者说，生物安全是各种生物不受外来不利因素侵害和损害的状态。其中，外来因素包括现代生物技术的开发和应用（如转基因技术），外来有害生物如害虫、真菌、细菌、线虫、病毒和杂草等的引进和扩散，以及对人类生产和健康造成不利影响的各种传染病等。生物安全的概念有狭义和广义之分。狭义的生物安全是指防范现代生物技术的开发和应用所产生的负面影响，即对生物多样性、生态环境及人体健康可能造成的风险。广义的生物安全还包括重大新突发传染病、动植物疫情、外来生物入侵、生物遗传资源和人类遗传资源的流失、实验室生物安全、微生物耐药性、生物恐怖袭击、生物武器威胁等。因此，生物安全中的“安全”二字，从广义上理解，不仅包含安全的意思，也含有安全保护、安全防范的意思。本书所指生物安全可分为养殖场生物安全和实验室生物安全两种。

养殖场生物安全是指为了阻断各种具有致病性的细菌、病毒、真菌等微生物及寄生虫、有害生物等侵入养殖场动物群并进行增殖而采取的各种动物保护措施和病原侵入防范措施。这里的“阻断”措施即“切断传播途径”的措施，从空间上来说包含三层意思，一是切断养殖场间传播，构建养殖场的生物安全屏障，阻断病原在养殖场之间传播；二是切断养殖场内舍间传播，即通过实施场内的环境消毒，阻断病原在场内各生产单元之间的传播；三是阻断舍内畜禽间传播，即通过带动物消毒、免疫，阻断病原在某个生产单元内动物个体间的传播。动物保护措施，包括给动物提供安全全价的饲料与清洁的饮水，创造干净、整洁、卫生、通风、透光的生活生产环境，及时消灭养殖场内环境中、人体物体携带的病原微生物及场舍内可见有害生物，通过免疫接种将易感动物群转化为非易感动物群等。病原侵入防范措施，包括引进动物的隔离检疫，饲养动物的常规生产性检疫，采取措施阻断病原的水平传播与垂直传播，强化饲料原料、人员、车辆、用具等的流通管控等。

实验室生物安全是避免危险生物因子造成实验室人员暴露、向实验室外扩散并导致危害的措施，涉及为防止病原体的任何泄露和意外释放而采取的防护措施的各个方面，即如何保证实验室的生物安全条件和状态不低于允许水平，可避免实验室人员、来访人员、社区及环境受到不可接受的损害，并符合相关法规、标准等对实验室生物安全责任的要求；而生物安全保障是为防止病原体的偷盗、误用或故意释放而采取的保障措施。安全处理传染性病原体不仅需要良好的生物安全程序，而且要有生物安全保障计划。实验室生物安全的重点任务是实验室感染的控制、实验室对周围环境影响的控制以及对实验室和感染性实验材料的管理控制。

二、养殖场生物安全体系

养殖场生物安全体系是指现代畜禽养殖中为阻断病原微生物侵入畜禽机体，保证畜禽养殖全程健康的一项系统工程，即对养殖场的选址、设计、建筑到生产、管理进行全程标准化控制，从而保证动物本身及其产品（肉、蛋、奶）在生产环节的安全健康。生物安全体系的建立需要观念层面的重视、建设层面的投入、操作层面的规范。生物安全的所有措施都要围绕消灭传染源、切断传播途径、降低易感动物这三个方面展开。生物安全体系的内涵可以简单概括为：所有在动物体外杀灭病原微生物、降低机体感染病原微生物的机会和切断病原微生物传播途径的措施组合。

养殖场生物安全体系作为国际公认的防控动物疫病的有效手段，是世界畜牧业发达国家兽医专家学者和动物养殖企业经过数十年科学研究和对生产实践经验不断总结，提出的最优化的全面的畜牧生产和动物疫病防治系统工程。动物养殖场生物安全体系是预防临床或亚临床疾病的总规划及措施，重点强调环境因素在保证动物健康中所起的决定性作用，同时充分考虑了动物福利和动物养殖对周围环境的影响因素，即：使动物生长处于最佳状态的生产体系中，发挥其最佳的生产性能，并最大限度地减少对环境的不利影响，实现企业利益与社会责任的和谐统一。不同畜牧生产类型对生物安全的需要不同，其生物安全体系中各组成要素的作用和重要性也不一样，但各种生物安全体系的基本构成要素是一致的。概括而言，生物安全体系一般包括如下几个方面：环境控制（包括养殖场选址、规划、布局与环境消毒等）、人员控制（包括生物安全培训教育、消毒、个人防护与健康管理等）、畜禽生产群控制（包括养殖方式、免疫、驱虫、药物预防等）、饲料控制、饮水控制、物品设施控制、车辆用具的清洁与消毒、废弃物与污物处理、虫鼠鸟兽等生物危害控制、患病动物隔离与处理、病死动物无害化处理、免疫抗体监测与垂直传播性疫病净化、常规动物生产性检疫、动物标识佩戴与养殖档案管理以及与之配套的生物安全管理制度建设等。

第二节　养殖场生物安全体系建设的意义

养殖场生物安全体系建设是贯彻落实《国家中长期动物疫病防治规划（2012—2020 年）》的迫切要求，是养殖企业降低防控成本、提高防控质量和增强企业竞争力的有效手段，是促进畜牧业健康发展、维护动物性产品质量安全和公共卫生安全的重要保障，是保障动物疫病防控或净化效果的重要措施，是建立生物安全隔离区的核心内容，是评价生物安全隔离区建设是否合格的重要依据。

一、建立生物安全体系可以有效降低我国养殖业疫病风险

作为当今世界快速发展的新兴经济体和生物多样性大国，我国面临的生物安全形势十分严峻。当前，我国生物安全防控面临的巨大挑战，在养殖业主要表现为新突发传染病，如 2007 年小反刍兽疫首次侵入我国，随后在我国多省份出现小反刍兽疫疫情，对我国的养羊业产生了较大的影响；2018 年非洲猪瘟侵入我国东北地区，并引发全国性的非洲猪瘟疫情，不仅给我国养猪业造成难以估量的经济损失，对城乡居民的肉食品供应也产生了巨大的影响。2020 年 2 月 14 日，在中央全面深化改革委员会会议上，习近平总书记指出，要把生物安全纳入国家安全体系，系统规划国家生物安全风险防控和治理体系建设，全面提高国家生物安全治理能力。研究表明，非洲猪瘟的防控关键是猪场生物安全体系建设，体系建设好的猪场，非洲猪瘟疫情发生概率大大降低。

二、建立生物安全体系可以有效提高养殖场动物防疫水平

畜禽生产尤其是集约化饲养的畜禽，经常面临着各种各样疾病的侵袭。疾病可来自多种病原，如病毒、细菌、双孢子球虫或真菌。然而，疾病的来源和扩散都是通过可识别的、携带病菌的带菌者，这些带菌者包括动物本身、饲养管理动物的人、污染的水和饲料、饲养动物的畜舍和设备、甚至空气等。虽然药物和疫苗一直以来都对治疗疾病起着重要的作用，但目前普遍接受的观点是它们不能完全防止由疾病带来的损失。现代化的养殖场需要对此进行全面的考虑。如果病原微生物存在的环境不能得到完全控制，良好的饲养管理也不能严

格地执行，单纯依靠药物和疫苗无法有效地保护畜禽不受到感染。畜禽必须处于病原体和传播途径都被控制的环境中，在这样的环境下疫苗和药物才能有效发挥作用。在疾病控制的三个主要方面中，生物安全是一个关键的因素。在维护畜禽健康中，三个方面中的任何一个都是必不可少的，而且每方面都与其他两个方面具有相关性。通常所见到的情况是，大多数养殖场由于实施较差的消毒标准或规范削弱了药物治疗和免疫程序的功效，或者因为不够重视生物安全而导致了大量疾病的暴发，从而体现不出良好饲养管理的优势。无论补救措施怎样，其结果都是必然造成生产效率的下降和经济效益的损失。

三、建立生物安全体系可以为动物疫病净化提供技术保障

生物安全管理体系是阻断病原体传入畜禽养殖场、在场内传播并向场外扩散所采取的各种措施。通过采取适当的生物安全措施，可大幅减少甚至消灭场区环境中的病原微生物、虫卵，避免畜禽早期感染，提高免疫成功率，降低动物疫病发病概率，对实现《国家中长期动物疫病防治规划（2012—2020年）》中动物疫病防治以及消灭计划提供重要支撑。生物安全管理措施落实情况是评估动物疫病净化创建场和动物疫病净化示范场的重要依据，养殖场可依据生物安全管理体系的具体要求做好疫病净化的软硬件改造，保障净化期间采样、检测、阳性群淘汰清群、无害化处理等措施顺利实施，同时健全生物安全防护设施设备、加强饲养管理、严格消毒、规范无害化处理，以保障动物疫病净化创建场和动物疫病净化示范场的净化效果的后续维持。

四、建立生物安全体系可以促进动物及动物产品的国际贸易

随着经济的高速发展，全球经济一体化进程的不断加快，动物及动物产品国际贸易日趋频繁，导致部分疫病突破地域、地理隔离等因素在全球范围内传播流行。例如，禽流感、疯牛病等均引发过严重的公共卫生和食品安全危机。在动物及动物产品国际贸易过程中，为保护本国的公共卫生和食品安全，进口国往往对发生疫情的国家进行贸易限制，严重阻碍了动物及动物产品在国际间的贸易。生物安全管理体系是生物安全隔离区建设的重要内容，其根本目的是在更小的范围内维持无疫状态，有利于生物安全管理措施落实到位的企业在周边区域有疫情暴发时，正常开展国际贸易，避免因贸易壁垒造成企业损失，有利于促进更多的畜禽养殖企业朝着标准化、集约化的方向转变生产方式，从而提高企业核心竞争力，进而在目前动物疫病威胁日趋严峻的情况下保障动物及动物产品在国际贸易中的正常开展。

第二章　畜禽养殖场生物安全设施规划

第一节　养殖场的选址要求

畜禽养殖工作开展第一步就是畜禽养殖场址的选择，科学合理的场址不仅要考虑生产的需要、饲养管理模式、养殖规模化水平、地方法律法规的要求等，还要考虑居民的消费观念、消费水平、地方资源的综合利用、地方畜牧发展特点等因素，同时还要兼顾地势、地形、水源、土壤、环保、防疫和道路等方面影响。

1. 地势和地形　地势较高平、干燥、背风开阔、向阳通风，近20年内无水灾记录；尽量利用废弃地、空闲地、生荒地等非耕地建设。地形指的是养殖舍的场地形状、大小面积以及周边的树林、河流、桥梁等情况。作为牧场场地，要求地形整齐、开阔、有足够面积，便于合理布置牧场建筑和各种设施，并有利于充分利用场地。

2. 土壤和水源　畜牧场场地的土壤情况对畜禽舍影响很大。透气性和渗水性差的熟土，一般持水力强，降水后易潮湿、泥泞，场区空气湿度较大；砂土透气透水性好，降水后不易潮湿、易干燥，自净作用好，但其导热性强，热容量小。土壤介于砂土和熟土之间，透气性和渗水性适中，场区空气卫生状况较好，抗压能力较大，不易发生冻土，建筑物也不易受潮，是畜牧场最理想的土壤。水源一定要清洁卫生，畜禽养殖舍选址所需水资源至少要满足以下条件：周边水源要充足，至少能够保证养殖场内正常的用水需要；水质要保证良好，至少得保证达到生活饮用水的水质标准；便于卫生防护，避免被污染；取用方便，保证水资源处理技术简单易行。

3. 环保要求　符合环保法律法规，建设相应的粪污贮存、雨污分流等污染防治配套设施以及综合利用和无害化处理设施并保障其正常运行，每头存栏猪0.5m^3的粪浆或沼液贮存池；有消纳沼液的土地，以存栏50头种母猪计，需要6.67hm^2土地消纳粪污，100头则需要13.34hm^2。

4. 防疫要求　养殖场选址应坚持“不对周围环境造成污染、也不受周围环境污染”的原则，选址必须通过风险评估。《动物防疫条件合格证》发证机关要组织开展兴办畜禽养殖场选址风险评估，依据场所周边的天然屏障、人工屏障、行政区划、饲养环境、动物分布等情况，以及动物疫病的发生、流行状况等因素实施风险评估，根据评估结果确认选址。一般而言，建议选址距离生活饮用水水源地、动物屠宰加工场所、动物和动物产品集贸市场500m以上；距离种畜禽场1km以上；距离动物诊疗场所200m以上；动物饲养场（养殖小区）之间距离不少于500m；距离动物隔离场所、无害化处理场所3km以上；距离城镇居民区、文化教育科研等人口集中区域及公路、铁路等主要交通干线500m以上。

5. 地理位置要求 养殖场选择要严格遵守社会公共卫生准则，保证养殖舍不污染周边环境，同时，也不被周边环境所污染。符合当地养殖业规划布局的总体要求，建在规定的非禁养区内，符合环境保护和动物防疫要求。新建、改建和扩建养殖场、养殖小区按照《中华人民共和国环境影响评价法》的有关规定进行环境影响评价，并提出切实、可行的污染物治理和综合利用方案。符合当地土地利用总体规划和城乡发展规划，建设永久性养殖场、养殖小区和加工区不得占用基本农田，充分利用空闲地和未利用土地。坚持农牧结合、生态养殖，既要充分考虑饲草料供给、运输方便，又要注重公共卫生。建在地势平坦、场地干燥、水源充足、水质良好、排污方便、交通便利、供电稳定、通风向阳、无污染、无疫源的地方，处于村庄常年主导风向的下风向。

6. 交通条件 畜禽养殖舍所处地方要保证交通方便，尤其是那些大型的、规模化的商品畜禽养殖场，由于其每天运输的产品、饲料等量大，由此，必须要有便捷的交通运输条件来维持其日常工作的正常开展。但是，如果选址在交通干道，又容易感染各种疾病。所以，在选址时一定要保证与交通干道有适当的距离，且交通方便。建议距离铁路和一二级公路不少于500m、距离地方三级公路不少于200m、距离四级公路不少于100m；条件允许的，可考虑与地方主干道间修建一条专用运输道路。

7. 供料和供电条件 饲料是畜禽养殖最为重要的物质基础，这部分费用所占的比例占到了总成本的70%左右。由此，选址时一定要综合考虑饲料供应问题。现在集团化养殖场都有自己的饲料厂，配送方便。规模化养殖场或就近选择饲料供货商，或在养猪场内自建小型饲料厂。为了维持正常的生产需要，缩减成本支出，养殖舍应该建在靠近供电线路的地方，最好是采用工业电、民用电双路供电，同时配备小型发电房，以备万一。

第二节　养殖场的规划布局

一、畜禽养殖场的规划布局

场址的选择及场内布局是建立畜禽养殖场的关键，如场址选择不符合动物防疫条件的要求，即使场内规划再好，总体也不符合动物防疫条件的要求。畜禽养殖场布局合理是建立良好畜牧场环境和组织高效率生产的基础和可靠保证，有利于减少畜禽疫病的传播，促进畜禽的健康生产。养殖场总体规划布局事关养殖场规划设计，既关系到投资效益，又关系到公共卫生安全，是养殖场建设的前期工作。只有周密规划、科学设计，才能保证养殖场的长远发展，减少养殖建设投资，最大限度节约养殖成本。

（一）规划和布局原则

合理利用地形、风向和光照，有效利用土地，分区规划布局，为畜禽创造适宜的环境，充分发挥畜禽的生产潜力；有利于兽医卫生制度的执行，防止和减少疫病发生。规划布局要符合生产工艺要求，保证生产的顺利进行和各项技术措施的实施。各类建筑物的布局和建设必须与本场生产工艺相结合，否则必将给生产造成不便，甚至使生产无法进行。合理确定各类建筑物的数量和位置，做到方便生产管理，有效发挥各类建筑物的作用，有利于整体工作效率的提高。因地制宜，就地取材，尽量降低工程造价和设备投资。总体上要做到：因地制宜、科学合理，便于疫病防控、保障公共卫生安全，有利于饲养管理、利于环保。另外需考虑今后发展，应留有余地；场地建筑物的配置应做到紧凑整齐。

（二）各区规划

1. 场地规划　在所选定的场地上进行分区规划，确定各区生产、建筑物的合理布局，达到分区合理、协调发展。在满足生产的前提下尽量节约用地，要利用地形地势解决挡风防寒、通风防热、采光等问题。规模化养殖场一般分为生活区、管理区、生产区、隔离区等。生活区包括办公室、接待室、财务室、食堂、宿舍等，是管理人员和家属日常生活的地方，应单独设立，一般设在生产区的上风向，或与风向平行的一侧。管理区包括饲料加工车间、饲料仓库、修理车间、车库、药房、兽医室、消毒室（更衣、洗澡、消毒）、配电室、锅炉房、水泵房等，它们和日常的饲养工作有密切的关系，所以这个区应该与生产区毗邻建立。生产区是养殖场的核心，主要包括各种畜舍，应根据不同用途、类型、畜禽不同发育阶段来确定不同类型畜舍的位置。种畜和幼畜应放在防疫比较安全的地方，外来人员不得入内，一般要求上风向；大规模的养殖场应进一步划分为种畜、幼畜、育成畜、商品畜等不同类型畜舍。隔离区应设在生产区的下风向和养殖场地势最低处，主要用来设置病畜隔离间及粪便、污水集中处理设施，属于养殖场卫生防疫和环境保护工作的重点区域。场地规划还应做到：场区出入口处设置与门同宽的消毒池，消毒液必须保证其有效性；生产区与生活办公区分开，并有隔离设施；生产区入口处设置更衣消毒室，各养殖畜舍出入口设置消毒池或者消毒垫。

2. 场内道路 根据功能决定宽度，路面要求硬化，污道、净道严格分开，勿交叉使用。硬化的道路有利于清扫、消毒，污道为淘汰畜禽、畜禽粪污出场的通道。

3. 排水设施 实行“雨污分流”原则，排雨雪水设施和排污水设施两者要分开。

4. 绿化设施 养殖场绿化对改善场区小气候作用很大，包括防风林、隔离林、行道绿化、遮阳绿化等。现阶段随着防疫压力的不断加大，养殖场现在一般不栽树，以防招来野鸟受其威胁。因为野鸟迁徙距离远，其抵抗力很强，带毒不发病，但可以传染给畜禽，引发烈性传染病的发生。

（三）建筑物布局

1. 建筑物的排列 建筑物长度一般不能超过 120m，避免过长而造成饲料、粪污运输距离加大，管理和工作不便。

2. 建筑物的位置 根据生产功能，畜舍之间，畜舍与饲料库，畜舍与粪便、污水处理区相互联系，应合理安排；根据防疫要求，先是种幼畜，再次为生产群，病畜和粪污处理在最下风向和地势最低处。

3. 建筑物的朝向 畜舍要求尽可能东西走向，坐北朝南，这样可以做到冬暖夏凉。

4. 建筑物的间距 根据畜舍的采光、通风、防疫、防火和占地面积；幢舍间距应为 2～3 倍幢舍高，可满足各种要求。畜舍的排列、布置要考虑进风方向和排风方向，不让一些幢舍排出的污浊空气被另一些幢舍吸入舍内，还要考虑利用自然光照。畜舍到生活区距离至少为 100m，畜舍到围墙的距离至少为 50m，畜舍间的距离至少为 30m。

总之，为了更好地解决养殖场及其周边环境日益突出问题，防止环境污染，保障人畜健康，促进畜牧业的可持续发展，必须遵守畜禽养殖场选址和布局的原则：一是依照国家法规，考虑当地条件；二是采用科学的饲养管理工艺；三是经济上合理，技术上可行；四是为畜禽和管理人员创造良好的环境。

二、楼房养猪的规划布局

我国是人口大国、也是养猪大国。近二十年来，养猪业在不断发展壮大，随着养猪业的科技发展，养猪也走进空中，楼房养猪已落地变成现实。

（一）楼房养猪优势

1. 集约用地　建一个万头规模猪场（即 24 头基本公猪，600 头基本母猪，每年提供万头左右仔猪或肉猪），按传统方式建需要 4.67hm^2 用地，按现代工厂化养猪也需要 2.0hm^2 用地；而楼房养猪，只需要 0.7hm^2 用地，节省用地 60%左右。

2. 缓解环保压力　楼层之间有落差，可方便排污和集中处理污水，而且排污沟暴露面较小，大大减轻了污染程度。

3. 高楼通风和采光好，能有效防止病菌传播　在夏季，门窗全开，高层通风、透光，空气清新、凉爽。在北方，冬季门窗封闭、薄膜扣严，及时清粪并控制冲水，顶棚防寒，加强保暖，比不采暖平房要好很多。

4. 有利环保　人工清粪、控制冲水，在楼内管道行程短，及时排放，与过滤池、沉降池、鱼池、稻田等有机结合起来，就可建成一个防治污染、保护环境、有益人体健康的生态养殖场。

5. 动物福利最大化　基于猪的生长需求对楼房猪场进行了大量研究，从栏舍宽度、营养摄入到温度高低等均充分考虑了动物福利，给猪群提供了安全舒适的生长环境，并在设计上把生物安全放在第一位，通过闭锁繁育、空气过滤、全周期全进全出和多层防护的结构化生物安全体系建设等实现全方位立体化的高强度猪场生物安全。同时实现对人员、车辆和物资出入的管控，阻隔外部细菌病毒。通过内部层层分级，形成各层独立空间，有效防止不同层级间的交叉，最大限度地控制和减少疾病传播隐患。

（二）楼房养猪选址要求

交通方便，远离交通要道，距公路 1 000m 以上。距铁路、交通干线、居民点、其他牧场 2 000m 以上；不要在旅游地区、畜禽疫病污染区域、屠宰加工场地和工业污染严重地区建场。工程地质条件良好。一般应选择地基的地耐

力 $R \geqslant 12t/m^2$ 以上的地质，以防止滑坡、断层。地势干燥，通风良好。水源充足，水质良好。符合中华人民共和国农业行业标准《无公害食品畜禽饮用水水质标准》(NY 5027—2001)。电源较近，电力充足。

（三）楼房养猪设计要求

根据尽量节省土地的原则，楼层就高不就低，尽量建 5～6 层的高楼，少建或不建 3 层以下的猪舍。楼房猪舍的朝向主要考虑日照和通风效果，宜使畜舍纵墙和屋顶在冬季多接受日照、夏季少接受日照，以改善舍内温度状况，取得冬暖夏凉的效果。楼房上下空间要对温度、湿度、光照和环境卫生等进行有效控制，创造舒适的小环境，更好、更合理地满足和保证所养阶段猪群的生理及生长要求，提高生长率和出栏率。楼房猪舍的高度：南方防暑地区 2.8～3.2m，防寒兼防暑 2.7～3.0m，北方防寒 2.5～2.7m。楼层之间的生产流程考虑到养猪生产流程的需要，合理利用空间，减少空间浪费，同时又要最大限度满足生产的需要。楼房养猪，是一次投资、多年受益，在设计上既要经济实用，又要能保证长期利用。楼房的基础、墙、屋顶和立柱要根据载荷、地基承载力、地下水位、生产流程等进行合理安排，保证坚固耐用，抗震、抗暴风雨和暴风雪。排粪和排尿等相关设施关系到猪舍的干燥、温度和湿度，二楼以上的设施还将考验高层地面的结构设计是否合理安全。猪舍地面要求坚实、不透水、不滑、易清洗消毒、平坦而有一定坡度、有一定保温隔热性能和弹性。

第三章　畜禽养殖中的生物安全管理

第一节　养殖场人流与物流的安全管理

一、养殖场人员的防疫管理

随着国内非洲猪瘟等疫情的严峻，猪场应该采取最严格的养殖场人员防疫管理制度，参照养猪场非洲猪瘟防疫等级，非洲猪瘟防控期间启动封场管理，猪场员工两个月休假一次，休假人员统一进场，每月两次。对于所有新入职员工，需提前做好工作背景调查，家有屠宰场或家中饲养猪只的人员禁止录用，来自疫情场的人员需要有足够的隔离期。除手机 SIM 卡外，不得携带其他物品入场。若需要携带的，请兽医出具处置方案，最好使用消毒药浸泡，擦拭后带进养猪场。如是临时检查人员需要进入猪场，禁止携带任何物品，包括手机，洗澡换衣服后方可进入。

（一）集团化猪场入场审批流程

规模化猪场可以参照执行集团化猪场入场审批流程。

1. 进入公猪站、原种场和扩繁场的入场审批流程　休假人员返场前，场外隔离点隔离两天三夜后，并检测结果合格。场内员工入场，由场长发起提交申请，注明所有进场人姓名以及近期接触过猪只的时间、地点，经主管领导审核后，按照生物安全规定的流程进场。非场内员工，如职能部门、维修人员等，因工作需要入场的，要严格确认是否来源于疫点，经主管领导审核同意后，按照生物安全规定的流程进场。禁止上述情况以外的其他与公司无关人员到核心场拜访，尤其是业务拜访人员、种猪销售人员、肥猪销售人员等高危险人员。发现一起必须严肃处理一起。人员在从隔离点入场途中，不得在猪场外围如淘汰猪中转台、污水处理场所、病死猪处理场所等危险区域逗留。人员入场后，在生活区隔离 48h 以上，并经场长批准后，再次消毒方可进入生产区。

2. 进入商品场、培育场、大型家庭农场的入场审批流程　场外隔离点隔离一天两夜后，并检测结果合格。场内员工入场，由场长发起申请，注明所有进场人姓名以及近期接触过猪只的时间、地点，经主管领导审核同意后，按照生物安全规定的流程进场。非场内员工，如职能部门、维修人员等，因工作需要入场的，要严格确认是否来源于疫点，经审批后，按照生物安全规定流程进场。人员在从隔离点入场途中，不得在猪场外围如淘汰猪中转台、污水处理场所、病死猪处理场所等危险区域逗留。人员入场后，在生活区隔离 24h 以上，并经场长批准后，再次消毒后方可进入生产区。

3. 特殊人员入场审批 原则上猪场防疫期间，所有人员必须经过严格的入场流程方可进场，特殊人员，如政府人员、集团高管、国外服务专家、管理/技术干部以及紧急维修工人，当无法执行场外隔离，不符合生物安全隔离、检测条件，但需要进场的，需要通过特殊人员入场审批流程，方可按照入场程序进入。

（二）人员入场操作流程

1. 入场登记 入场之前踩踏门口的脚踏消毒垫（场外生物安全管理员负责每天更换新的消毒液），必须如实填写《进出场登记表》。填写姓名、入场时间、入场原因、未接触猪的时间长度、最近一次接触猪场名称、证明人及联系电话等信息。猪场人员进出场登记表见表 3-1。

表 3-1 猪场人员进出场登记表

姓名	入场时间	入场原因	未接触猪只时间	最近一次接触猪场名称	证明人	联系电话	出场时间

2. 浴室管理 此淋浴程序适用于紧靠养殖场大门的入场淋浴更衣室（俗称门卫浴室）及生产区浴室。洗澡间划分“脏区”“灰区”“净区”（图 3-1），以隔板或高于地面的隔断作为标识，隔断以外为脏区，淋浴区为灰区，隔断以

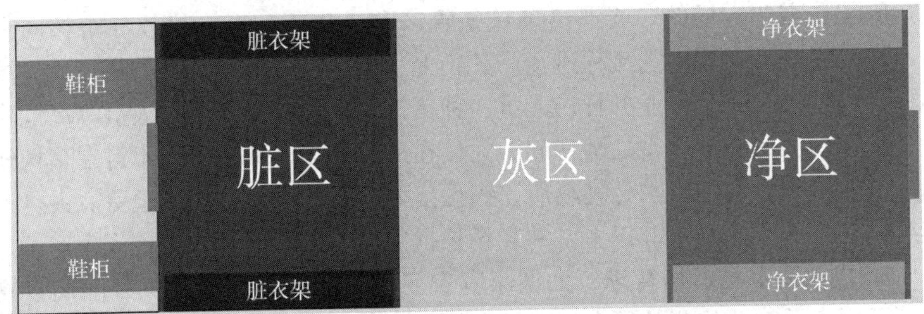

图 3-1 集团化猪场洗澡间分区示意图

内为净区，门口设换鞋凳。所有人员每次入场必须进行淋浴，浴室出口和入口配备监控摄像头。浴室必须提供完善的洗浴条件，包括干净的大浴巾、护肤品、吹风机等；门卫浴室还需要额外配备经过消毒烘干处理的毛巾、脸盆、拖鞋、一次性内衣裤。猪场应提前了解来访人员的体型并准备好合身的衣服、腰带、袜子等。洗澡间应保持清洁卫生，天冷时提供保暖设施（20℃以上）。场长负责安排人员每天使用消毒药对浴室进行喷雾消毒。

3. 淋浴程序　浴室门口放置换鞋凳，人员坐在上面脱鞋后双脚不着地面，直接转到浴室一侧。人员进入浴室，所有外部的衣服必须脱在洗澡间的脏区，眼镜在洗澡的同时必须进行清洗、浸泡消毒。彻底淋浴，首先全身用洗发水和沐浴露进行沐浴，淋浴时间不得少于5min，洗手时间不少于15s，特别注意手指、指甲、鼻孔和耳道的清洗。淋浴结束，在净区把身体擦干，穿上猪场内部提供的工作服，进入生活区。

（三）人员出场管理

猪场人员必须按照猪场制定的休假制度执行休假申请，如遇到特殊情况，可及时申报场长，由场长向主管领导审核同意后汇报执行。猪场人员外出，物品带出：所有私人物品一旦带出猪场，不得再次带回猪场，手机SIM卡除外。人员进入淋浴间，必须将生活区穿的衣服脱在淋浴间净区一侧的更衣间或者清洗筐中，由专人负责收集。人员一旦进入灰区或脏区，需要经过洗澡、消毒才能再次返回到净区。在脏区穿好场外隔离场的衣服，如隔离点位置较远，统一由猪场安排专车离开猪场，赶到场外隔离地点。到达场外隔离点后，换上个人的衣物、鞋子；脱下的衣物、鞋靴由隔离点负责人进行清洗、消毒。

二、养殖场车辆及用具的防疫管理

现代化防疫制度的建立，都离不开车辆洗消中心，目前集团化猪场都有独立运营的洗消中心和完善的洗消制度。而规模化养殖场也配备了相对简单的洗消设备，在距离养殖场3～5km范围内设置洗消点。

（一）养殖场的车辆管理

养猪场的车辆，外围车辆是防疫的重中之重，包括运猪车、运料车、售猪车等，必须严格遵守《车辆生物安全管控流程》。优先选择公司自有车辆，特殊状况需要租赁车辆时，必须符合农业农村部第79号公告规定的生猪运输车辆条件，同时保证全车的独立密封性，具体可参照物流公司车辆选择标准。车辆背景审查，包括驾驶员司机采样检查，租赁车辆建议使用专业的养殖运输公司车辆，专业的物流队伍对于车辆管理和司机管理相对成熟，方便管理和监控，车辆洗消分为三级。一级洗消点，距离洗消中心 5～10km，车辆外部初清洗，车辆清洁整理，清洗要求干净无粪便、泥垢等，冲洗干净目视检查合格即可进入洗消中心。二级洗消中心清洗，为核心洗消点，洗消中心负责人对车辆清洗的过程和结果进行检查监督。生物安全管理员负责对来洗车辆、驾驶员进行登记，检查等。车辆驾驶人员将车辆停至冲洗区域后，由人工通道进入洗澡间洗澡还穿上隔离服。车辆洗消工作人员进入洗消车间开始作业，首先预浸湿待洗车辆，然后使用泡沫喷枪将泡沫清洗剂打成泡沫，对车辆车轮、车轮框、挡泥板、保险杠等部位进行消毒，原地静置 15～20min 后，冲洗掉泡沫清洗剂后，然后使用消毒剂进行消毒，消毒时间大致 30min，保证车辆充分消毒，消毒晾干后进入烘干房 65℃烘干 30min，并填写消毒记录。车辆进入待检区，由实验室人员采样检测检查车辆洗消结果，检测合格后放行，检测不合格则进行第二次洗消，直至实验室检测合格。

冬天注意在消毒剂中添加防冻剂，选用耐低温的消毒剂，防冻剂的使用标准见表 3-2。

表 3-2　冬天消毒剂中防冻剂使用标准

室温	丙二醇添加比例
>0℃	不添加
−10～0℃	10%
<−10℃	15%

三级洗消点，建立在离养殖场 1～3km 范围内，进入养猪场防疫的核心区，饲料车、运猪车、售猪车需要进行再一次消毒后，方可进入防疫核心区。饲料车不进场，场外料塔直接打料，售猪车达到售猪台前，有必要再进行一次消毒。所有员工车辆全部放置在场外隔离点，进出场由隔离点统一安排车辆接送，隔离点接送员工的车辆，只能专用，不可用作他用。

（二）养殖场的物资防疫管理

猪场配备两名场外生物安全管理员，负责物资入场的管理工作，入场物资均由场外生物安全管理员严格开包仔细检查，尽可能降低物资入场频次（每月不超过 3 次），场长提前做好规划。

1. 一般物资防疫管理　一般物资的消毒方式首选烘干，不能烘干的使用甲醛熏蒸，如果前两者都不能使用（如食品、疫苗等），则使用消毒药消毒；注意避免物资堆叠。烘干房和熏蒸间使用必须批次间全进全出，全部配置镂空货架、货筐。各场固定熏蒸间开启时间，并做记录备查。一般物资消毒方式见表 3-3。

表 3-3　一般物资消毒方式

消毒方式	参数（温度、浓度）	操作规范	备注
烘干	65℃ 烘干 1h 以上	1. 从脏区一侧放入物品，置于烘干架上。 2. 打开加热器，温度达到 65℃后开始计时，加热 1h 以上。 3. 烘干完成后，从净区一侧取出物品。 4. 烘干房全进全出。	采用温度记录仪监控烘干温度和时间；避免物品的堆积。
甲醛熏蒸	15mL/m³ 甲醛用量 = 15mL/m³ ×长×宽×高	1. 根据熏蒸间空间设置 1～2 个熏蒸点，计算甲醛用量。 2. 从脏区一侧放入物品，物品至于镂空熏蒸架上，量取所需甲醛溶液倒入广口烧杯盛放，置于无明火的控温电热套上加热。 3. 人员立即撤离，密闭 24h 以上。 4. 打开排风机将气味排出，从净区一侧取出物品。没有排风机的，打开净区一侧门，味道散去后，取出物品。	1. 38% 甲醛溶液，闪点是 88℃，严禁用有明火的加热炉。 2. 甲醛遇高热会引燃爆炸，严禁用不锈钢盆在电磁炉上干烧。 3. 湿度 65%，室温时消毒效果最好。 4. 熏蒸间设置排风口。 5. 消毒期间所有人员撤离，消毒间做好标识。
消毒剂	卫可* 1∶200 或 1∶800	人员、物资、车辆具体消毒方案见表 3-4。	只能采取消毒液消毒方式的物资，除食材采用 1∶800 浓度（30min 以上）浸泡外，其他均使用 1∶200 浓度。

* 卫可（Vikon® S）是一种配方消毒剂。详见第四章介绍。

2. 人员物品防疫管理　人员进入猪场时，场外使用的手机不允许携带进场，只能将手机卡擦拭消毒后带入场内，猪场给员工配备手机，满足员工场内、场外手机使用需求。员工休假时手提电脑带回家后不许再次带入场内，猪场访问人员（职能部门、维修人员）不允许带电脑进场，使用场内电脑进行办公。人员进场时，原则上禁止携带任何物品，特别是已使用过的物品。对于新购买未拆封的必需物品（如药物、香烟、化妆品等），必须经过消毒后带入，或者养殖场生活区设置生活购物中心，满足员工基本生活所需即可，猪场不接受直接到场的私人快递，必须到公司设立的中转库消毒后进入猪场，不允许私下购买相关猪肉制品，如火腿、肉松等。

3. 动保产品防疫管理 一般动保产品，养殖生产需要做好动保产品计划，提前一个月通知供应商通过物流发送至各养猪场场外隔离地点的中转仓库（避免堆叠），中转库管理人员做好登记和分类，拆除外包装，以药品最小存放单位搁置熏蒸间消毒，甲醛熏蒸 24h 以上后，隔离 30d，再按照入场流程进场。疫苗，由中转库管理人员，首先使用消毒药给外包装泡沫箱喷洒消毒，然后再用消毒药擦干净外包装泡沫箱，静置 15min，待晾干后，拆除外泡沫箱和疫苗外包装，再用消毒药浸泡或者擦拭瓶装外表面，换上猪场专用的泡沫箱和冰袋，用疫苗专用车送至养殖场。疫苗的消毒和擦拭、换包装尽量在较短的时间内完成，如果工作量大，疫苗数量多，可以在中转站设置疫苗中转仓库，或者阴凉库。

4. 食堂食材的防疫管理 鼓励养殖场在生活区空阔地开拓蔬菜种植，满足自给自足即可。不得从外部购买猪肉及偶蹄类动物相关产品，蔬菜由场内自给自足，猪肉由场内自己屠宰供应，其他食材在场外中央厨房煮熟后入场。猪场内无法做到蔬菜自给自足供应的，成立场外中央厨房，蔬菜与肉类等食材不得进入猪场生活区，食材煮熟后经高温灭菌传递窗入场。

表 3-4 猪场人员、物资、车辆具体消毒方案

类别	分类	名称	消毒方式	备注
人员	人员	所有入场人员	消毒液浸泡	隔离场所隔离完后，到达母猪场，彻底淋浴 5min，1∶200 卫可水擦拭全身消毒 5min 以上
车辆	场内车辆	三轮车、铲车、推车	消毒液喷洒	每次使用后，清洗干净，控水，泡沫喷枪泡沫消毒静置 0.5h，或烘干消毒
	场外车辆	运猪车		达到母猪场洗消中心按照车辆洗消标准流程完成洗消工作；到达母猪场时，场外围负责人负责使用泡沫喷枪泡沫消毒，原地静置 0.5h
		无害化中转车、饲料车		规定地点清洗消毒后，到达母猪场时，场外围负责人负责使用泡沫喷枪泡沫消毒，原地静置 0.5h

（续）

类别	分类	名称	消毒方式	备注
生产生活用品	生产用品	护目镜、防毒面具、口罩	烘干	65℃以上烘干1h以上
	生活用品	水鞋、凉拖、棉拖、内衣、保暖衣、外套、袜子、雨衣、毛巾、浴巾、被子、枕头、床垫、床上三件套、凉席	烘干	65℃以上烘干1h以上
		配饰、香烟、计生用品、新书	烘干	65℃以上烘干1h以上
		纸巾、卫生巾、牙膏、牙刷、盆、桶、杯子、收纳盒、插排线、烧水壶、热水瓶、衣架	烘干	65℃以上烘干1h以上
		洗发露、沐浴露、润肤露、洗衣粉、洗衣皂、药品、护肤品、新的电子产品	熏蒸	拆包装后，15mL/m³，室温熏蒸24h
办公用品	办公用品	订书机、桌子、椅子、凳子	烘干	65℃以上烘干1h以上
		笔、墨盒、固体胶、胶水、打印机	熏蒸	拆包装后，15mL/m³，室温熏蒸24h
		新的纸质办公用品	烘干	65℃以上烘干1h以上
生产工具	金属器械	断尾钳、金属注射器、耳标钳、耳刺钳、持针器、针头、镊子、刀片　缝合针、手术刀柄、手术剪、螺杆、螺帽、老虎钳、保定绳	烘干	65℃以上烘干1h以上
	塑料制品	助产长臂手套、一次性手套、输精管、标记蜡笔	熏蒸	15mL/m³，室温熏蒸24h
		一次性注射器、连续注射器、产床保温垫、耳标、耳号笔、记号笔、润滑剂、高压水管	烘干	65℃以上烘干1h以上
	玻璃制品	真空采血管、载玻片、盖玻片、湿度计、保温灯、照明灯	烘干	65℃以上烘干1h以上
		温度计	熏蒸	15mL/m³，室温熏蒸24h
	隔离物品	彩条布、高速围网、隔离挡板、单人床	烘干	65℃以上烘干1h以上
	其他	铲子、鞋刷、料壶刷、引水管、高压水枪、缝合线、扫把	烘干	65℃以上烘干1h以上

（续）

类别	分类	名称	消毒方式	备注
电器/电子设备	大件	精液保温箱、冰箱、洗衣机、烘干机、空调、油烟机、电风扇、饮水机、热水壶、台式电脑、笔记本电脑、风机、暖风炉、水泵	熏蒸	用1：200卫可水擦拭后，15mL/m³，室温熏蒸24h
	小件	手机、相机、剃须刀	熏蒸	用1：200卫可水擦拭后，15mL/m³，室温熏蒸24h
食品	水果	水果	消毒液浸泡	1：800锐控*消毒液浸泡30min
	肉菜	包装鸡、鸭、鱼肉制品，鲜鸡、鸭、鱼，无包装鸡、鸭、鱼肉制品、蔬菜	中央食堂加工，熟食入内	1：800锐控*消毒液浸泡30min后加工
	其他	米面、食用油、调料	烘干	65℃以上烘干1h以上
动保产品	疫苗	疫苗	消毒液擦拭	拆除物流外包装，卫可1：200擦拭泡沫箱外表面后进入生活区；然后在生产区入口打开泡沫箱，将里面的小包装传递到生产区冰箱
	兽药、消毒剂	兽药	熏蒸	15mL/m³，室温熏蒸24h
洗消产品	洗消产品	消毒剂、清洗剂	熏蒸	15mL/m³，室温熏蒸24h
	消毒产品	氢氧化钠	消毒液喷洒	表面消毒液喷洒，静置0.5h以上
其他	精液	精液	消毒液擦拭	拆除最外层包装，1：200卫可擦拭第二层泡沫箱后进入生活区；生活区人员在生产区入口打开泡沫箱，生产区人员将里面的小包装放到生产区的保温箱内
	饲料	教槽料	熏蒸	15mL/m³，室温熏蒸24h
	干燥粉	干燥粉	烘干	65℃以上烘干1h以上
	垫料	垫料、锯末	久置	提前70d采购后久置
	卫浴	浴缸、浴桶、花洒	烘干	65℃以上烘干1h以上

* 锐控是以单过硫酸氢钾复合盐为主要成分的消毒粉，单过硫酸氢钾含量21%～25%。

第二节　养殖场饲料与饮用水安全管理

一、养殖场饲料生产与使用安全

我国的食品安全现状十分严峻，尤其是畜产品，追根溯源，问题的源头出在动物饲料上。基于此，介绍动物饲料对食品安全的重要影响，以及动物饲料的安全问题导致的食品安全问题，并针对这些问题进行分析，找出具体的解决办法，旨在增强人们的饲料安全意识，提高动物饲料安全性能指标，从源头上保证食品安全。

饲料安全既涉及动物源食品安全，也影响到环境生态安全。为此，我国国家标准《饲料工业术语》（GB/T 10647—2008）中，对饲料作了如下定义："能提供饲养动物所需营养素，促进动物生长、生产和健康，且在合理使用下安全、有效的可饲物质"；同时明确"饲料中所含有的直接或间接影响动物机体健康、动物产品质量、危害人体健康及污染环境的物质"为"有毒有害物质"，并对饲料的"卫生指标"作了定义，即"为保证动物健康和动物产品对人的安全性及避免环境污染，对饲料中有毒、有害物质及病原微生物等规定的允许量"。

从安全饲料的广义定义看，它又可称为生态饲料。所谓生态饲料是指具有最佳的营养物利用率和最佳的动物生产性能，能最大限度地注重饲料对饲养动物、生产者、动物食品消费者和环境的安全性，促进生态和谐的饲料。然而就安全饲料与生态饲料的词性相比，生态饲料表现出更积极、更主动的意义。而饲料的生物安全则介于两者之间，宗旨和目标是确保饲料在入口前的生物安全，也即吃得健康，无毒无害。

（一）饲料原料及组成的生物安全

1. 饲料原料的生物安全　饲料生产原料的安全对饲料的安全有着重要的影响，所以要从源头着手，在饲料加工之前，就对加工饲料的原料进行严格的检验和检测，以保证饲料原料的质量。饲料原料的优质与安全是保证畜产品食品安全的关键和首要条件。在实际生产操作过程中，很多因素都直接或间接地影响着天然饲料的安全与质量。因此，在饲料加工中，要有一套科学严谨的质量监督与检验手段。影响动物饲料安全最主要的一个原因就是饲料本身的原料有问题，主要有以下几个方面：一是饲料原料中微生物毒素和致病菌超过国家标准限量，如微生物毒素、大肠杆菌等；二是饲料原料中化学杀虫剂、除草剂等农药超标；三是饲料原料中重金属含量超标，如铅、汞、砷、氟和铜等超标。

2. 饲料添加剂的生物安全 影响动物饲料安全的另一个比较常见的问题就是添加剂问题，如今我国国内这一现象非常严重，各种饲养场所添加剂使用泛滥，国家也在加大力度制止这一现象的发生，合理使用添加剂，规范添加剂的使用剂量，严格按照规定实施，严禁超量。

3. 饲料配方设计的生物安全 饲料配方的安全科学设计是生产安全饲料的设计控制点：第一，首要任务就是拿到生产产品所用原料和添加剂安全卫生指标的准确检测数据；第二，要严格执行国家对各项卫生指标的规定，使产品所用安全指标符合国家规定，特别是坚决不使用禁用的添加剂，对允许使用的药物添加剂和其他添加剂等要严格执行安全允许使用量。对于污染物如霉菌毒素等已经超过国家规定的饲料原料坚决不用；第三，对污染物如霉菌毒素等含量低于但接近国家规定的允许量的原料可以采用加霉菌毒素吸附剂等脱毒手段来处理，也可将污染物如霉菌毒素等含量超标的原料先行进行脱毒处理，使卫生指标符合要求后再行使用；第四，要采取复检审查措施，避免设计计算错误的发生，确保产品安全。

4. 饲料原料的检测监控 加强对饲料原料中霉菌毒素、有害化学物如三聚氰胺、重金属等的检测，以确保产品的安全。但中小型饲料企业由于检测设备、技术投入不足，对卫生指标的检测只做某些抽检，导致饲料产品的安全事件屡有发生，一些企业由于内部管理制度混乱，将明知有害物超标或霉变的饲料仍然用于饲料产品生产中，导致饲料变质。

（二）饲料加工的生物安全

饲料加工主要是指饲料原料和添加剂在经过优化设计配伍后，在饲料厂的机械工艺生产线上执行配方至完成饲料成品的过程。

1. 配料过程安全控制 配料过程中对安全性有影响的是饲料添加剂的计量投料，对此控制点要做到物料名称准确，计量精确，投料批次、时间正确，并经复核无误，结果有记录查询。

2. 混合过程安全控制 对混合过程的安全控制要做到确保混合机的混合性能正常，保证混合加工参数得到正确的控制，使产品混合均匀度达到规定的要求，并有混合操作记录和检验结果记录。

3. 清洁饲料工厂工艺设计 随着饲料卫生要求的不断强化，清洁饲料厂设计成为国际趋势。这类工厂的设计从整个厂区规划，原料储存、运输、处理，饲料的配料、混合、制粒，成品包装均考虑了防止交叉污染、饲料加热杀菌和饲料设备的自动清扫等要求，保证生产的产品能满足卫生标准的要求。

4. 饲料厂的排序生产与冲洗技术　排序生产是按照药物添加剂的性质、饲喂对象的要求和发生非预期混入其他动物饲料时所造成的安全影响程度，而对不同饲料产品的生产、储存和发放预先排出顺序，以最大限度地减小或消除前后批次之间药物的交叉污染，降低饲料安全风险。生产排序中常常伴随冲洗、清理等作业。冲洗在前一批加药饲料生产之后，于下一批饲料生产之前，使用特定数量的某种原料流通过生产线或特定设备，以降低生产线或特定设备内的药物残留量，消除或减小交叉污染。用作冲洗后的物料通常要单独包装、标记和处理。

（三）饲料厂的生物安全

1. 饲料厂环境的生物安全　饲料厂周围应设置围墙和大门，以便能有效阻止其他动物进入厂区，门口设有警卫，并在门前较明显的地方张挂"禁止入内"警示标志。外界与入厂区域中间设置消毒安全通道。通道包括人员进出通道和车辆进出通道，其中车辆进出通道要求单线流动，进出在两个大门，一门进另一门出。进厂车辆和人员须符合饲料厂相关防疫及消毒制度的规定，并按照技术人员的安排在严格实施消毒处理后方可入厂。饲料厂应划分功能区管理，厂内生活区和生产区必须分开，并建立隔离围墙，生活区自成一院，位于生产区的上风向。厂内外环境定期清洗消毒，正常可设立每周两次清扫消毒制度，在生产停工间隙可对全厂的设备进行维护，并清洗消毒，做整厂的全面卫生；疫情期间可加强消毒频率。

2. 人流控制　谢绝任何无关人员外来参观生产区。生产区和生活区的衣服严格分开，常规时期进入生产区人员更换工作服，佩戴安全帽进厂即可，疫情时期减少人员进出，要求进厂人员严格执行进出洗澡换装制度，不得把病原带入到生产区。厂内办公人员进厂办事，须经过消毒，且只能在生活区办公室内办理业务。

3. 物流控制　禁止携带任何与畜禽有关的产品进入饲料厂，如鲜畜禽肉、卤畜禽肉、畜禽肉罐头等。常规时期外来车辆做好车身消毒即可进厂，疫情时期原料车辆和成品车辆必须经过洗消中心，严格清洗消毒，抽样检测合格后方可进厂，外来的原料车要求有原料商的洗车消毒证明，并检测合格后方可进厂。疫情时期进场的物资要确保没有受到病原微生物的污染，进厂前拆除外包装，进行严格的消毒处理后，方可进厂。

4. 鸟类、老鼠和昆虫等的控制 ①鸟类控制：清除厂内的所有树木，防止鸟类停留和休息，清扫所有室外的残留饲料，仓库等办公场所都加上纱窗，防止鸟类进入。②鼠类控制：仓库的下沿、门缝等有缝之处增加硬件防护设施，定期做设施的检查维护工作，并定期检查是否有老鼠漏网进厂，与灭鼠公司签订合同或自己制定灭鼠方案计划，开展集中的灭鼠工作，不仅可减少饲料的浪费，又可防止老鼠携带病原在饲料厂内传播。③昆虫控制：控制苍蝇、蚊子等节肢动物对饲料厂的影响，定期经常地在厂内喷洒灭蚊灭蝇的药剂，也可在饲料中添加合法的添加剂以达到目的。④其他动物的控制：饲料厂内部严禁养殖猫、犬及其他动物。

（四）档案记录管理

1. 认真进行档案记录 饲料生产厂都应形成系统的档案记录制度，档案记录包括生产记录、消毒记录、员工培训记录、灭鼠记录等，管理人员要加强档案记录的检查与操作监管，记录要详细、全面、规范，在疫情期通过查询档案查找生产漏洞，避免以后出现类似问题。

2. 定期进行回查追溯 组织人员定期对档案记录和员工的日常生产操作进行回查追溯，对生产中出现的问题及漏洞查找原因，并商定解决方案及整改措施，完善生物安全及管理制度，不断地将厂内的生物安全及生产水平向前推进。

饲料生产厂的生物安全相对养殖场来说要简单得多，关键是控制原料的生物安全和物流的生物安全，剩下的就是修炼自己的内功，完善生产流程制度和操作体系，生产安全健康的饲料不是难事。安全健康的饲料也必将奠定企业的龙头地位，推动畜禽业绿色发展，为人类提供健康安全的肉食品。

二、养殖场饮用水生物安全

水是生命之源，对大部分动物来说，体内水含量是健康动物体重的60%～65%，正常人类体重的60%都是水。

作为畜牧从业者，从最原始的粗放的饲养模式到现在的集约化工厂化的流水线生产，水是生产中的重要环节，但是往往又是被我们所忽视的环节，我们总是无意识地认为，水是干净的，不会影响畜禽健康，可是现实生产中，对饮水系统的管理是最缺乏的，饮水的水源容易受到污染，水线饮水管道中容易生成生物膜，最终导致饮水中的微生物含量严重超标，产生一系列疾病。因此畜牧生产中我们首先应该抓好饮水管理，确保饮水的生物安全。

（一）影响饮水生物安全的主要因素

1. 饮水不足　畜禽饮水不足的情况时有发生，主要是因为在水线的使用过程中，长时间不清理，会有水锈，添加药物营养剂等大颗粒将饮水器堵塞，水压不稳定等情况。畜禽饮水不足将直接导致身体生理机能失调，体质下降，并将导致更严重的后果。

2. 水源污染　规模化养殖场的水源主要来自地下水和自来水，现在除了少部分山区外，几乎大部分养殖场都不再使用地表水。自来水是以饮用水的价格计算，长时间使用单位成本较高，但随着非洲猪瘟的压力，规模化养猪场使用自来水的比例越来越高；地下水是使用比例较高的，但是深层地下水虽然水质稳定，但是存在硬度偏大，部分矿物质含量超标等问题，而且一般地下水都是在场内打井，养殖场自身的污水很容易渗入地下，对深井水造成再污染的现象，甚至有不少深井水中检测出病原微生物严重超标的情况，这也严重威胁了畜禽的健康。

3. 水线污染　水线的二次污染，是所有饲养者和养殖场都极易忽视的问题，由于水线往往都是密闭的，没有人去专门检测。一般污染分为两部分：一是水塔和室外水线，水塔一般都是有缝隙或者存在空气，长时间的裸露水面很容易滋生青苔，并且会有大量的小昆虫进入污染水源；二是室内饮水管道的污染，养殖场的生产过程中经常添加维生素、保健剂等营养性添加剂，在水管内部很容易生成生物膜，滋生大量的病原微生物，在适宜的温度下饮水中的细菌每 20min 繁殖 1 次，造成终端饮水受到污染。

（二）保障饮水生物安全的控制方案

1. 树立正确的饮水管理理念　一般养殖场都有饮水管理制度，但是执行的很少。作为一个养殖场首先要思想上重视饮水卫生，从场长到员工，每人都必须把饮水卫生作为第一关心的要素，“宁可三日无粮，不可一日无水”，可见水在生活中的地位。其次建立管理检查制度，每天上班的第一件事就是花 3～5min 检查管道压力和饮水情况，每月定期对水源和水线进行抽检，确保水源水线健康。

2. 水源的控制方案　水源的选择至关重要，有利于从根本上保障饮水安全。建议首先选择自来水，这是所有水源中最安全卫生的；其次是深井水，深井水应该远离污染源，微生物和理化指标都达到饮用水卫生标准，并做到水源水线等密闭循环，不易受到外源污染。当养殖场深井水水源受到污染时，第一时间全部排空，再按照比例投入饮水消毒剂处理，检测合格后方可再次使用，若问题严重则需要重新再打一口井。

3. 重视饮水设备选择、安装与保养 每次畜禽舍清空后，应该对相关的设备进行检修与保养，将破损的设备及时进行维修和更换，养殖舍可以设定时间定期进行维修，确保设备的正常运转。

4. 保证充足的饮水 养殖场的水塔、水线安装电子警报器，避免缺水；并定期对外源水塔和水线进行人工检查，舍内养成每天检查的习惯。猪场需水量见表 3-5。

表 3-5 猪场的水需要量与饮水器流量要求

不同阶段	体重（kg）	需水（L/d）	水流量（mL/min）
断乳仔猪	6	0.19～0.76	500
断乳仔猪	10	0.76～2.50	500
生长猪	25	1.9～4.5	700
育肥猪	50	3.0～6.8	700
育肥猪	110	6～12	1 000
妊娠母猪		7～17	1 000
哺乳母猪		14～29	1 500

（三）水源水线受污染后控制方案

养殖场水源水线一旦确定用于生产后，不易修改。水源水线在生产过程中经常被养殖场存在的病原微生物和藻类污染，危害畜禽健康，对此，一般有以下几种控制方案。

1. 化学控制方案 饮用水的化学消毒，就是使用饮用水消毒剂对水进行消毒。化学消毒剂的选择首先是正规厂家生产的、有国家批文的产品；其次产品要确保安全、无毒、无刺激性，对畜禽没有伤害；此外，产品要能够广谱地杀灭水中的病原微生物，达到净化饮水中病原微生物的目的。目前常用的化学消毒剂包括氯制剂、二氧化氯、配方消毒剂、酸化剂等。

（1）氯制剂。在饮水消毒中，氯制剂是最常用的消毒剂。含氯消毒剂的突出优点就是成本较低、效果可靠、使用方便，缺点是与水中有机物反应产生多种有害物质，如三氯甲烷、氯乙酸及其他副产物，而且氯制剂的使用浓度和作用时间、水的酸碱度和水质、环境和水的温度、水中有机物等都可影响氯制剂的消毒效果。

（2）二氧化氯消毒剂。二氧化氯是目前消毒饮用水最为理想的消毒剂，已经得到国际社会的一致认可，是世界卫生组织推荐的消毒剂之一，有着安全、高效、广谱、无残留、无污染等特点。二氧化氯是一种很强的氧化剂，杀菌机理是二氧化氯与病原微生物接触后可穿过细胞壁，与病原微生物的硫基、羟基、氨基等基团进行反应，破坏蛋白结构及其合成，杀灭病原微生物。

（3）配方消毒剂。配方消毒剂是近 20 年来出现的新型消毒剂，其中卫可（Vikon® S）作为其代表，是一种过硫酸氢钾复合消毒剂，也是国际公认的可用于饮水消毒的理想消毒剂，大量的研究试验结果表明，卫可是安全无毒、可杀灭大量病原微生物的消毒剂产品。空舍期间，先排净饮水系统的存水，使用 0.5%卫可消毒剂溶液充满饮水系统，浸泡 60min 再冲洗；饲养期间，可使用 0.1%卫可消毒剂溶液定期消毒饮水并清洁管道。

（4）饮水酸化剂。水中适量添加酸化剂，采用酸化原理降低水的 pH，抑制病原菌的繁殖和生长，清除藻类等污染物，净化水线。其中酸化剂必须选择在溶于水形成溶液后的 pH 比较稳定，即基本确保都在 4 以下，对大部分的病原微生物都有抑制和限制作用，赛可新（Selko-pH）就是一个很好的选择。

2. 物理控制方案

（1）紫外线消毒方案。紫外线消毒也是得到验证并公认的，数据验证对多种病原微生物有杀灭作用，但是紫外线同样存在穿透性差的特点，只能做水表层消毒，深层无法消毒，这就无法做到彻底消毒，虽然操作简单，不应作为水体消毒的首选。

（2）机械过滤控制方案。高科技的发展，诞生了一系列的饮水过滤设备，包括滤膜和滤芯两种，滤膜是以纳米孔过滤为主要功能，滤芯是以吸附加过滤复合功效为主。无论是滤膜还是滤芯都要进行定期检查和清洗，防止有害物的沉积造成二次污染。

（四）定期进行水质监测

养殖场应充分重视饮水质量对畜禽生产成绩的影响，要定期检测，包括水源和饮水终端处，一般要求每毫升饮用水中细菌总数不超过 1 000 个，大肠杆菌数不超过 10 个，否则需要消毒处理；硬度指标通常是指水中钙、镁等矿物元素的含量，如果水中含有 90mg/L 以上的钙镁，或者含有 0.05mg/L 以上的锰、0.3mg/L 以上的钙和 0.5mg/L 以上的镁，有必要选取除垢剂或酸化剂溶解水线及其配件中的矿物质沉积物。

大部分公司、单位都有自己的实验室，可设定每月检测一次水质，中小规模场可根据自己场内的实际情况，安排检测时间和频率，发现不合格要及时采取处理措施，保证饮水质量长期稳定合格。雨水季节，需要加强检测的频率，防止地下水受到污染，确保水源和水线安全卫生。

第三节　养殖场粪污的安全处理

一、养殖场粪便的处理与利用

近年来，国家对养殖业的重视与扶持力度逐年加大，畜禽养殖业已成为农业经济发展中的重要组成部分，随着畜禽场养殖规模的不断发展，畜禽场粪便污染问题和畜禽业发展之间的矛盾越来越突出，在合理发展畜禽养殖规模，调整养殖产业结构与布局的同时，治理养殖污染，有效解决养殖污染问题已迫在眉睫。发展畜禽养殖业必须要在提高生产效益、经济效益的同时，保证畜禽场周边养殖环境的干净、卫生，走畜禽业的可持续发展道路。国家发展改革委员会会同农业农村部制定了《全国畜禽粪污资源化利用整县推进项目工作方案（2018—2020 年）》，推广了以下几种畜禽粪污处理和利用技术模式。

（一）种养结合

1. 粪污全量还田模式　对养殖场产生的粪便、粪水和污水集中收集，全部进入氧化塘贮存，氧化塘分为敞开式和覆膜式两类，粪污通过氧化塘贮存进行无害化处理，在施肥季节进行农田利用。主要优点：粪污收集、处理、贮存设施建设成本低，处理利用费用也较低；粪便、粪水和污水全量收集，养分利用率高。主要不足：粪污贮存周期一般要达到半年以上，需要足够的土地建设氧化塘贮存设施；施肥期较集中，需配套专业化的搅拌设备、施肥机械、农田施用管网等；粪污长距离运输费用高，只能在一定范围内施用。适用范围：适用于猪场水泡粪工艺或奶牛场的自动刮粪回冲工艺，粪污的总固体含量小于15%；需要与粪污养分量相配套的农田。

2. 粪便堆肥利用模式　以生猪、肉牛、蛋鸡、肉鸡和羊规模养殖场的固体粪便为主，经好氧堆肥无害化处理后，就地农田利用或生产有机肥。主要优点：好氧发酵温度高，粪便无害化处理较彻底，发酵周期短；堆肥处理提高粪便的附加值。主要不足：好氧堆肥过程易产生大量的臭气。适用范围：适用于只有固体粪便、无污水产生的家禽养殖场或羊场等。

3. 粪水肥料化利用模式　养殖场产生的粪水经氧化塘处理储存后，在农田需肥和灌溉期间，将无害化处理的粪水与灌溉用水按照一定的比例混合，进行水肥一体化施用。主要优点：粪水进行氧化塘无害化处理后，为农田提供有机肥水资源，解决粪水处理压力。主要不足：要有一定容积的贮存设施，周边配套一定农田面积；需配套建设粪水输送管网或购置粪水运输车辆。适用范围：适用于周围配套有一定面积农田的畜禽养殖场，在农田作物灌溉施肥期间进行水肥一体化施用。

4. 粪污能源化利用模式　以专业生产可再生能源为主要目的，依托专门的畜禽粪污处理企业，收集周边养殖场粪便和粪水，投资建设大型沼气工程，进行厌氧发酵，沼气发电上网或提纯生物天然气，沼渣生产有机肥农田利用，沼液农田利用或深度处理达标排放。主要优点：对养殖场的粪便和粪水集中统一处理，减少小规模养殖场粪污处理设施的投资；专业化运行，能源化利用效率高。主要不足：一次性投资高；能源产品利用难度大；沼液产生量大、集中，处理成本较高，需配套后续处理利用工艺。适用范围：适用于大型规模养殖场或养殖密集区，具备沼气发电上网或生物天然气进入管网条件，需要地方政府配套政策予以保障。

（二）清洁回用

1. 粪便基质化利用模式　以畜禽粪污、菌渣及农作物秸秆等为原料，进行堆肥发酵，生产基质盘和基质土应用于栽培果菜。主要优点：畜禽粪污、食用菌废弃菌渣、农作物秸秆三者结合，科学循环利用，实现农业生产链零废弃、零污染的生态循环生产，形成一个有机循环农业综合经济体系，提高资源综合利用率。主要不足：生产链较长，精细化技术程度高，要求生产者的整体素质高，培训期、实习期较长。适用范围：该模式既适用大中型生态农业企业，又适合小型农村家庭生态农场，同时适合小型农村家庭农场分工、联合经营。

2. 粪便垫料化利用模式　基于奶牛粪便纤维素含量高、质地松软的特点，将奶牛粪污固液分离后，固体粪便进行好氧发酵无害化处理后回用作为牛床垫料，污水贮存后作为肥料进行农田利用。主要优点：牛粪替代沙子和土作为垫料，减少粪污后续处理难度。主要不足：作为垫料如无害化处理不彻底，可能存在一定的生物安全风险。适用范围：适用于规模奶牛场。

3. 粪便饲料化利用模式　畜禽养殖过程中的干清粪与蚯蚓、蝇蛆及黑水虻等动物蛋白进行堆肥发酵，生产有机肥用于农业种植，发酵后的蚯蚓、蝇蛆及黑水虻等动物蛋白用于制作饲料等。主要优点：改变了传统利用微生物进行粪便处理的理念，可以实现集约化管理，成本低、资源化效率高，无二次排放及污染，实现生态养殖。主要不足：动物蛋白饲养对温度、湿度、养殖环境的透气性要求高，要防止鸟类等天敌的偷食。适用范围：适用于远离城镇，养殖场有闲置地，周边有农田，农副产品较丰富的中、大规模养殖场。

4. 粪便燃料化利用模式 畜禽粪便经过搅拌后脱水加工，进行挤压造粒，生产生物质燃料棒。主要优点：畜禽粪便制成生物质环保燃料，作为替代燃煤生产用燃料，成本比燃煤价格低，减少二氧化碳和二氧化硫排放量。主要不足：粪便脱水干燥能耗较高。适用范围：适用于城市和工业燃煤需求量较大的地区。

（三）达标排放

粪水达标排放模式 养殖场产生的粪水进行厌氧发酵＋好氧处理等组合工艺进行深度处理，粪水达到《畜禽养殖业污染物排放标准》（GB 18596—2001，其中 COD 低于 400mg/L，NH_3-N 低于 80mg/L，TP 低于 8mg/L）或地方标准后直接排放，固体粪便进行堆肥发酵就近肥料化利用或委托他人进行集中处理。主要优点：粪水深度处理后，实现达标排放；不需要建设大型粪水贮存池，可减少粪污贮存设施的用地。主要不足：粪水处理成本高，大多养殖场难承受。适用范围：适用于养殖场周围没有配套农田的规模化猪场或奶牛场。

二、养殖场污染物的无害化处理

目前我国仍然是发展中国家，畜禽养殖业在发展过程中，污染问题日益严重，有段时间内通过强有力的环境保护方案，强制关闭了很多畜禽养殖场，但是污染问题仍是制约畜禽发展的最主要问题。畜禽养殖污染问题与我国建立生态友好型国家战略严重不符，养殖污染已成为制约现代畜牧业发展的瓶颈，规模养殖场污染物的无害化处理成了影响畜牧业健康持续发展的重中之重。畜禽养殖业对生态环境的污染主要包括粪便污染、水质污染、食品药物残留、空气污染和蚊蝇虫、老鼠等危害，尤其是难闻气味的传播，给周围居民生活带来了严重的困扰。畜禽场用水直接排放会影响周边生态环境，打破原有的生态平衡。因此必须利用现代化技术工艺对养殖污染物进行无害化处理。无害化处理指的是利用高温、好氧、厌氧发酵或消毒等技术使畜禽粪便达到卫生学要求的过程，走可持续发展的战略道路。畜禽养殖场应当实行雨污分离，建雨水沟，减少沼气池废物处理量，雨水沟的坡度为 1.5%，分流的雨水直接外排。

（一）畜禽养殖场粪便的无害化处理

1. 自然沉淀渗漏　对于小规模猪场和农户个人猪场，最常见的方法是把猪粪用水冲到大粪坑中，让它沉淀，一部分粪水就渗入地下，粪渣就沉淀到坑底，到冬季猪圈停止清理时，把大粪坑中的上部粪水抽走，流到大田或自然流失，再把沉淀挖出来，直接施到大田中。这种方式的优点是对农民卫生养猪，减少猪的病害发生有好处，同时省工省力。缺陷在于在贮存过程中粪水下渗污染地下水，粪坑暴露在外，滋生蚊蝇，传播病害，污染环境。

2. 沼气发酵模式　实行发酵处理，建厌氧池：对粪便、尿液及污水进行厌氧发酵处理，产生的沼气可满足场内生活及部分生产能源，降低生产成本。厌氧池大小视发酵温度和养殖场规模而定。常温发酵，厌氧池每 5 头猪 1m^3；中温发酵，厌氧池每 10 头猪 1m^3。这种方式的优势是节约能源，沼气池投资大，成本高。在北方外界温度低，沼气发酵越冬有困难，而且沼气罐易老化，发酵效果降低。

3. 固液分离模式　在大规模的猪场，把清出的粪便冲到大粪池中，然后用固液分离机把粪便从粪池中抽出，分离出固体和液体，固体粪渣直接施入大田，液体用管道输入到大田。缺点是大粪池中的粪水会下渗污染地下水。分离后的粪水体积大，没有进行处理，输入大田也会污染环境地下水。分离的粪渣直接施入大田，没有再处理，会在大田进行二次发酵。最有效的方法就是粪便直接生产有机肥，既可以解决大量粪污问题，又可以变废为宝，生产出大量绿色生态肥料，给企业进一步创造经济效益和社会效益。

（二）畜禽养殖场病死畜禽、废弃物的无害化处理

1. 病死畜禽的无害化处理　病残死畜禽的处理也是很关键的，因为病残死畜禽是最容易携带病菌的，如果处理不当，可能会导致畜禽养殖场大规模暴发疾病。根据动物防疫法规定，发病、病死或死因不明的动物及其产品，必须进行无害化处理。对非动物疫病引起死亡的动物，应当在当地动物卫生监督机构指导下进行处理，不得随意处理，不得随意丢弃，禁止屠宰、生产、经营、加工、贮藏、运输病死或者死因不明、染疫或者疑似染疫、检疫不合格等动物及动物产品。对病死但不能确定死亡病因的，应立即采样进行实验室确诊，动物尸体应当在当地动物卫生监督机构监督下进行无害化处理，无害化处理结束后，对病害产品污染的地方进行彻底消毒。发生重大动物疫情，按照国家有关规定进行处置。无害化处理应按农业农村部发布的《病死及病害动物无害化处

理技术规范》要求，采取深埋、焚烧、化制、生物降解等措施，确保病原及时消灭，防止病原扩散蔓延。

2. 废弃物的无害化处理 畜禽养殖场在养殖的时候，也会产生许多废弃物。如过期的兽药、疫苗、饲料，玉米使用后的包装袋、兽药包装袋、疫苗包装瓶，精液瓶、输精管，手术刀、剪、注射器、针头等。这些废弃物严禁乱丢乱弃。要根据废弃物的不同情况采取不同的处理方法，如煮沸、焚烧、深埋等都是属于无害化处理措施，而且处理之后还要做好记录。

第四节 养殖场虫鼠的预防与灭杀

一、养殖场防虫灭虫技术

（一）害虫的危害

在畜禽养殖业中，害虫的大量存在给畜牧生产带来较大的危害。主要表现在以下方面：

1. 直接传播疾病 能够传播疾病的害虫很多，目前主要的致病害虫为蚊、苍蝇、蟑螂、白蛉、蠓、虻、蚋以及虱、蜱、螨、蚤和其他害虫等。它们通过直接叮咬传播疾病，如蚊可传播痢疾、乙型脑炎、丝虫病、登革热、黄热病、马脑炎等；蝇可传播痢疾、伤寒、霍乱、脑脊炎、炭疽等；蟑螂可以传播肠道传染病如肝炎、念珠棘虫病、美丽筒线虫病等。昆虫叮咬直接造成的局部损伤、奇痒、皮炎、过敏，影响畜禽休息，降低机体免疫功能。

2. 污染环境 害虫通过携带的病原微生物污染环境、器械、设备，特别是对饮水、饲料的污染，也会间接传播疫病。因此，杀灭这些害虫有利于保持畜禽养殖场环境卫生，减少疫病传播，维护人畜健康。同时，也有利于提高消毒效果，因为有了这些昆虫的大量存在和滋生，就不可能进行彻底的消毒。

（二）防虫灭虫的方法

1. 环境卫生 搞好养殖场环境卫生，保持环境清洁、干燥是减少或杀灭蚊、蝇、蠓等昆虫的基本措施。如蚊虫需在水中产卵、孵化和发育，蝇蛆也需在潮湿的环境及粪便等弃物中生长。因此，填平无用的污水池、土坑、水沟和洼地，保持排水系统畅通，对阴沟、沟渠等定期疏通，勿使污水储积。对贮水池等容器加盖，以防昆虫如蚊蝇等飞入产卵。对不能清除或加盖的防火贮水器，在蚊蝇滋生季节应定期换水。永久性水体（如鱼塘、池塘等），蚊虫多生在水浅而有植被的边缘区域，修整边岸，加大坡度和填充浅湾，能有效地防止蚊虫滋生。养殖场内的粪便应定时清除，并及时处理，贮粪池应加盖并保持四周环境的清洁。

2. 物理杀灭　利用机械方法以及光、声、电等物理方法，捕杀、诱杀或驱逐蚊蝇。我国生产的多种紫外线光或其他光诱器，特别是四周装有电栅，通有将 220V 变为 5 500V 的 10mA 电流的蚊蝇光诱器效果良好。此外，还有可以发出声波或超声波的电子驱蚊器等，都具有防除效果。

3. 生物杀灭　利用天敌杀灭害虫，如池塘养鱼即可达到防蚊灭蚊的目的。此外，利用某些细菌制剂产生的内毒素杀灭吸血蚊的幼虫，效果也较好。

4. 化学杀灭　化学杀灭是使用天然或合成的毒物，以不同的剂型（粉剂、乳剂、油剂、水悬剂、颗粒剂、缓释剂等），通过不同途径（胃毒、触杀、熏杀、内吸等）毒杀或驱逐昆虫。化学杀虫法具有使用方便、见效快等优点，是当前杀灭蚊蝇等害虫的较好方法。

（三）防虫灭虫注意点

1. 减少污染　利用生物或生物的代谢产物防治害虫，对人畜安全、不污染环境，有较长的持续杀灭作用。如青蛙、蜻蜓、蜘蛛、螳螂、蚂蚁、蜥蜴、壁虎、食虫虻和鸟类等都具有食虫特性，养殖场则可充分利用这些害虫天敌的灭虫作用减少虫媒性疾病的发生。

2. 杀虫剂的选择　不同杀虫剂有不同的杀虫谱，要有目的地选择。要选择高效、长效、速杀、广谱、低毒无害、低残留和廉价的杀虫剂。

二、养殖场防鼠灭鼠技术

（一）养殖场常见害鼠种类

畜禽场常见鼠的种类：中国有 170 多种，我国南方有 30 余种，主要对畜禽养殖造成危害的主要有褐家鼠（彩图 3-1）、黄胸鼠（彩图 3-2）、小家鼠（彩图 3-3）、黄毛鼠（彩图 3-4）等 4 种鼠。

1. 褐家鼠　褐家鼠也称为沟鼠，生性多疑，胆大心细；杂食，尤喜谷类；不能缺水，抗药性强；适应环境能力强。主要在屋角、仓库、地沟、垃圾堆等杂乱肮脏的隐蔽处活动。傍晚、黎明前后活动频繁，多走熟路。破坏农作物危害极大，一般在夏季生产。

2. 黄胸鼠　黄胸鼠也称为屋顶鼠，不会游泳，善于攀登；杂食，喜含水较多的食物；有季节性迁移习性；常与褐家鼠同室居住。喜欢栖息在房内屋顶，夜间活动。繁殖力强，春秋是繁殖旺季。食性杂，靠近农田的地方易受害，危害程度不亚于褐家鼠。

3. 小家鼠（米老鼠） 有人居住的地方就有小家鼠。在住房、仓库、厨房等地栖息，危害所有农作物，在居民家中无孔不入，危害极大。春秋季节繁殖率高。

4. 黄毛鼠（田鼠） 平原、丘陵、农田较多。食性杂，以植物为主，如甘蔗、果蔬等，也会捕食鱼等水生动物。食量极大，危害相当严重。春秋是繁殖高峰。

（二）鼠的危害

鼠的危害主要有以下几点：鼠是许多疾病的储存宿主，通过排泄物污染、机械携带及直接咬伤畜禽的方式传播多种疾病，主要有鼠疫、钩端螺旋体病、乙型脑炎、流行性出血热、鼠咬热等。因此，鼠类不仅传播人类各种传染病，而且直接或间接传播畜禽传染病。为保证人类健康和发展畜禽养殖业，必须灭鼠杀虫，并与畜禽养殖消毒结合起来。鼠对养殖业危害极大，盗食粮种，啃咬禾苗，糟蹋粮食和饲料；盗食树种，毁坏树苗，影响森林更新；鼠密度过大，能使草原荒漠化，影响载畜量；特别是直接咬伤畜禽，破坏畜禽厩舍建筑等；大量的鼠洞破坏堤坝，造成严重的水灾，带来极大的经济损失。鼠可形成人或各种动物传染病的疫源地，造成人和动物疾病的流行。

（三）防鼠措施

鼠的生存和繁殖同环境和食物来源有直接的关系。如果环境良好，食物来源充足，则鼠可以大量繁殖；如果采取某些措施破坏其生存条件和食物来源，则可控制鼠的生存和繁殖。

1. 防止鼠类进入建筑物 鼠类多从墙基、天棚、瓦顶等处窜入室内。在设计施工时注意：畜禽舍和饲料仓库应是砖、水泥结构，设立防鼠沟，建好防鼠墙，门窗关闭严密。墙基最好用水泥制成，碎石和砖砌的墙基，应用灰浆抹缝。墙面应平直光滑。砌缝不严的空心墙体，鼠易隐匿营巢，要填补抹平。为防止鼠类爬上屋顶，可将墙角处做成圆弧形。墙体上部与天棚衔接处应砌实，不留空隙。瓦顶房屋应缩小瓦缝和瓦、椽间的空隙并填实。用砖、石铺设的地面，应衔接紧密并用水泥灰浆填缝。各种管道周围要用水泥填平。通气孔、地脚窗、排水沟（粪尿沟）出口均应安装孔径小于 1cm 的铁丝网，以防鼠窜入。

及时堵塞畜禽舍外上下水道和通风口处等的管道空隙。

2. 清理环境　鼠喜欢黑暗和杂乱的场所。因此，畜禽舍和加工厂等地的物品要放置整齐、通畅、明亮，使害鼠不易藏身。畜禽舍周围的垃圾要及时清除，不能堆放杂物，任何场所发现鼠洞时都要立即堵塞。

3. 断绝食物来源　大量饲料应放饲料袋内，并置于离地面 15cm 的台或架上，少量饲料应放在水泥结构的饲料箱或大缸中，并且要加金属盖，散落在地面的饲料要立即清扫干净，使鼠无法接触到饲料，则鼠会离开畜禽舍；反之，则鼠会集聚到畜禽舍取食。

4. 改造厕所和粪池　鼠可吞食粪便，厕所粪池这些场所极易吸引鼠。因此，应将厕所和粪池改造成使鼠无法接近粪便的结构，同时也使鼠失去藏身躲避的地方。

（四）灭鼠措施

1. 器械灭鼠　器械灭鼠方法简单易行，效果可靠，对人、畜无害。灭鼠器械种类繁多，主要有夹、关、压、卡、翻、扣、淹、粘、电等。近年来还研究和采用电灭鼠和超声波灭鼠等方法，方法简便易行、效果确实、费用低、安全。

2. 熏蒸灭鼠　某些药物在常温下易气化为有毒气体或通过化学反应产生有毒气体，这类药剂通称熏蒸剂。利用有毒气体使鼠吸入而中毒致死的灭鼠方法称熏蒸灭鼠。熏蒸灭鼠的优点：具有强制性，不必考虑鼠的习性；不使用粮食和其他食品，且收效快，效果一般较好；兼有杀虫作用；对畜禽较安全。缺点：只能在可密闭的场所使用；毒性大，作用快，使用不慎时容易中毒；用量较大，有时费用较高；熏杀洞内鼠时，需找洞、投药、堵洞，工效较低。本法使用有局限性，主要用于仓库及其他密闭场所的灭鼠，还可以灭杀洞内鼠。目前使用的熏蒸剂有两类：一类是化学熏蒸剂如磷化铝等，另一类是灭鼠烟剂。

3. 毒饵灭鼠（化学灭鼠）　将化学药物加入饵料或水中，使鼠致死的方法称为毒饵灭鼠。毒饵灭鼠效率高、使用方便、成本低、见效快，缺点是能引起人、畜中毒，有些老鼠对药剂有选择性、拒食性和耐药性。所以，使用时须选好药剂并注意使用方法，以保证安全有效。灭鼠药剂种类很多，主要有灭鼠剂、熏蒸剂、烟剂、化学绝育剂等。养殖场的鼠类以孵化室、饲料库、畜禽舍最多，是灭鼠的重点场所。机械化畜禽场实行笼养或栏养，投放毒饵时，只要防止毒饵混入饲料中即可。在采用全进全出制的生产程序时，可结合舍内消毒一并进行。鼠尸应及时清理，以防被人、畜误食而发生二次中毒。选用鼠长期吃惯了的食物作饵料，突然投放，饵料充足，分布广泛，以保证灭鼠的效果。

（四）灭鼠的注意事项

1. 灭鼠时机和方法选择　要摸清鼠情，选择适宜的灭鼠时机和方法，做到高效、省力。一般情况下，4～5 月是各种鼠类觅食交配期，也是灭鼠的最佳时期。最佳灭鼠时间为 3 月下旬，必要时 11 月再灭鼠一次。

2. 灭鼠药物选择　灭鼠药物较多，要根据不同方法选择安全、高效、允许使用的灭鼠药物，如特杀鼠 2 号（复方灭鼠剂）、特杀鼠 3 号、敌鼠（二苯杀鼠酮、双苯杀鼠酮）、敌鼠钠盐、杀鼠灵（灭鼠灵）、杀鼠醚（香豆素、立克命）、氯敌鼠（氯鼠酮）、大隆（沙鼠隆）、溴敌隆（乐万通）、磷化铝等。禁止使用的灭鼠剂要严禁使用，如氟乙酰胺、氟乙酸钠、四亚甲基二砜四胺（俗称毒鼠强）等。

3. 注意人畜安全　生产上无论采取哪一种方式进行灭鼠工作，一定要对人和动物安全无害，同时也不能污染环境（包括水体）。

第五节　养殖场安全追溯体系的建立

一、畜禽标识的佩戴与管理

为了规范畜牧业生产经营行为，加强畜禽标识和养殖档案管理，建立畜禽及畜禽产品可追溯制度，有效防控重大动物疫病，保障畜禽产品质量安全，农业部于 2006 年 6 月发布了《畜禽标识和养殖档案管理办法》，自 2006 年 7 月 1 日起施行。

（一）畜禽标识佩戴

畜禽标识是指经农业农村部批准使用的耳标、电子标签、脚环以及其他承载畜禽信息的标识物。按照《畜禽标识和养殖档案管理办法》第十一条规定对畜禽加施畜禽标识。新出生畜禽，在出生后 30d 内加施畜禽标识；30d 内离开饲养地的，在离开饲养地前加施畜禽标识；从国外引进畜禽，在畜禽到达目的地 10d 内加施畜禽标识猪、牛、羊在左耳中部加施畜禽标识，需要再次加施畜禽标识的，在右耳中部加施。

（二）畜禽标识管理

畜禽标识实行一畜一标，编码应当具有唯一性，畜禽养殖者应当向当地县级动物疫病预防控制机构申领畜禽标识，省级动物疫病预防控制机构统一采购畜禽标识，逐级供应。畜禽标识严重磨损、破损、脱落后，应当及时加施新的标识，并在养殖档案中记录新标识编码，动物卫生监督机构实施产地检疫时，应当查验畜禽标识，没有加施畜禽标识的，不得出具检疫合格证明。动物卫生监督机构应当在畜禽屠宰前，查验、登记畜禽标识。畜禽屠宰经营者应当在畜禽屠宰时回收畜禽标识，由动物卫生监督机构保存、销毁。畜禽经屠宰检疫合格后，动物卫生监督机构应当在畜禽产品检疫标志中注明畜禽标识编码，省级人民政府畜牧兽医行政主管部门应当建立畜禽标识及所需配套设备的采购、保管、发放、使用、登记、回收、销毁等制度，畜禽标识不得重复使用。

（三）畜禽标识违法行为的管理

按照《中华人民共和国畜牧法》《中华人民共和国动物防疫法》《中华人民共和国农产品质量安全法》的有关规定处罚。《畜牧法》第六十八条规定：销售、收购国务院畜牧兽医行政主管部门规定应当加施标识而没有标识的畜禽的，或者重复使用畜禽标识的，由县级以上地方人民政府畜牧兽医行政主管部门或者工商行政管理部门责令改正，可以处 2 000 元以下罚款。《动物防疫法》第七十九条规定：转让、伪造或者变更检疫证明、检疫标志或者畜禽标识的，由动物卫生监督机构没收违法所得，收缴检疫证明、检疫标志或者畜禽标识，并处 3 000 元以上 30 000 元以下罚款；第四十三条规定，屠宰动物前，货主应当向当地动物卫生监督机构申报检疫，经官方兽医检疫合格的，出具检疫证明、加施检疫标志；取得检疫证明和附具有检疫标志的动物才能准予进入屠宰场屠宰。非法屠宰和销售没有获得国家相关部门认定的畜禽产品，承担相应的法律责任。

二、养殖档案的填写与管理

（一）养殖档案的填写

畜禽养殖场养殖档案及种畜个体养殖档案格式由农业农村部统一制定。畜禽养殖场、养殖小区应当依法向所在地县级人民政府畜牧兽医行政主管部门备案，取得畜禽养殖代码。畜禽养殖代码由县级人民政府畜牧兽医行政主管部门按照备案顺序统一编号，每个畜禽养殖场、养殖小区只有一个畜禽养殖代码。畜禽养殖代码由 6 位县级行政区域代码和 4 位顺序号组成，作为养殖档案编号。

1. 畜禽养殖场的养殖档案记载内容 畜禽的品种、数量、繁殖记录、标识情况、来源和进出场日期；饲料、饲料添加剂等投入品和兽药的来源、名称、使用对象、时间和用量等有关情况；检疫、免疫、监测、消毒情况；畜禽发病、诊疗、死亡和无害化处理情况；畜禽养殖代码；填写病死畜禽的无害化处理表。对病死畜禽的无害化处理，填写清楚处理日期、处理数量、死亡的原因、标识编码及处理方法，还要配上无害化处理的相关影像资料。

2. 县级动物疫病预防控制机构的畜禽防疫档案记载内容 畜禽养殖场：养殖场的名称、地址、畜禽种类、数量、免疫日期、疫苗名称、畜禽养殖代码、畜禽标识顺序号、免疫人员以及用药记录等。畜禽散养户：户主姓名、地址、畜禽种类、数量、免疫日期、疫苗名称、畜禽标识顺序号、免疫人员以及用药记录等。

3. 饲养种畜禽个体养殖档案记载内容 注明标识编码、性别、出生日期、父系和母系品种类型、母本的标识编码等信息。种畜调运时应当在个体养殖档案上注明调出和调入地，个体养殖档案应当随同调运。

（二）养殖档案的管理与监督

1. 养殖档案和防疫档案保存时间 商品猪、禽为2年，牛为20年，羊为10年，种畜禽长期保存，从事畜禽经营的销售者和购买者应当向所在地县级动物疫病预防控制机构报告更新防疫档案相关内容，销售者或购买者属于养殖场的，应及时在畜禽养殖档案中登记畜禽标识编码及相关信息变化情况。

2. 畜禽标识及养殖档案的信息化管理 农业农村部建立包括国家畜禽标识信息中央数据库在内的国家畜禽标识信息管理系统，省级人民政府畜牧兽医行政主管部门建立本行政区域畜禽标识信息数据库，并成为国家畜禽标识信息中央数据库的子数据库。县级以上人民政府畜牧兽医行政主管部门根据数据采集要求，组织畜禽养殖相关信息的录入、上传和更新工作。

3. 养殖档案监督管理 县级以上地方人民政府畜牧兽医行政主管部门所属动物卫生监督机构具体承担本行政区域内畜禽标识的监督管理工作。畜禽标识和养殖档案记载的信息应当连续、完整、真实。县级以上人民政府畜牧兽医行政主管部门应当根据畜禽标识、养殖档案等信息对畜禽及畜禽产品实施追溯和处理。国外引进的畜禽在国内发生重大动物疫情，由农业农村部会同有关部门进行追溯。任何单位和个人不得销售、收购、运输、屠宰应当加施标识而没有标识的畜禽。

第四章　畜禽养殖场生物安全消毒技术

第一节　消毒的基础知识

一、消毒的历史

消毒是切断感染性疾病（包括传染病和非传染病）传播的重要措施，对降低感染性疾病的发病率、死亡率起着巨大作用。近年来，消毒技术广泛用于畜牧和水产养殖业等领域。微生物学的发展为消毒学的形成提供了科学理论基础。19 世纪下半叶，巴斯德等发现细菌，奠定了现代微生物学的基础。科赫在《创伤感染原因的研究》和《病原微生物研究》中，不仅阐述了各种细菌的形态和生物学特征，并介绍了灭菌方法。流行病学的发展加速现代消毒观念的形成。流行病学是一门研究传染病的传染来源、传播途径及其预防的科学。1949 年，苏联科学家格罗马舍夫斯基在其《流行病学总论》中，明确提出切断传播途径是预防和消灭传染病的三大要素之一。与此同时，物理学与化学新技术的发展为消毒方法的更新提供了有利条件。如电离辐射自 1953 年用于医疗器材的灭菌以来，由于辐射灭菌不使物品升温、穿透力强、方法简便且节约能源消耗，使用频率越来越高。此外，微波消毒也是物理学技术开发、应用的成果。微波可穿透玻璃、陶瓷、塑料及纸张，热传导迅速、均匀，物品可以在用上述材料包装密封以后进行灭菌。

二、消毒与灭菌

消毒与灭菌都属于消毒学的范畴，虽然都指杀灭或清除传播媒介上的微生物，但两个概念的内涵在应用实践中是有区别的，区别的实质是对消毒对象或灭菌对象上微生物的去除或杀灭程度要求不同。

1. 消毒　消毒是指杀灭或去除外环境中各种病原微生物的过程，强调的是病原微生物，不是一切微生物，而且只是针对外环境，同时并不要求杀灭或去除污染物体的全部病原微生物，而是使其减少到不至于引起疾病的数量。这里所说的“外环境”在畜禽养殖场来说，一般包括动物接触的水源（动物饮用水、水禽场泳池用水等）、动物圈舍内的空气和圈舍内地面、墙壁、笼具、水

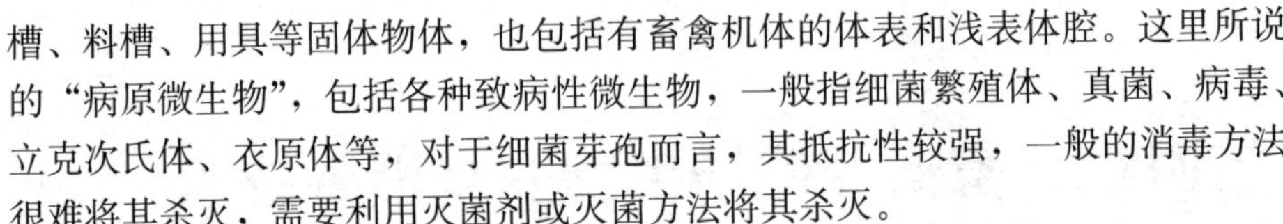

槽、料槽、用具等固体物体，也包括有畜禽机体的体表和浅表体腔。这里所说的“病原微生物”，包括各种致病性微生物，一般指细菌繁殖体、真菌、病毒、立克次氏体、衣原体等，对于细菌芽孢而言，其抵抗性较强，一般的消毒方法很难将其杀灭，需要利用灭菌剂或灭菌方法将其杀灭。

在养殖生产中，消毒是预防和控制细菌性传染病的关键手段，其目的是切断传播途径。根据消毒时机和消毒目的不同，可将消毒分为预防性消毒、临时性消毒和终末性消毒三类。预防性消毒是指为预防疫病的发生，结合平时的饲养管理对畜禽舍、场地、用具和饮水等进行定期或不定期消毒。临时性消毒是指在发生疫病期间，为及时清除、杀灭患病动物排出的病原体而采取的消毒措施。如在隔离封锁期间，对患病动物的排泄物、分泌物污染的环境及一切用具、物品、设施等进行反复、多次消毒。终末性消毒是指在疫病控制、平息之后，解除疫区封锁前，为了消灭疫区内可能残留的病原体而采取的全面、彻底的大消毒。

消毒的方法很多，包括物理的、化学的以及生物学的多种方法，由于不同的方法对外环境中病原微生物的去除程度与去除作用有差异，需要畜禽养殖场根据消毒对象、消毒目的及消毒时机等选用适宜的消毒方法。一般来说，经消毒后，杀灭或去除了外环境中原有病原微生物的 99.9%，就可以达到消毒要求，用消毒对象上污染的自然微生物的杀灭率来评定消毒效果，一般以杀灭或清除率达到 90%为合格。

2. 灭菌 灭菌是指杀灭或去除外环境中一切微生物的过程。灭菌是个绝对的概念，意为完全杀死或除掉灭菌对象中的一切致病性及非致病性微生物。灭菌的目的是防止细菌污染或细菌感染。养殖场可以根据需要采用灭菌剂如醛类化合物（甲醛、戊二醛），烷基化气体灭菌剂（环氧乙烷、乙型丙内酯等），过氧化物灭菌剂（过氧乙酸、过氧化氢等），复方化学灭菌剂（过硫酸氢钾复合物、卫可）等进行化学方法灭菌，也可以采用高压蒸汽、电热干燥、焚烧或灼烧等方法灭菌。如动物尸体剖检与采样使用的剪刀、镊子、采血针等，动物免疫接种需要的注射器、针头、镊子等实验室检测需要的烧杯、烧瓶、吸管、试管、离心管、培养皿等，都需要进行灭菌后使用。

三、消毒方法及选择依据

（一）物理消毒法

利用物理因子作用于病原微生物，将之杀灭或清除，叫做物理消毒法。常用的物理消毒法有自然净化法、机械力清除法、热力消毒法、紫外线消毒法、超声波消毒法、微波消毒法和等离子体消毒法。

1. 自然净化法 自然净化法是靠自然环境的净化作用，使空气、物体中的病原微生物逐步达到无害。方法有日光照射、风吹雨淋等。

2. 机械力清除法 机械力清除法就是用外力将物体表面的有害微生物除掉。这种方法虽然不能根除有害微生物，但是可将其大大减少。冲洗、刷、擦、抹、扫、铲除等都是常用的方法。

3. 热力消毒法 热力消毒法是通过破坏微生物的蛋白质、核酸、细胞壁和细胞膜，从而杀灭微生物。热力消毒法又分为两类：干热法和湿热法。

（1）干热法。常见方法有焚烧、烧灼、干烤及红外线消毒等，广泛应用于废弃物处理、卫生防疫、医院和实验室耐热器材灭菌等。

（2）湿热法。常见方法有蒸煮法、巴氏消毒法、流通蒸汽消毒法、压力蒸汽灭菌法，广泛应用于饮食餐具消毒、医疗和实验器械灭菌等。

4. 紫外线消毒法 紫外线分为A波、B波、C波和真空紫外线，其中C波紫外线是杀菌紫外线，其波长范围是200～270nm，杀菌的中心波长为253.7nm。在紫外线强度和照射时间足够的情况下，可杀灭所有微生物。然而，紫外线的穿透力极弱，其照射强度与距离的平方成反比，且仅在照射到的物体表面才能发挥杀菌作用。

5. 超声波消毒法 超声波消毒是利用频率在20～200kHz的声波作用，使细菌破裂和原生质迅速游离，达到消毒目的。如超声洗手器，用于手的消毒；超声洗涤机，用于注射器的清洁和初步的消毒处理。

6. 微波消毒法 微波为一种电磁波，照射于物体时，引起物体内部分子间摩擦运动，在有水分存在时，产生热效应杀灭所有微生物。各种材质物品对微波的吸收不同，如水是微波强吸收介质，吸收微波能产生热效应，金属对微波有强反射作用，也就无热效应。因此，消毒金属物品时必须用湿布包裹。微波消毒有加热物体快、里外均匀、温度相对较低、不污染环境、不留残毒等优点。微波消毒器采用的频率一般为245MHz和915MHz。

7. 等离子体消毒法 该方法采用双极等离子体静电场对带负电的细菌分解与击破，将尘埃极化并吸附，再组合药物浸渍型活性炭、静电网、光触媒催化装置等组件进行二次杀菌过滤，经过处理的洁净空气快速循环流动，使受控环境保持在“无菌无尘室”标准。等离子体消毒法具有安全、低温、简便、快速灭菌和无残留等优点，对细菌及芽孢、病毒以及细菌毒素等具有良好的杀灭作用，适用于各种不耐热器材的消毒灭菌。

（二）化学消毒法

利用化学制剂（品）杀灭病原微生物的方法，叫做化学消毒法。用于消毒的化学制剂（品）叫做化学消毒剂，以植物制成的消毒制剂（品）则称为植物消毒剂。平时大量使用的多为化学消毒剂。根据物理状态，化学消毒剂分为液体消毒剂、固体消毒剂与气体消毒剂三大类。气体消毒剂可分为强穿透性与弱穿透性两类。前者如环氧乙烷、溴甲烷等，可用于包装物品的消毒，后者如甲醛、过氧乙酸和一些烟雾消毒剂，多用于房间的消毒处理。两者各有长短，在有些场合下是不能相互取代的。根据杀菌作用强弱，化学消毒剂可分为高效消毒剂、中效消毒剂和低效消毒剂。高效消毒剂，能杀灭各种细菌、真菌和病毒，包括细菌芽孢。其中，可使物品达到灭菌要求的高效消毒剂又称灭菌剂。使用化学药物进行灭菌，一般不需加温，故与其他不需加温处理的灭菌措施（如电离辐射）合称为冷灭菌。中效消毒剂，能杀灭细菌繁殖体、结核分枝杆菌、真菌和病毒，但不能杀灭细菌芽孢。低效消毒剂，只能杀灭部分细菌繁殖体、真菌和病毒，不能杀死结核分枝杆菌、细菌芽孢和抗力较强的真菌和病毒。只能抑制微生物的生长而不能将之杀灭的药物称为抑菌剂。仅依靠抑菌作用，不能防止传染病散播。有的药物，杀菌作用属于低效组，但抑菌作用却可以很强，如季铵盐类消毒剂（0.000 1%度米芬还可抑制金黄色葡萄球菌生长）。根据化学成分的差异，化学消毒剂可分为醛类消毒剂、卤素类消毒剂、季铵盐类消毒剂、过氧化物类消毒剂、酚类消毒剂、醇类消毒剂、烷基化气体消毒剂、胍类消毒剂、复方化学消毒剂和其他类消毒剂等。此方面将有专门章节介绍，这里不再赘述。

在畜牧业实际生产过程中，使用更多的是化学消毒法，理想的化学消毒剂应具备以下条件：杀菌广谱；使用浓度低；作用速度快；性质稳定；易溶于水；可在低温下使用；不易受有机物、酸、碱及其他物理、化学等因素的影响；对金属器械无腐蚀；无色、无异味，无药残，无毒或毒性低；不易燃烧爆炸，使用无危险性；价格低廉；便于运输。

化学消毒的用药方法，可用消毒剂溶液浸泡、擦拭或喷洒，也可用其气体或烟雾进行熏蒸，还可直接用粉剂进行处理。最近提倡的气溶胶喷雾消毒法，既可达到喷洒的目的，又可产生熏蒸的作用，是一种节约药物、提高效果的好方法，化学消毒用药方法的多样化，为各种对象消毒提供了有利条件。

（三）生物消毒法

生物消毒是利用动物、植物、微生物及其代谢产物杀灭或去除外环境中的病原微生物。主要用于水体、土壤和生物体消毒处理。目前，可用作消毒的生物有以下几种：抗菌植物药（大蒜、连翘、金银花等）、细菌（如噬菌蛭弧菌，用于水的消毒处理）、微生物代谢产物、噬菌体和质粒、生物酶等。

1. 抗菌植物药　据不完全统计，目前已报道的具有抗菌作用的主要植物药，至少分属 78 个科，约有 200 多种。植物药能抑制和防止微生物生长繁殖的作用称为抑菌作用。植物药能杀灭微生物的作用称为杀菌作用。杀菌作用和抑菌作用总称为抗菌作用。

（1）大蒜。大蒜中的主要成分为挥发油（主要为抗生物质大蒜素），对以下几种病原菌有抗菌作用：金黄色葡萄球菌、产气杆菌、大肠杆菌、炭疽杆菌等。高浓度的大蒜油可完全杀灭细菌繁殖体。大蒜素不能破坏芽孢，但能抑制芽孢转化为繁殖体。

（2）连翘。连翘的主要抗菌成分为果实中的连翘酚，对金黄色葡萄球菌、溶血链球菌、猪霍乱弧菌、炭疽杆菌等病原菌抗菌力较强。对金黄色葡萄球菌的最小抑菌浓度为 1/5 120，抗菌效力极强。

（3）金银花。金银花的有效成分为绿原酸、异绿原酸和木犀草素。对金黄色葡萄球菌、部分志贺氏菌、鼠疫杆菌的抗菌力较强。金银花和连翘合用，抗菌范围可互补；与青霉素合用，能加强青霉素对耐药金黄色葡萄球菌的抗菌作用，这可能是在抑制细菌体内蛋白质合成上有协同作用。

2. 细菌　当前可用于消毒的主要是噬菌蛭弧菌。它可以裂解多种细菌，包括霍乱弧菌、志贺氏菌、大肠杆菌、沙门氏菌等，用于水的净化处理；还可以裂解如梭状芽孢杆菌、类杆菌属中某些细菌，用于污水、污泥的净化处理。

3. 微生物代谢产物　一些真菌和细菌的代谢产物如毒素，具有抗菌或抗病毒作用，亦可用作消毒或防腐。例如，由霉菌产生的霉酚酸、青霉酸、展青霉素等具有杀菌和杀病毒作用。SY-30 大肠杆菌产生的大肠菌素，可杀灭致病性大肠杆菌。

4. 生物酶　生物酶来源于动植物组织提取物或其分泌物、微生物体自溶物及其代谢产物中的酶活性物质。其在消毒中的应用研究源于 20 世纪 70 年代，我国在这方面的研究走在世界前列。20 世纪 80 年代起，复旦大学生命科学院就研制出用溶葡萄球菌酶来消毒杀菌的技术。90 年代，国内工作者先后解决了酶的稳定性、提高纯度和降低成本等工艺难题，开拓了生物酶用于日常消毒领域的广阔前景。近年来，对酶的杀菌研究取得了突破，用复合酶来消毒杀菌的生物消毒技术已实现了产业化。可用于杀菌的酶主要有：细菌胞壁溶解酶、酵母胞壁溶解酶、霉菌胞壁溶解酶、溶葡萄球菌酶等，可用来消毒污染物品。此外，还出现了溶菌酶、化学修饰溶菌酶及人工合成肽抗菌剂。

(四) 消毒方法的选择依据

在选择方法时，为使消毒工作能顺利进行并取得成效，必须根据不同情况选择合适的方法。一般会考虑以下几个方面。

1. 病原微生物的种类 病原微生物的种类很多，它们对各种消毒处理的耐受性有很大差异。细菌芽孢对消毒剂的耐受力比其他病原微生物强得多，所以一般都以它们作为最难消毒的代表。结核分枝杆菌、真菌孢子、肠道病毒与肉毒梭菌毒素等，它们对有的消毒措施比较敏感，对有的则具较强的耐受力。例如，结核分枝杆菌对热力消毒很敏感，而对某些消毒剂的耐受力却较其他细菌繁殖体强得多；真菌孢子对紫外线抗力很强，但却较易被电离辐射所杀灭；肠道病毒对过氧乙酸的耐受力与细菌繁殖体相近，但季铵盐类消毒剂对之却无效；肉毒梭菌毒素较易被碱所破坏，但对酸的耐受力较一般细菌繁殖体要强得多。这类对各种消毒措施耐受力相差较大的微生物，情况比较复杂，在选择方法与使用剂量上，应予以重视。

2. 处理对象的性质 同样的消毒方法对不同对象的消毒效果往往不一样。例如，对垂直墙面的消毒，油漆的光滑表面，药物不易停留，使用擦拭的方法效果较好；粉刷的粗糙表面，较易濡湿，以喷雾处理为好。此外还应考虑对处理对象的损害问题。例如，高浓度过氧乙酸或含氯消毒剂浸泡棉织品，用煤酚皂溶液多次长时间浸泡乳胶手套等，都可使处理对象遭到不同程度的损坏。

3. 消毒现场的特点 此处应考虑畜禽所处的现场的特点对消毒效果的影响。例如，畜禽舍表面消毒，房屋密闭性好的，可使用熏蒸消毒法；密闭性差的只能使用喷雾消毒处理。对空气的化学消毒，空舍时，可使用刺激性较强的消毒剂处理；当舍内有畜禽时，只能选用无毒和无刺激类的消毒剂进行喷雾消毒。使用消毒剂的安全问题亦是需要考虑的因素之一，对大量污水、粪便的化学处理，需考虑是否会引起公害。

4. 卫生防疫的要求 疫病暴发，对发病严重的疫区应集中使用性能优异的消毒剂，而对于发病较少，或外围猪场，亦须采取严格的消毒计划。对大批物品进行消毒时，应根据污染程度和所要求的灭菌度来选择处理的方法与剂量。在确定消毒方法时，除上述几个方面外，还应结合猪场的人力、物力等问题加以全面考虑，才能做出较好的安排。

四、消毒剂杀菌的作用机制

（一）对细胞壁的作用

不同的消毒剂对细菌细胞壁的作用有所不同，如阳离子表面活性剂对革兰氏阴性菌细胞壁有解聚作用，可导致细菌生长受抑而死亡；戊二醛可以与细菌细胞壁中的脂蛋白、D-丙氨酸残基发生反应，导致细菌细胞壁的封闭，从而阻碍细菌对营养的吸收和废物的排出，最终导致其死亡；含氯消毒剂则能通过破坏细菌细胞壁的通透性导致其死亡。

（二）对细胞膜的作用

1. 细胞内组分的漏出和胞膜通透性的改变　季铵盐类阳离子表面活性剂通过解离结合的蛋白质，损害细胞膜，细胞内含氮、磷化合物漏出，导致微生物死亡；酚类、胍类（氯己定）消毒剂同理。研究认为，微生物暴露于杀菌剂之后，按以下次序发生变化：药物穿透具有大量微孔的细胞壁而被吸收到细胞内；药物和细胞膜上的类脂-蛋白复合物反应，导致其组织的破坏；低分子质量的化合物从细胞质内流出；蛋白质和核酸降解；自溶酶引起细胞壁溶解。

2. 抑制能量过程　关于该过程的讨论涉及氧化磷酸化的解偶联和胞膜运输的化学渗透理论。此处不作赘述。

3. 对细胞质内各种成分的作用　细胞质内有 4 个抗菌物质的作用靶：细胞质本身、细胞质酶、核酸以及核糖体。对细胞质成分的不可逆凝集作用：细胞质的主要成分是蛋白质和少量核酸。大多数消毒剂，如酚类、胍类（氯己定）及汞类等具有凝固细胞质蛋白的作用。对代谢和酶的作用：消毒剂通过破坏微生物的酶，影响微生物的代谢，发生抑菌和杀菌作用。例如，二氧化氯与酶的巯基作用，使酶失活。对核酸与核糖体的作用：许多消毒剂，如环氧乙烷、苯乙醇等，通过影响核酸的生物合成和功能，导致微生物灭活。核糖体与多肽的形成有关，通过 mRNA 编码氨基酸的顺序，并由 tRNA 装配。这过程是许多抗生素唯一的作用靶，亦是许多消毒剂的作用位点，如过氧化物等。

4. 消毒剂杀病毒的作用机制　病毒体分为无包膜病毒和有包膜病毒两类。

（1）对包膜的作用。病毒的包膜是在病毒复制过程中获得宿主细胞质膜（如流感病毒）或宿主细胞核膜（带状疱疹病毒），包膜主要含有脂质，故这类病毒被称为亲脂病毒。由于脂质包膜的存在，这类病毒对酚类消毒剂氯仿、乙醚敏感，对作用于细胞膜的季铵盐类消毒剂也敏感。病毒从宿主细胞获得的宿主细胞成分，包裹住病毒的基因组，这是血清学上重要的蛋白质，它用于结合宿主细胞的受体，在病毒感染宿主细胞时起重要作用。消毒剂可使这种蛋白质变性，导致病毒感染力的降低或停止。如果仅仅破坏了病毒包膜，可释放出完整的病毒核衣壳，这种核衣壳仍然有感染性。

（2）对衣壳的作用。病毒的衣壳是消毒剂的主要作用靶之一。衣壳与病毒的形状有关，并保护病毒核酸免受外来因素（如消毒剂）的攻击。衣壳的大小可能影响杀微生物剂的作用，因为大的病毒衣壳存在更多的供消毒剂作用的靶点，任何一种能和蛋白质的氨基（如戊二酸、环氧乙烷）、巯基（如次氯酸、碘、环氧乙烷、过氧化氢）结合的消毒剂都具有杀病毒作用。

（3）对核酸的作用。病毒的基因组是病毒的感染性部分，当病毒的衣壳被破坏时，病毒的完整核酸颗粒被释放到环境中，这种核酸仍有感染力，只有当病毒被完全灭活时，核酸才被破坏。在病毒对消毒剂的敏感性方面，基因组的大小和特点起重要作用。病毒的基因组在大小和内容方面很不相同，有双股DNA、单股DNA、双股RNA和单股RNA。病毒基因组的外形，有圆形的也有线状的。病毒的基因组和衣壳之间的关系在消毒上也很重要，螺旋形对称的核衣壳与二十面体对称的核衣壳相比，与病毒的核酸结合更紧密，所以对消毒剂引起的变性作用更加敏感。

第二节　影响消毒效果的因素

消毒效果受许多因素的影响，了解和掌握这些因素，可以指导我们进行正确的消毒工作，提高消毒效果；反之，若处理不当，只会导致消毒流于形式。消毒时，应重视以下几个方面的因素。

（一）消毒剂自身的性质和特点

1. 消毒剂的种类　针对消毒对象的特点，选择合适的消毒剂是关键。如果要杀灭细菌芽孢或非囊膜病毒，则必须选用灭菌剂或高效消毒剂，也可选用物理灭菌法，才能取得可靠的消毒效果；若使用酚制剂或单链季铵盐类消毒剂则效果较差；单链季铵盐类消毒剂对革兰氏阳性菌和囊膜病毒的杀灭效果较好，但对非囊膜病毒就显得力有不足。因此，为了取得理想的消毒效果，必须根据消毒对象科学地选择消毒剂，使消毒达到最佳效果。

2. 消毒剂的配方　优异的消毒剂配方能显著提高消毒效果。例如：邻苯基苯酚和对氯间甲酚制成的复方酚溶液就可杀死大多数微生物的繁殖体；用具有杀菌作用的溶剂，如甲醇、丙二醇等配制消毒液时，常可增强消毒效果；将液体丙二醇添加到卫可溶液中，可以将溶液冰点降至－10℃。

3. 消毒剂的剂量　满足一定的消毒剂量是杀灭微生物的基本条件之一，它包括消毒强度和时间两方面。消毒强度在热力消毒时是指温度高低；在化学消毒时是指配比浓度；在紫外线消毒时是指紫外线照射强度。一般来说，减少消毒作用时间会降低消毒效果。当然，如果消毒强度降低至一定程度，即使延长消毒作用时间也达不到消毒目的。

（二）外界因素

1. 温度　除热力消毒完全依靠温度来杀灭微生物外，其他各种消毒方法都受温度影响。一般来讲，无论是物理消毒还是化学消毒，温度越高效果越好。关于温度变化对消毒效果的影响程度，往往随消毒方法、化学成分及微生物种类不同而不同。例如，戊二醛在低温环境下的使用效果就不如在高温条件下的使用效果，因此低温季节不建议使用戊二醛。

2. 相对湿度　消毒环境相对湿度对气体消毒和熏蒸消毒的影响十分明显，湿度过高或过低都会影响消毒效果，甚至导致消毒失败。室内空气甲醛熏蒸消毒的相对湿度应为80％～90％；紫外线消毒环境的相对湿度在低于60％时杀菌力较强，在80％～90％时杀菌力下降30％～40％。

3. 作用时间　消毒剂需要接触微生物一定时间后才能杀死病原，只有少数能立即产生消毒作用。消毒剂与微生物接触时间越长消毒效果越好，接触时间太短往往达不到消毒效果。

4. 酸碱度（pH）　酸碱度的变化可直接影响某些消毒剂的效果。一方面，pH对消毒剂本身的影响会降低或提高消毒剂的活性；另一方面，pH对微生物产生影响。如戊二醛在pH由3升至8时，杀菌作用逐步增强；而次氯酸盐溶液，pH由3升至8时，杀菌作用却逐渐下降；季铵盐类化合物在碱性环境中杀菌作用较大。

5. 表面活性剂和稀释用水的水质　在使用表面活性剂消毒时应格外注意，如阴离子表面活性剂会影响单链季铵盐类的消毒作用。由于水中金属离子（如钙、镁离子）对消毒效果也有影响，所以，在稀释消毒剂时，必须考虑稀释用水的硬度问题，如单链季铵盐类消毒剂在硬水环境中消毒效果不好（双链季铵盐类消毒剂可杀灭部分芽孢，属于高效消毒剂）。一种好的消毒剂应该能耐受各种不同的水质，不管是硬水还是软水。

6. 有机物质等拮抗物质 消毒环境中如果存在较多的有机物质，这些有机物质包围在微生物周围，就会阻碍杀菌（毒）因子的穿透，对微生物会起到保护作用，从而抑制或减弱消毒因子的杀菌能力。尤其是在采用化学消毒剂消毒时，有机物质还会通过化学反应消耗一部分消毒剂，导致配制的消毒剂有效浓度降低，达不到消毒的浓度要求。在养殖场消毒实践中，有机物质对各种消毒剂的影响也不尽相同，如含氯消毒剂在有机物存在时杀菌作用下降比较显著，而季铵盐类和过氧化合物类的消毒作用受有机物的影响也很明显；但戊二醛等消毒剂受有机物的影响则较小。由于有机物质存在时会消耗掉一定量的消毒剂，畜禽养殖场在进行化学性消毒前必须先通过清扫、刮擦、冲洗、铲除等去除待消毒环境中或物体表面的有机物质，必要时可以适当加大消毒浓度3～4倍。

7. 穿透作用 物品被消毒时，杀菌因子必须直接作用到微生物本身才能起杀菌作用。不同消毒因子穿透力不同。例如，干热消毒比湿热消毒穿透力差；甲醛蒸气消毒比环氧乙烷穿透力差；紫外线消毒只能作用于物体表面和浅层液体中的微生物，一张纸即可使其杀菌力降低95%以上。优秀的消毒剂必须具备很强的渗透物体表面的能力。

8. 消毒设备 在实际的畜牧生产过程中，消毒都是借助消毒设备实现，好的消毒设备必须经久耐用，耐得住畜牧场复杂的生产环境。好的消毒设备可以大幅度节约用水，减轻劳动强度，增强消毒效果。消毒设备对消毒效果的影响主要是喷雾雾滴的大小、雾滴的悬浮时间。一般来说，雾滴越小，悬浮时间越长，以及与有害微生物的接触时间越久，消毒效果就越好。

（三）微生物污染的种类和数量

微生物的种类不同，对其消毒的效果自然不同。另外，微生物数量的多少也会影响消毒效果，所以在消毒前要考虑到微生物污染的种类和数量。一般来说，微生物的抵抗力越强、污染越严重、消毒就越困难。

第三节 常用消毒剂消毒效果及安全性评价方法

细菌和病毒是两种结构截然不同的微生物，因此针对细菌和病毒两种微生物的消毒效果评价方法也迥然相异。比较常见的是针对细菌消毒效果的评价方法，而针对病毒消毒效果的评价方法较少。在实际生产中，大家习惯于用杀灭细菌效果来评价消毒剂是一个误区。众所周知，病毒性疾病往往能给养殖场带来毁灭性打击，因此养殖管理人员应当针对消毒剂对病毒的消毒效果评价方法给予足够重视。

一、针对细菌消毒效果评价方法概述

细菌属于原核生物，形状多种多样，主要有球状、杆状，以及螺旋状；其广泛分布于土壤和水中，或者与其他生物共生。细菌一般是单细胞，结构简单，缺乏细胞核以及膜状细胞器，如线粒体和叶绿体。养殖场常见针对细菌消毒效果评价方法主要有紫外线消毒效果评价、空气消毒效果评价、饮水消毒效果评价、皮肤黏膜消毒效果评价和物体表面消毒效果评价。

（一）空气消毒效果评价

空气采样法根据采样原理可分为平板沉降采样法和空气采样器法等。其中平板沉降法最常用，但因采样条件难以控制，不适于在有气流环境中使用，效率普遍低于采样器法，对洁净和一般环境采样阳性率均较低，在污染较重的环境采样阳性率较高，不适宜测定小的带菌粒子，适用于粗浅了解环境细菌气溶胶大致浓度及其污染状况。因此，此处介绍空气微生物采样器法。现场的选择：根据实际情况，选择有代表性的畜禽舍进行消毒效果观察；采样点设置：采样器置于畜禽舍中央 1.0m 高处；试验方法：在消毒处理前用筛孔式采样器进行空气中自然菌采样，作为消毒前样本（阳性对照）。按要求进行消毒处理，作用一定时间。再用同样方法进行一次采样，作为消毒后的试验样本；试验采样完成后，应将未用的同批培养基，与上述试验样本同时进行培养，作为阴性对照。37℃培养 48h 计数。如阴性对照组有菌生长，说明所用培养基有污染，试验无效，更换后重新进行。试验重复 3 次或以上，计算出每次的消亡率。结果计算：空气中细菌总数（cfu/m^3）$=N/(LT\times 1\,000)$，式中：N 为平板上菌落总数（cfu）；L 为每分钟采气量（L/min）；T 为采样时间（min）。消亡率（%）$=(N_0-N_t)/N_0\times 100\%$，式中：$N_0$ 为消毒前样本平均菌数（cfu）；N_t 为消毒后样本平均菌数（cfu）。消毒效果评价：除有特殊要求外，对畜禽舍进行的空气消毒，每次的自然菌消亡率均不低于 90%者为合格。

（二）皮肤黏膜消毒效果评价

1. 采样方法

（1）手的采样。被检者五指并拢，操作者将无菌棉拭子蘸灭菌生理盐水后挤干，在被检者指根到指尖来回涂擦2次（每只手涂擦面积约30cm^2），并随之转动采样棉拭子，然后将棉拭子放于装有10mL灭菌生理盐水的试管管口，用无菌剪刀剪去与手接触过的部分棉拭子，其余部分留在试管内。

（2）皮肤黏膜采样。在消毒后从事医疗活动之前采样。采样时，将5cm×5cm的灭菌规格板置于被检皮肤黏膜处，用浸有采样液的棉拭子，在规格板内往返均匀涂擦2次，并随之转动采样棉拭子。剪去操作者手接触部分，将棉拭子投入装有10mL采样液的试管内，立即送检。不规则的皮肤黏膜处可用棉拭子直接涂擦采样，估算面积（cm^2）。

2. 检测方法 将采样管用力振打80次，用无菌吸管吸取1mL待检采样液，接种于无菌平皿内，加入已溶化的45～48℃的普通营养琼脂15～18mL，边倾注边摇匀，待琼脂凝固，置37℃恒温培养箱中培养48h，计数菌落总数。细菌菌落总数计算方法：手细菌菌落总数（cfu/cm^2）＝（平板上菌落数×采样液稀释倍数）/（30×2）；皮肤黏膜细菌菌落总数（cfu/cm^2）＝（平板上菌落数×采样液稀释倍数）/采样面积（cm^2）。

（三）物体表面消毒效果评价

物品和环境表面的污染为不均匀性污染，各种物品和不同环境表面受污染的机会不同。因此，进行其消毒效果监测时应考虑所采样本及其数量应具有一定的代表性。

1. 采样方法 采样应选择在消毒处理后与使用前进行。一般多用棉拭子采样法，也可用压印法进行采样。此处介绍棉拭子采样法。用5cm×5cm的标准灭菌规格板，放在被检物体表面，根据物体表面的大小，连续采样1～4个，用浸有相应采样液的棉拭子，在规格板内来回均匀涂擦10次，并随之转动棉拭子，剪去手接触部分后，将棉拭子投入含10mL采样液试管内，立即送检。门把手等不规则物体表面用棉拭子直接涂擦采样。

2. 检测方法 物体表面细菌菌落总数（cfu/cm^2）＝（平板上菌落数×采样液稀释倍数）/采样面积（cm^2）。

（四）饮水消毒效果评价

饮水消毒的目的是杀灭或除去水中肠道致病菌。在天然水中检测肠道致病菌较复杂。可以用水中大肠菌群的检验来代替肠道致病菌的检验。为了验证消毒剂对各种天然水的消毒效果，把现场采来的天然水，不外加污染菌，进行消毒试验，检测消毒前和消毒后的大肠菌群数。根据饮用水卫生细菌学标准来评价消毒后的水是否合格。

1. 方法和步骤

（1）原水大肠菌群检测。用无菌吸管取原水水样 10mL，注入无菌试管中，按 10 倍进行倍比稀释至 10^{-3}。每一稀释度取 1mL 用滤膜过滤，将滤膜贴在远藤琼脂平板上，37℃培养 24h，计数结果。为慎重起见，未稀释原水也取 1mL 共 3 份进行培养。

（2）取容量 1L 的三角烧瓶，盛入采来的天然水 1L。加入消毒剂后，摇匀，按设计的消毒时间如 5、10、15、30min 依次倒出水样 250mL，盛于含有灭菌中和剂的三角瓶中。

（3）消毒后水样，每瓶分别吸取 100mL、10mL 和 1mL 各 2 份，经滤膜过滤，将滤膜贴在远藤琼脂平板上，37℃培养 24h 后计数。

2. 结果整理和分析

分别求出原水样和消毒后水样大肠菌群平均数，再折算成每升水样中的含量。如 100mL 中未检出，则为＜10 个/L。检测结果表示不同水样、不同作用时间的大肠菌群数。

二、病毒消毒效果评价方法概述

病毒是一类个体微小、结构简单、以单核酸（DNA 或 RNA）作为遗传物质的微生物，只能在活的细胞或组织中增殖。近年来，由病毒感染引起的疫情暴发及防控形势日趋严峻，有关病毒的消毒问题受到了更多的关注。在养殖场区病毒的杀灭方面，消毒剂的使用是重要的一环。

目前在实验室中常用的评价病毒消毒效果的方法主要有分子生物学评价法和细胞培养评价法。分子生物学评价方法，如实时定量聚合酶链式反应（PCR）、酶联免疫吸附试验（ELISA）等，其特点是对构成病毒的某一稳定成分进行定量测定，如核酸、蛋白抗原或消毒反应形成的复合物等，根据相应指标反映消毒对病毒的灭杀效果。细胞培养评价法是建立病毒易感细胞模型来检测消毒效果。

（一）实时定量 PCR

该方法的基本原理是使用荧光标记分子，对样本扩增时每个循环荧光信号积累进行检测，通过荧光信号的积累来计算出起始的样本拷贝数。PCR 可以粗分为染料法和探针法两种。虽然实时定量 PCR 技术有着快捷高效、特异性强的优点，但是它在某些条件下并不适用于病毒的检测和消毒效果的评估。

Sμarez 等在“实时定量 PCR 测定多种消毒剂对禽流感病毒消毒效果的研究”中，发现经过酚类消毒剂消毒后，病毒分离结果提示样本中已经无 H7N2 病毒存在，但是经实时定量 PCR 仍然可以在样本中检测到 H7N2 病毒核酸。出现这种状况的原因可能是由于酚类消毒剂的消毒机制主要是通过破坏 H7N2 病毒的“外壳”，而并不破坏病毒的遗传物质，致使产生与实际不相符合的结果，如果在此以实时定量 PCR 的结果作为消毒效果评价的依据，将会导致对消毒剂消毒效果的错误认识，认为消毒剂没有充分杀灭病毒，进而降低了对消毒剂效果评价的客观性和准确性。这提示在选择评价消毒剂对病毒的杀灭效果时，应该根据检测的病毒组分，并充分考虑消毒反应会产生的结果来选择合适的消毒效果评价方法。

（二）酶联免疫吸附试验（ELISA）

ELISA 技术的原理是通过反应生成酶-抗原/抗体有色复合物，颜色的深浅与有色复合物的量成正比，是一种常用于血清抗原/抗体的检测方法，具有操作方便、特异性较好、灵敏度高等特点，且可以使用自动化检测设备，更能满足大量动物群体样本检测的需要，是当前在动物疫病的检疫和监测中应用最为广泛的血清学检测技术，基于 ELISA 技术的试剂盒仍然是当前国内、外动物疫病诊断试剂市场的主要产品。1995 年，Gasparini 等采用 ELISA 技术检测消毒剂 Virkon（商品名“卫可”）对器械表面乙肝病毒的消毒效果，结果显示卫可消毒 10min 可有效清除乙肝的表面抗原；西班牙研制的非洲猪瘟病毒抗体阻断 ELISA 检测试剂盒（INGENASA），是目前世界动物卫生组织（OIE）指定的参考试剂盒，该试剂盒的敏感性和特异性较好。

（三）细胞培养评价法

细胞培养评价法是通过病毒感染体外培养的细胞，继而从感染细胞中获取病毒，置于消毒剂中进行消毒效果测定，是一种传统的评价消毒剂对病毒消毒效果的方法。需要强调的是，在病毒的检测方面，病毒分离始终是病毒检测的“金标准”。早在 20 世纪 80 年代，就有人采用恒河猴肾细胞来评价氯消毒剂对诺瓦克病毒在饮用水中的消毒效果，在接下来的数年当中，应用细胞培养的方法来评估消毒剂对病毒消毒效果的研究也日渐增多。

目前有多种病毒消毒效果的评价方法可供选择。在有实验条件和专业人员的情况下，应该根据实际需要来选择合适的微生物消毒效果评价方法，以达到客观评价消毒对病毒杀灭效果的目的。要达到这个目的，首先，应该明晰该微生物的种类和结构；其次，应该了解消毒剂的作用机理，才能有针对性地选择消毒效果的检测指标；最后，要了解采用的技术的优点和缺点，扬长避短，根据实际情况来调整实验策略，以达到客观准确地评价消毒剂消毒效果的目的。在无条件的养殖场，针对消毒病原种类，应当选择有第三方独立试验数据证明对该病原有效的消毒剂进行消毒工作。

三、消毒剂的稳定性

稳定性鉴定试验按存放条件分为加速试验和长期试验。加速试验适用于在54℃或37℃保存条件下较稳定的消毒剂。长期试验适用于产品使用说明书中表明需要在阴凉处保存的消毒剂和厂家明确说明不能在54℃或37℃条件下保存的消毒剂，以及厂家要求产品的有效期超过2年的消毒剂，并以其测定结果作为确定该消毒剂最终有效期的依据。按测定方法分为化学法和微生物法。测定消毒剂稳定性时，首选化学法测定杀灭微生物有效成分含量的变化。对尚无适宜化学测定方法者，可用微生物法测定杀灭微生物能力的变化。在应用化学法时，存放后杀灭微生物有效成分含量下降超过产品企业标准规定含量的下限值（该值应根据产品原料、工艺流程允许的误差范围科学、合理地确定，而不可为了通过稳定性鉴定试验而任意扩大下限值）为有效成分含量有明显变化。在应用微生物法时，对只使用原液的消毒剂，存放后杀灭微生物效果低于安全使用水平者，以及对需稀释后使用的消毒剂，存放后杀灭微生物达到消毒合格所需的最短时间长于存放前所需最短时间者，为杀灭微生物能力有明显变化。

化学法按《消毒技术规范》（第三版）规定的方法测定各种消毒剂杀灭微生物有效成分含量，每批次供试品各测1份样品，每份样品重复测定3次，取其平均值，每份样品3次测定值误差率不得＞0.5％。3个批次供试品批间误差率≤5％则取其平均值作为判定依据；若其批间误差率＞5％，则以下降率最大者作为判定依据。

第四节　养殖场常用的化学消毒剂

一、化学消毒剂的发展史

化学消毒历史悠久，化学学科的发展为消毒剂的筛选和更新提供了丰富的资源。20世纪30年代，甲醛的应用在化学消毒发展史上建立了一个里程碑，因此甲醛被誉为第一代化学灭菌剂。1949年，美国菲利普、史密斯等人研究了多种化合物的杀菌作用，发现了环氧乙烷，并且研究了其灭菌条件及影响因素。环氧乙烷被誉为第二代化学灭菌剂。1962 年，美国的派普筛选了醛类化合物，发现了戊二醛一经碱化便有良好的杀芽孢作用。此后，一些学者研究了戊二醛的应用条件、杀菌作用及影响因素。这种消毒剂具有广谱、高效、气味小、低毒、对金属腐蚀小的优点。20 世纪 70 年代以来广泛应用于医学灭菌，被称为冷灭菌剂，并被称为第三代化学灭菌剂。这一类化学消毒剂为了达到农业、工业和医疗行业中的消毒杀菌需要，对人体存在或大或小的伤害，因此不宜用于家居消毒。因此，带着最大程度保障消毒作用同时降低对人体危害的初衷，家居消毒剂经过化学家们的努力，也经历了四代的发展历程。第一代消毒产品的有效成分是次氯酸钠，它的优点是消毒杀菌率很高，达到实际无毒标准。生活中常见的产品为 84 消毒液，84 消毒液虽然消毒杀菌率很高，但是刺激性较大并具有很强的腐蚀性。第二代消毒产品的有效成分为对氯间二甲苯酚，它的消毒杀菌率较高，成本较高但有轻微毒性（LD_{50}=3 800mg/kg），同时也有轻微腐蚀性。生活中大家常见的产品有滴露消毒液、威露士消毒液等。第三代消毒产品，它的有效成分是单双链复合季铵盐，生活中常见的产品有安洁全效除菌液等，消毒杀菌率很高，达到实际无毒标准（LD_{50}>5 000mg/kg），并且无腐蚀性，但长期使用易让细菌产生抗药性，从而让消毒效果大打折扣。第四代消毒产品，它的有效成分是二氧化氯。二氧化氯消毒剂是国际上公认的高效消毒灭菌剂。与传统的消毒产品相比，二氧化氯可以杀灭一切微生物，包括细菌繁殖体、细菌芽孢、真菌、放线菌和病毒等，且细菌不会产生抗药性，具有消毒杀菌、去除甲醛、清除异味、净化有毒物质（尼古丁、pm2.5 等）等功能。目前是欧美、日本等发达国家广泛使用的一种家用消毒剂。化学消毒的研究也倾向于复方化学消毒剂的研究、老消毒剂新用和新消毒剂的不断开发。

二、畜禽场常用的化学消毒剂分类

（一）醛类消毒剂

醛类消毒剂是高效消毒剂，包括甲醛、戊二醛、邻苯二甲醛。醛类消毒剂是使用最早的一类化学消毒剂。甲醛的液体和气体均具有较好的杀灭各种细菌和细菌芽孢以及杀灭病毒的作用，因此甲醛成为第一代化学灭菌剂。1908 年 Harries 和 Tank 首次合成了戊二醛，其后研究发现戊二醛杀灭细菌芽孢的作用最强，是继甲醛和环氧乙烷之后在化学消毒剂发展史上的第三个里程碑。20 世纪 90 年代美国研究开发了一种新型的醛类化学消毒剂——邻苯二甲醛。醛类消毒药的作用机理是产生的自由醛基在适当条件下与微生物的蛋白质及某些其他成分发生反应，通过凝固蛋白质杀灭病菌。

1. 甲醛

（1）甲醛的理化性质和作用机理。在常温下是一种无色、可燃性气体，具有强烈的刺激性气味，易溶于水和醇，在水溶液中以水合物的形式存在，性能稳定。甲醛气体分子易聚合，可形成固体聚合物。甲醛杀灭微生物的机制主要是烷基化作用，甲醛分子中的醛基可与微生物蛋白质和核酸分子中的氨基、羧基、羟基、巯基等发生反应，从而破坏了生物分子的活性，致死微生物。

（2）甲醛的运用。20 世纪 60 年代发明的一种低温灭菌技术，利用压力蒸汽在低于 90℃的条件下充入甲醛气体，结果显示，在真空条件下，甲醛与低温蒸汽混合提高温度后，具有良好的穿透性，杀菌性能提高。低温蒸汽甲醛主要用于一些怕湿怕热的器械的灭菌。对圈舍、物品的熏蒸消毒：将圈舍或者熏蒸室完全密闭，在常温常压下，相对湿度 70%，采用化学法或加热法释放甲醛气体，对完全裸露的物品、圈舍进行熏蒸消毒。这种消毒方法作用时间长，气体气味刺激性大，甲醛气体在常温常压下穿透作用很弱，所以甲醛熏蒸难以达到灭菌要求。处理一般的污染物品，用 40g/L 甲醛水溶液浸泡 1h，可杀灭包括结核分枝杆菌和真菌在内的各种微生物。而污染严重的物品，用 80g/L 甲醛水溶液浸泡 6～8h，可以杀灭包括细菌芽孢在内的各种微生物。处理病理解剖标本 10%的甲醛水溶液，俗称福尔马林溶液，起到防腐和固定的作用。在 70%的乙醇中含 8g/L 甲醛浸泡清洁的器械 18～24h，可以达到灭菌要求。40g/L 甲醛和 50g/L 硼砂组成的配方作为器械消毒液，腐蚀性小，作用时间缩短，浸泡 12h 以上可达到灭菌要求。

（3）甲醛的优缺点。突出优点是杀菌效果可靠、使用方便、对物品损坏轻，但其致命弱点是浓烈的刺激性气味且不易驱除，其气体在常温常压下穿透力差，从而影响其在灭菌方面的应用。甲醛毒副作用明显，长期过量接触，可能会对心血管系统、内分泌系统、消化系统、生殖系统产生毒性作用，因此，在常规情况下很少使用甲醛进行消毒，我国已经明令禁止用甲醛气体消毒室内空气。部分国家对甲醛的使用进行限制，巴西于 2008 年禁止单独使用含甲醛或多聚甲醛的产品进行消毒和杀菌。

2. 戊二醛

（1）戊二醛的理化性质。戊二醛是一种 5 碳双缩醛化合物，具有典型的醛类化合物的化学性质，可进行加成或缩合反应。在交联反应中，两个活泼的醛基均可与蛋白质发生反应。戊二醛的水溶液呈弱酸性（pH4～5），在酸性条件下保持相对稳定状态，但戊二醛单体较少，生物活性较低。在中性水溶液中戊二醛的聚合作用亦较缓慢，随着 pH 的升高，聚合反应速度加快，稳定性降低。戊二醛杀灭微生物的作用主要靠其结构上的两个醛基的烷基化作用，直接或间接作用于生物大分子中的化学基团，使其失去生物学活性从而导致微生物死亡。通常情况下，pH 在 8.0～8.5 时，戊二醛杀菌活性较强，但稳定性较差。

（2）戊二醛消毒剂的分类。分为强化酸性戊二醛、强化中性戊二醛和碱性戊二醛三种。强化酸性戊二醛是在戊二醛水溶液中加入表面活性剂，其 pH 3～5。酸性戊二醛稳定性较好，对病毒灭活效果好，但杀灭细菌芽孢效果稍差。强化中性戊二醛是在戊二醛水溶液中加入表面活性剂和缓冲剂，将 pH 调至中性，使之成为中性戊二醛水溶液，稳定性和杀灭细菌芽孢效果均较好。碱性戊二醛是在加入表面活性剂后加入碳酸氢钠，将其 pH 碱化成 7.5～8.5。碱性戊二醛具有很强的杀灭芽孢的作用，但其稳定性明显下降，连续使用不能超过 2 周。三种戊二醛消毒剂具有一定的腐蚀性，使用时均需加入一定量的防腐剂。

（3）戊二醛的运用。可用于不怕湿的器械的消毒和灭菌，多数现售戊二醛产品浓度为 20g/L，实验室模拟现场实验条件下，作用 3h 可完全杀灭细菌芽孢，目前消毒技术规范规定戊二醛用于器械灭菌时间为 10h。使用专门的熏蒸设备对戊二醛消毒剂进行加热蒸发，产生戊二醛蒸气对完全暴露物品进行熏蒸消毒。但是戊二醛蒸气在常温常压下，穿透性比较弱，对有孔和有管道的物品、有缝隙的圈舍、包装物品内部达不到消毒要求。畜牧养殖过程中，常常使用戊二醛溶液对车辆清洗消毒、圈舍带动物消毒、人员消毒、通道消毒，但考虑其毒副作用，不建议作人和畜的喷雾。

（4）戊二醛的优缺点。戊二醛具有高效、广谱杀灭微生物的作用，可杀灭各种细菌繁殖体、结核分枝杆菌、真菌、细菌芽孢、病毒等。戊二醛在使用浓度下，具有腐蚀性低、使用方便的优点，广泛用于器械的消毒和灭菌。戊二醛的杀菌效果受 pH、温度、作用时间、浓度、有机物和不同微生物的影响。戊二醛也存在明显的毒副作用，长期使用对皮肤、眼睛、呼吸道具有刺激性和致敏性，可引发过敏性哮喘、接触性皮炎等不良反应。戊二醛有致畸、致突变作用，可能有致癌作用，故建议空气中最大允许暴露浓度为 0.45mg/m^3。目前戊二醛在欧洲已经基本禁止使用，在美国的使用也越来越少，使用戊二醛消毒的范围在缩小，但我国畜牧养殖中戊二醛使用量仍然较大。

3. 邻苯二甲醛

（1）邻苯二甲醛的理化性质。在常温下是淡黄色针状晶体，可溶于水，易溶于醇、醚等有机溶剂，最好于 0～4℃下密封避光保存，随温度升高可在水蒸气条件下蒸发。邻苯二甲醛的杀菌作用原理在于邻苯二甲醛的醛基与蛋白质、氨基酸基团之间的交联作用，邻苯二甲醛属芳香族的二醛类物质，具有脂溶性，易通过细胞膜进入菌体中起作用。

（2）邻苯二甲醛的运用。器械消毒一般可使用 5 000mg/L 的邻苯二甲醛，浸泡 6～10h。邻苯二甲醛产品其器械高水平消毒时间为 14h，若不需要杀灭细菌芽孢则浸泡 5min。怕腐蚀但必须用高效消毒剂消毒的精密仪器或设备表面，可采用 5 000mg/L 的邻苯二甲醛溶液作擦拭消毒，一般要求擦拭 2 次即可。

（3）邻苯二甲醛的优缺点。灭菌能力较强，杀菌范围更广，尤其是对戊二醛具有耐药性的结核分枝杆菌亦有良好的杀灭作用，使用浓度低，灭菌所需时间短。通过微生物学实验证实，2～3min 即可杀灭细菌繁殖体，1.5～2h 内可杀灭芽孢，是一种非常高效的消毒剂；毒性低，挥发性小，对人和动物安全性高，对正常皮肤无刺激，对金属、塑料等亦没有损害。正是因为如此，欧美等西方国家已经越来越频繁地使用邻苯二甲醛来代替戊二醛。国外最新研究中指出，邻苯二甲醛在浓度为 180mg/L 依然表现出非常有效的杀菌能力，对革兰氏阳性菌和革兰氏阴性菌有同样的效力，且使用过程简单，不需任何活化剂。邻苯二甲醛是近年来开发出的一种新型消毒剂，毒理学方面的资料还很欠缺，许多问题还要进一步研究。

醛类消毒剂由于普遍具有杀菌力强、杀菌谱广、均可用于灭菌，以及性能稳定、容易储存和运输，腐蚀性小、可用于金属器械，并且对有机物的影响小等优点，而成为消毒剂使用中必不可少的一部分。同时由于消毒对象、消毒时间、天气、温度、pH、有机物等因素的影响，我们要从安全、环保、高效等多方面考虑，把醛类消毒剂用在合适的地方发挥其消毒优势。

（二）过氧化物类消毒剂

过氧化物类消毒剂是高效消毒剂，包括过氧乙酸、过氧化氢、二氧化氯、臭氧、过硫酸氢钾等。二氧化氯近 20 年来受到广泛关注，其使用范围不断扩大，二氧化氯被誉为第四代化学灭菌剂，被世界卫生组织（WHO）和联合国粮食及农业组织（FAO）列为 A1 级安全高效消毒剂，为控制饮水中“三致物质”（致癌、致畸、致突变）的产生，欧美发达国家已广泛应用二氧化氯替代氯气进行饮用水的消毒。过氧化物类消毒剂属于穿透型杀菌模式，消毒效果最好，过氧化物类消毒剂主要依靠本身的强氧化能力，起到对微生物的灭活作用。

1. 过氧乙酸

（1）过氧乙酸的理化性质和作用机理。过氧乙酸是无色透明液体，呈弱酸性，易挥发，有刺激性气味，可溶于水或乙醇等有机溶剂。为强氧化剂，腐蚀性强，有漂白作用。性质不稳定，易分解，遇热、强碱、有机物或重金属离子等分解加速。市售过氧乙酸浓度一般为20%。过氧乙酸能杀灭细菌繁殖体、放线菌、细菌芽孢、真菌、藻类及病毒，也可以破坏细菌毒素。其杀菌作用比过氧化氢强，杀芽孢作用迅速。过氧乙酸通过氧化作用直接破坏细菌外部屏障结构，然后分解产生醋酸、过氧化氢和活性氧等成分，其他产物起重要的协同作用。过氧乙酸可直接氧化细胞壁、细胞膜中的蛋白质，使生物膜通透性增加，并进入胞内直接作用于其内部的酶系统，使细菌的正常代谢出现问题，从而导致细菌的死亡。过氧乙酸先破坏芽孢通透性屏障，进而破坏和溶解核心，使RNA、DNA、蛋白质及DPA等物质破坏漏出，致使芽孢死亡。这种破坏是由于过氧乙酸本身活性氧和酸的双重作用，而不是激活溶菌酶所致，其中活性氧起主导作用。

（2）过氧乙酸的运用。通常纺织品用浓度为0.04%的溶液浸泡2h，餐具洗净后用0.5%的溶液浸泡30～60min，体温计用0.5%的溶液浸泡15～30min，蔬菜、水果洗净后用0.2%的溶液浸泡10min，塑料、玻璃制品以0.2%溶液浸2h。可用于消毒皮肤与污染的物品表面。将原液稀释成0.2%的溶液擦拭双手1～2min，再用清水洗净；如对物体表面进行消毒，可用浓度为0.2%～1%的过氧乙酸稀溶液，擦拭后保持30min，即能达到杀菌目的。将原液稀释至0.2%～0.4%，关闭门窗，采用喷雾或加热熏蒸消毒方法，使其较长时间悬浮于空气当中，对空气中的病原微生物起到杀灭作用。此方法也适用于服装与大件物品的表面消毒。熏蒸时，常用浓度为$1g/m^3$。喷雾或熏蒸后密闭20～30min即可达到消毒目的，然后开窗通风15min后方可进入，以减少过氧乙酸给人体带来的刺激及不适感。

（3）过氧乙酸消毒剂的优缺点。过氧乙酸杀菌谱广，使用方便且消毒后在物品上不留残余毒性，多用于环境消毒，如畜禽栏舍、饲槽、用具、车辆、地面、道路及墙壁的消毒，或者物品熏蒸消毒，特别是在低温环境下仍有很好的杀菌效果。有机物可降低过氧乙酸的杀菌作用，杀灭有20%血清保护的细菌繁殖体所需过氧乙酸浓度需增加4～15倍，而对细菌芽孢需增加2～3倍。因过氧乙酸溶液不稳定，应贮存于通风阴凉处，稀释液常温下保存不宜超过2d。过氧乙酸对金属有腐蚀性，对碳钢、黄铜与铝等金属有腐蚀作用，配制消毒液的容器最好用塑料制品；配制过氧乙酸时忌与碱或有机物混合，以免产生剧烈分解，甚至发生爆炸。高浓度药液具有强腐蚀性和刺激性，使用时谨防溅到眼内、皮肤上。如不慎溅到，应立即用水冲洗。2%过氧乙酸水溶液属低毒消毒剂，0.2%溶液对皮肤无刺激，但长期接触可使皮肤粗糙。天然纺织品经浸泡消毒后，应尽快用清水将药物冲洗干净，可使织物漂白或褪色，熏蒸消毒后，应将有关物品刷净，或用湿布将沾有的药物擦净。

2. 过氧化氢

（1）过氧化氢的理化性质和作用机理。过氧化氢又名双氧水，外观为无色透明液体，水溶液为无色透明液体，纯过氧化氢是淡蓝色的黏稠液体，无臭或有类似臭氧的臭气。遇氧化物或还原物即迅速分解并产生泡沫，遇光、热易变质，应置棕色瓶中，遮光密闭保存于阴凉处。过氧化氢溶于水、醇、乙醚，不溶于苯、石油醚，双氧水含过氧化氢为2.5%～3.5%，浓过氧化氢溶液为26%～28%。过氧化氢属较强氧化剂，可形成氧化能力很强的自由羟基、活性衍生物等。其杀菌机理主要是破坏微生物的通透性屏障，使细菌细胞壁分子或原子发生电离，引起细胞壁上的脂链断裂，从而破坏细胞壁，造成细胞膜渗透压及通透性改变，可导致细菌的死亡。过氧化氢可氧化含有巯基的酶（如木瓜酶和酵母醇脱氢酶），使代谢活化酶功能丧失，造成细胞分裂繁殖障碍。过氧化氢具有抑制细菌DNA合成代谢的作用，具有一定抑菌和杀菌作用。可以用于真菌、细菌及芽孢等多种微生物的消毒。

（2）过氧化氢的运用。将清洗、晾干的待消毒物品浸没于装有原液的容器中，加盖，浸泡30min。可用于食品浸泡或喷雾消毒，以提高贮藏效果。对大件物品或其他不能用浸泡法消毒的物品，用原液擦拭消毒，作用30min，或者对环境、道路进行喷雾消毒。对皮肤、黏膜和伤口的消毒，用3%溶液涂抹数次，作用5～10min。口腔消毒可用0.1%～0.5%溶液漱口或局部涂抹。对医疗器材、设备消毒时用3%～6%溶液浸泡，作用5～15min。灭菌处理时，以25%～30%溶液浸泡作用60min以上（25℃），处理前应将沾有的有机物清洗或擦净。5%溶液涂于出血的细小创面上止血。

（3）过氧化氢消毒剂的优缺点。过氧化氢是最安全的消毒剂之一，分解成分是水和氧气，对人和环境都很安全。对多种微生物具有活性，包括细菌、酵母、真菌、病毒和孢子。但过氧化氢作为消毒剂主要存在所需浓度高、不稳定、作用时间长等问题。对金属器材有腐蚀作用，勿长期浸泡。消毒后应将残留药物冲洗干净。不可与还原剂、强氧化剂、碱、碘化物混合使用。

3. 臭氧

（1）臭氧的理化性质和作用机理。其分子中含有三个氧原子，常温下为无色气体，有一股特殊的草腥味，稳定性较差，常温下可自行还原为氧气。臭氧的强氧化性使其成为一种高效消毒剂，对各种微生物都有较强的杀灭作用。臭氧可以直接氧化破坏细胞壁和细胞膜，作用于细胞膜导致细胞膜的通透性增加，细胞内物质外流，使细胞失去活力。同时臭氧轻松进入细胞内，使细胞活动必需的酶失去活性，从而引起细胞的死亡。破坏细胞内遗传物质导致新陈代谢障碍直至死亡，反应极为迅速。

（2）臭氧的运用。具有杀菌、解毒、保鲜、除臭、漂白、消炎、镇痛、造氧、净化空气、活化细胞、促进新陈代谢等功能，将臭氧溶于水中可形成臭氧水，臭氧水是一种对各种致病微生物有极强杀灭作用的消毒灭菌水溶液，用臭氧水清洗瓜果、蔬菜、衣物、器皿等，可除去上面残留的农药、化肥、病菌、异味等，并能延长食品保鲜期。

（3）臭氧的优缺点。臭氧绿色环保，因为在杀菌、消毒的过程中，臭氧可自行还原成为氧，没有任何残留，这是其他任何化学消毒剂都无法做到的。臭氧消毒作用是极强的，不管是细菌、病毒，还是未萌动的孢子都具有杀灭作用，杀灭速度快，臭氧消毒过程中产生的氧化物是无毒、无味能生物降解的物质，臭氧能很快分解为氧，不会产生二次污染，而且提高养殖用水中的溶氧量；臭氧是气体游离状态，消毒中不会产生死角；臭氧在消毒过程中通过其氧化絮凝作用对水质起到一定的净化作用。臭氧消毒技术可用于养殖用水、饮用水、海水、污水处理，也可用于环境物体消毒等。臭氧对消毒后的物质无保护性余量；臭氧是有毒气体，过量会使人的呼吸系统出现障碍，这就要求密封使用，人、畜禽不在臭氧过量的环境中停留过长时间。

4. 二氧化氯

（1）二氧化氯的理化性质。二氧化氯常温下为气体，有强烈刺激性。二氧化氯溶于水，可制成不稳定的液体。现在已经有了二氧化氯泡腾片，方便运输和使用。二氧化氯的消毒机理是源于二氧化氯的强氧化能力，二氧化氯分子的电子结构呈不饱和状态，外层共有 19 个电子，外层的键域存在着一个未成对的活性自由电子，具有较强的氧化作用力，主要是对微生物细胞壁有较强的吸附和穿透能力，能渗透到细胞内部与含巯基的酶反应，使之迅速失活，抑制细胞内蛋白质的合成，从而达到将微生物灭活的目的。

（2）二氧化氯的运用。二氧化氯是净化饮用水的一种十分有效的净水剂，其中包括良好的除臭与脱色能力、低浓度下高效杀菌和杀病毒能力。二氧化氯用于水消毒，在其浓度为 0.5～1mg/L 时，1min 内能将水中 99%的细菌杀灭，灭菌效果为氯气的 10 倍、次氯酸钠的 2 倍，抑制病毒的能力也比氯气高 3 倍、比臭氧高 1.9 倍。二氧化氯还有杀菌快速，pH 范围广（6～10），不受水硬度和盐分多少的影响，能维持长时间的杀菌作用，能高效率地消灭原生动物、孢子、霉菌、水藻和生物膜，不生成氯代酚和三氯甲烷，能将许多有机化合物氧化，从而降低水的毒性和诱变性质等多种特点。二氧化氯制剂非常适于圈舍空气喷雾杀菌及消毒。二氧化氯对环境进行消毒，不但能杀灭病原微生物，还能消除异味，清新空气。二氧化氯可直接用于水果、蔬菜、肉类的杀菌、保鲜。将水果、蔬菜在二氧化氯溶液中浸泡片刻，即能杀死微生物又不与脂肪酸反应，不破坏蔬菜的纤维组织并对果蔬的味道、营养无任何损害。

（3）二氧化氯的优缺点。二氧化氯是目前国际上公认的第四代高效、安全、广谱消毒剂。二氧化氯能杀死病毒、细菌、原生生物、藻类、真菌和各种孢子。每升水中加入 0.1mL 即可杀灭所有细菌繁殖体，加入 50mL 可完全杀灭细菌繁殖体、肝炎病毒、噬菌体和细菌芽孢。应用时受温度影响小，pH 适用范围广，能在 pH2～10 范围内保持很高的杀菌效率，安全无残留，对人体无刺激。二氧化氯活化溶液不稳定，应现配现用，配制溶液时，忌与碱或有机物相混合。二氧化氯对金属制品有腐蚀性，金属制品消毒后，应迅速用清水清洗干净。有机物可减弱二氧化氯的杀菌作用，消毒前要先清理环境中或物体表面的有机物，以保证二氧化氯消毒效果。

过氧化物类消毒药，因为有高效、光谱、杀菌速度快、安全等优点，在畜牧养殖中被广泛使用，车辆、空舍、环境、道路喷洒消毒，密闭空间药品、饲料、设备、用具等臭氧消毒。在我国随着对二氧化氯消毒药研究的深入，已经被越来越多的畜牧养殖场、水产养殖场认可和使用，有很大的市场前景。

（三）卤素类消毒剂

卤素类消毒剂包括含氯消毒剂、含碘消毒剂和含溴消毒剂。其中氯制剂是高效消毒剂，对细菌、芽孢、病毒及真菌杀菌作用强；碘制剂属于中效消毒剂，一般用于手部和外科皮肤的消毒；溴制剂杀菌效力与氯制剂差不多，除藻性能好，但价格高。二氯异氰尿酸钠消毒剂是性价比较高的兽用消毒剂；三氯异氰脲酸因其稳定性及溶解性不及二氯异氰尿酸钠消毒剂，因而在动物养殖消毒方面应用较少。

1. 含氯消毒剂　含氯消毒剂应用广泛，种类较多，在养殖生产中主要使用的含氯消毒剂有漂白粉、次氯酸钠、漂白粉精、氯化磷酸三钠、二氯异氰尿酸钠、三氯异氰尿酸、氯胺-T、二氯二甲基海因等。

（1）漂白粉。又称含氯石灰，是次氯酸钙、氯化钙和氢氧化钙的混合物。为灰白色颗粒粉末，有很强的氯臭，含有效氯25%～30%，有效氯低于16%不宜应用，水溶液呈碱性。其杀菌能力由与水体发生反应生成的次氯酸分子表现出来。次氯酸在水体中能释放出活性氯和氧，表现出强烈的杀菌作用。漂白粉的稳定性差，在空气中很容易吸收水分和二氧化碳而分解，在阳光直射下也会分解。故应密封保存漂白粉。本品的杀菌作用与环境中的酸碱度有关，在酸性环境中杀菌强，在碱性环境中杀菌力较弱。此外，还与温度和有机物的存在有关，温度升高杀菌力也随之增强；环境中存在有机物时，也会减弱其杀菌力。本品可用于饮水、禽舍、用具、车辆及排泄物等的消毒。本品干燥粉剂对动物皮肤不呈现显著作用，但其水溶液或有水分存在时，则有刺激作用，可引起炎症以致坏死，故消毒时应注意保护。此外，本品对金属用具（尤其是铁制品）有腐蚀作用，不宜用本品消毒。以粉剂6～10g加入1 000kg水中拌匀，30min后饮用。1%～3%澄清液可用于饲料槽、饮水槽及其他非金属用具的消毒，10%～20%乳剂可用于禽舍和排泄物的消毒。将干粉剂与粪便以1∶5均匀混合，可进行粪便消毒。

（2）次氯酸钠。次氯酸钠属于强碱弱酸盐，它清澈透明，是一种能完全溶解于水的液体。同水的亲和性很好，能与水任意比互溶。次氯酸钠的杀菌原理主要是通过它的水解形成次氯酸，次氯酸再进一步分解形成新生态氧，新生态氧的极强氧化性使菌体和病毒的蛋白质变性，从而使病原微生物致死。次氯酸在杀菌、杀病毒过程中，不仅可作用于细胞壁、病毒外壳，而且因次氯酸分子小，不带电荷，可渗透入菌（病毒）体内与菌（病毒）体蛋白、核酸和酶等发生氧化反应，从而杀死病原微生物。同时，氯离子还能显著改变细菌和病毒体的渗透压使其丧失活性而死亡。次氯酸钠广泛用于包括自来水、中水、工业循环水、游泳池水、医院污水等各种水体的消毒。次氯酸钠还能够破坏氰根离子，用作处理含氰废水。高浓度的次氯酸钠液体还可以用于剥离设备及管道上附着的泥。然而，次氯酸钠之所以逐渐被淘汰，原因主要有以下几点：首先，次氯酸钠极不稳定，难以保存，它的有效氯会随温度、湿度、光线及存放时间等因素的影响而逐渐下降，由于其衰减特别快，现场不能长期存放，并具有腐蚀性，所以储存和操作很困难。其次，使用时对设备要求很高，设备很难维护。最后，次氯酸钠放出的游离氯可以引起中毒，它有化学致敏作用，可引起皮肤病。皮肤接触后，局部出现红肿。

（3）漂白粉精。又名高效漂白粉。漂白粉精主要成分是次氯酸钙，还含有氯化钙或氯化钠及氢氧化钙等成分，其有效氯含量大于60%。漂白粉精是由氯气与氢氧化钙（消石灰）反应而制得。主要用于棉织物、麻织物、纸浆等的漂白。其消毒杀菌作用广泛用于饮水、游泳池水净化、养蚕等方面。储存于阴凉、通风的库房。远离火种、热源。库温不超过30℃，相对湿度不超过80%。

（4）氯化磷酸三钠。氯化磷酸三钠是磷酸三钠与次氯酸钠的复盐，为白色针状或棒状晶体。熔点62℃。微有氯气气味。易溶于水，溶液呈碱性。常温下较稳定，受热易分解。在水溶液中可直接与钙、镁及重金属离子形成不溶性磷酸盐结晶，使水软化，同时可使溶液中不溶性杂质凝聚而沉降。氯化磷酸三钠具有良好的灭菌、消毒、漂白作用，亦能除去墨迹、血迹、汗迹、油迹和茶迹等多种污垢，广泛地用于医院、餐馆、食品加工行业和家庭日用品的消毒灭菌，以及蔬菜、水果的保鲜，浴池、游泳池公用水、饮用水的净化等。要求密封，不可与空气接触。应与还原剂、酸类、易（可）燃物等分开存放。

（5）二氯异氰尿酸钠。二氯异氰尿酸钠为白色粉末状或颗粒状的固体，1%水溶液pH 5.5～6.5，有明显氯气味，有效氯含量≥56%～60%。杀菌机理是在水体溶解后释放出次氯酸和活性氧，使菌体蛋白质变性，改变膜的通透性，干扰酶系统生理生化及影响DNA合成，使病原菌死亡。用于饮用水中，能有效地杀灭各种藻类生物、细菌、真菌、芽孢等，破坏水中硫化氢等污染物的颜色及其气味。每1 000mL水中加入2mL二氯异氰尿酸钠，对大肠杆菌、志贺氏菌及肝炎病毒等的杀灭率可以达到100%，还可以用来养殖畜牧场环境消毒。二氯异氰尿酸钠消毒剂贮存得当时，不易燃烧；当贮存不当遇水受潮时，能与水发生化学反应，并放出大量的热，可能导致二氯异氰尿酸钠自燃着火，分解产生氯气、二氧化碳、氯化钠、氨以及氮氧化合物等，同时放出大量的浓烟，分解热量能使纸张、木头、木质包装燃烧。因此，养殖生产中对于二氯异氰尿酸钠的贮存与使用要极其小心。

（6）三氯异氰尿酸。三氯异氰尿酸为白色结晶性粉末或粒状固体，具有强烈的氯气刺激味，含有效氯在90%以上，25℃时水中的溶解度为1.2g，遇酸或碱易分解。1%水溶液pH 2.6～3.2。水解具有很强的氧化性，起到杀菌的作用。饮用水消毒：每100kg水加入0.4g，搅匀静置一段时间；污水、粪便处理：投药按每立方米污水或粪便加入5g，即可消除臭味。畜牧场作为高效消毒剂用于环境杀菌消毒，对球虫卵囊也有一定杀灭作用。

（7）氯胺-T。氯胺-T为白色或微黄色结晶性粉末，微有氯气臭味，不苦，暴露空气中缓缓分解，一年有效氯只减少0.1%，渐渐失去氯而变成黄色，易溶于水、乙醇，不溶于氯仿、乙醚或苯。它的水溶液对酚酞及石蕊试剂呈微碱性反应，pH8～10。氯胺-T 含有效氯应为 23%～26%。氯胺-T 消毒药作用原理是溶液产生次氯酸放出氯，有缓慢而持久的杀菌作用。其作用温和持久，对黏膜无刺激性，无任何副作用，效果极佳，常用于伤口与溃疡面冲洗消毒；且适用于饮水食具、食品，养殖业消毒，创面、黏膜冲洗。冲洗创口用 1%～2%；黏膜消费用 0.1%～0.2%；用于饮水消毒时，用量为每吨水中加入 2～4g 氯胺；食具消毒用 0.05%～0.1%。3%水溶液用于排泄物的消毒。在日常使用中，以 1∶500 的比例配制的消毒液，性能稳定、无毒、无刺激反应、无酸味、无腐蚀、使用保存安全。可用于室内空气、环境消毒和器械、用具的擦拭、浸泡消毒等。本品水溶液稳定性较差，故宜现配即用，时间过久，杀菌作用降低。

(8) 二氯二甲基海因。二氯二甲基海因是一种白色粉末，微溶于水，有轻微刺激气味。1%水溶液的 pH 为 2.97。二氯二甲基海因具有气味小、毒性小、贮存稳定性好、水解残留物降解快等优点。二氯二甲基海因用作水处理剂、消毒杀菌剂、水果保鲜剂等。具有高效、广谱、安全、稳定的特点，能强烈杀灭真菌、细菌、病毒和藻类。

有机氯类消毒剂性质稳定、易储存、使用方便、高效、消毒谱广，是环境消毒的首选消毒剂。缺点是易受有机质、还原性物质和酸碱度的影响，另外有机氯消毒剂对人畜有一定的危害性。但其药效持续时间较短，药物不易久存，且具有较强的刺激性和腐蚀性，长期使用会对环境造成严重的破坏，多用于畜禽栏舍、栏槽及车辆等的消毒。

2. 含碘消毒剂 含碘消毒剂包括含碘及以碘为主要杀菌成分制成的各种消毒制剂。按生产工艺分为碘伏类消毒剂与碘类消毒剂。养殖场常用的碘伏类消毒剂有碘伏、聚维酮碘、聚醇醚碘、十二烷胺三碘（阳离子型）、双十二烷基双季铵盐碘（阳离子型）等；碘类消毒剂有碘酊和碘甘油。含碘消毒剂作为一款中效消毒剂，具有杀菌广谱，消毒效果好等优点，细菌繁殖体、抗酸杆菌、细菌芽孢、亲脂病毒及亲水病毒等对含碘消毒剂都较敏感。

碘的杀菌机理是由于元素碘活泼，具有一般消毒剂所没有的良好渗透性，碘对微生物的杀灭主要靠碘的沉淀作用和卤化作用，游离碘能迅速穿透细胞壁，与蛋白质氨基酸链上羟基、氨基、烃基、巯基结合导致蛋白质变性沉淀，发生卤化，从而使其失去生物活性。

(1) 碘伏类消毒剂。碘伏的杀菌原理为由表面活性剂提供的对细菌膜的亲和力将其所载有的碘与细胞膜和细菌质结合，其中 80%～90%的结合碘可解聚成游离碘，使巯基化合物、肽、蛋白质、酶、脂质等氧化或碘化，直接使病原体内的蛋白质变性、沉淀，使细菌等微生物失活，从而达到高效消毒杀菌的目的。聚维酮碘由聚乙烯吡咯烷酮与碘络合而成。聚乙烯吡咯烷酮由于其缓释作用，缓慢释放出游离碘，刺激性小，安全性高。聚醇醚碘由聚醇醚类和碘络合而成，常采用壬基酚聚氧乙烯醚与烷基酚聚氧乙烯醚进行络合，表面活性强，去污力更强。十二烷胺三碘（阳离子型）氧化合物是一种广谱、高效的消毒剂，通过释放三碘氧化合物来完成消毒过程，载体具有杀菌能力，抗有机物干扰性好。双十二烷基双季铵盐碘（阳离子型），为有机/无机复合体系，兼具二者优点，实现对微生物的双重灭活抑制作用。无毒、无异味，刺激性明显降低，且稳定性大为提高。碘伏消毒剂主要用于外科手及前臂消毒，手术切口部位、注射及穿刺部位皮肤以及创伤部位皮肤消毒，黏膜冲洗消毒。碘伏类消毒剂的优点是消毒谱广，对各种细菌、芽孢、病毒以及真菌均有杀灭能力；作用快速；气味小，无刺激，无腐蚀、毒性低；性质稳定、耐贮存。缺点是在酸性环境下（pH 2～5）消毒效果好，对金属有腐蚀作用；pH 偏高时，杀菌效果较差；碘杀菌的有效成分是游离碘，还原物质存在时消毒效果下降；另外，日光会加速碘伏的分解，故应避光保存。

（2）碘酊。碘酊具有快速而高效地杀灭细菌、芽孢、各种病毒及真菌的作用，早就成为外科消毒的首选消毒药。碘酊不能用于大面积皮肤表面，不能用于皮肤已破损处及眼、口腔、会阴和其他黏膜等处的消毒，因为刺激性大，若伤口碰到碘酒，酒精挥发后的残留碘可产生强烈的烧灼疼痛。含碘制剂对铜、铝、钢等二价金属有一定的腐蚀性，不能用于这些金属制品的消毒和浸泡，也制约了它的使用范围。不建议带猪消毒和空舍消毒。

（3）碘水和碘甘油。碘水溶液主要由碘化钾、水、碘组成，常用于动物体表局部消毒或设备消毒；碘甘油为碘的甘油溶液，主要用于动物鼻腔黏膜、口腔黏膜及皮肤的消毒。

3. 含溴消毒剂　含溴消毒剂的种类有二溴海因、溴氯海因、氯溴异氰尿酸等，溶于水后，能水解生成次溴酸，并发挥杀菌作用的一类消毒剂。其杀菌效力与含氯消毒剂相似，本品有刺激性气味，对眼睛、黏膜、皮肤有灼伤危险，严禁与人体接触。

（1）二溴海因。二溴海因是一种白色或淡黄色结晶粉末，通过破坏微生物的细胞壁、细胞膜、蛋白质和核酸导致微生物死亡。由于细胞壁被破坏，致使蛋白质和核酸漏出，使细菌死亡。此类消毒剂具备杀菌谱广、杀菌能力强、作用速度快、稳定性好、毒性低、腐蚀性小、刺激性小、易溶于水、对人和动物安全及价廉易得、对环境污染程度低，无毒、无残留，可广泛用于公共场所消毒、环境物体表面消毒和卫生洁具的消毒，食物的保鲜，工业水、自来水、生活污水、游泳池的消毒杀菌。

（2）溴氯海因。溴氯海因是一种性能特异的消毒杀菌剂，活性溴≥33%，活性氯≥15%，0.1%水溶液的 pH 为 2.88。溴氯海因在水中能够通过溶解不断释放出活性溴离子和活性氯离子，形成次溴酸和次氯酸，生成的次溴酸和次氯酸具有强氧化性，通过将微生物体内的生物酶氧化而达到杀菌的目的。溴氯海因能够降低细胞膜表面张力破坏有机物保护膜，并促进卤素与病菌蛋白分子的亲和，提高消毒剂的作用效果。高效、广谱，可杀灭细菌、真菌、芽孢与病毒。溴氯海因的消毒效果受水质酸碱度，还受有机物的强烈影响。正常使用剂量范围内无腐蚀性，但在高剂量具有腐蚀性。使用本品应注意戴橡胶手套避免与皮肤接触。

（3）氯溴异氰尿酸。氯溴异氰尿酸为白色至微红色粉末，易溶于水，制剂有 50%水溶性粉末。氯溴异氰尿酸喷施在作物表面能慢慢地释放次溴酸和次氯酸，次溴酸的活性是次氯酸的四倍，有强烈的杀灭细菌、真菌的能力。喷施在作物上，具有强烈的杀病毒作用；另外，因起始原料富含钾盐及微量元素群，因此，氯溴异氰尿酸不仅有强烈的预防和杀灭细菌、真菌及病毒的能力，而且有促进作物生长等作用，是一种被广泛用于自来水公司、农牧渔业等使用的氧化性消毒剂。作为一种高效、广谱、新型内吸性杀菌剂，它可杀灭各种细菌、藻类、真菌和病毒。本品化学性质稳定，便于贮存运输；使用安全、简便、用量少、杀菌效果良好等特点。但持续时间不长，不适用于手、皮肤黏膜和空气的消毒。

卤素类消毒药种类多，碘制剂、氯制剂在畜牧生产中经常看到，但是含氯消毒剂易受水中酸碱度变化的影响，且对器具有腐蚀作用，不建议对圈舍设备消毒，操作人员也要做好防护；漂白粉不能与酸类、福尔马林、生石灰等混用，可以用于圈舍周边河边的水体消毒，净化水源；三氯异氰尿酸钠要现配现用，宜在阴天傍晚施药，避免使用金属器具，不能与酸、铵盐、硫黄、生石灰等混用；碘制剂易受光线、温度、有机物含量的影响，易蒸发失效，可以很好地用作创伤消毒，但是带猪消毒对猪的眼睛黏膜、皮肤、呼吸道都有刺激作用，出现眼睛变红、蹭痒等症状。海因类含溴制剂使用时不能用金属容器盛装。

（四）酚类消毒剂

酚类消毒剂是中效消毒剂，主要包括苯酚（石炭酸）、甲酚（煤酚皂，又称来苏儿)、卤代苯酚、二甲苯酚和双酚类、复合酚及其他酚的衍生物。酚类消毒剂有100多年的使用历史，曾经是医院的主要消毒剂之一，为预防和控制疾病的传播起过重要作用。酚类消毒药只能杀死细菌繁殖体和病毒，不能杀死细菌芽孢，对真菌的作用也不大。酚类消毒药的消毒机制主要为破坏细胞壁和细胞膜结构，使细胞壁和细胞膜的通透性增加，造成菌体内含物外漏，同时渗入细胞内作用于蛋白质，导致蛋白质功能丧失。卤代苯酚及其衍生物对微生物的杀灭效果明显强于苯酚和甲酚。

1. 苯酚　苯酚是最简单的酚类有机物，是一种弱酸。常温下为一种无色晶体，微溶于水，易溶于有机溶液；当温度高于65℃时，能跟水以任意比例互溶，其溶液沾到皮肤上可用酒精洗涤。低熔点（40.3℃），在空气中放置及光照下变粉红色，有特殊气味，沸点181.84℃。对人有毒，有腐蚀性，要注意防止触及皮肤。一般使用25g/L苯酚水溶液浸泡或擦拭物体表面，亦可以使用其擦拭地面，但会留下酚臭味。浸泡物品至少需要60min。苯酚与乙醇混合使用可明显提高杀菌效果。苯酚属于中效消毒剂，可有效杀灭细菌繁殖体、真菌、结核分枝杆菌和灭活大部分病毒，但不能杀灭细菌芽孢。苯酚具有一定的毒性和不良气味，使用时应注意不可直接用于黏膜消毒，因其对黏膜有明显刺激性，对橡胶制品有损坏，易使其变脆变硬。

2. 甲酚　甲酚又称煤酚皂溶液或者来苏儿。甲酚溶液是呈棕黄色或红色的黏稠性液体，带有很浓的酚臭味，含甲酚的体积分数为48%～52%。可溶于水或乙醇，稀释液为浅棕色透明液，呈碱性反应，性能稳定。使用1%～5%的甲酚溶液，可采用浸泡、喷洒和擦拭等方法，消毒污染的物体表面，如家具、墙面、地面、器皿和衣服等，一般持续30～60min。若消毒被结核分枝杆菌污染的物品应使用5%的水溶液，持续1～2h，可将药液加热至40～50℃。若用甲酚溶液浸泡金属器械，可加1.5%～2%碳酸氢钠作防锈剂。对皮肤消毒可用1%～2%的水溶液。浓度愈高，时间越长，杀菌效果越好。有机物可减弱酚类消毒剂杀菌力，但对甲酚溶液的影响较小，升温可加速其杀菌作用，当由20°C升至40°C时，消毒时间可缩短一半。食盐与酸可加强其杀菌作用。乙醇、氯化铁、氯化亚铁可增强其杀菌能力。硬水可使肥皂沉淀，所以用硬水配制的煤酚皂消毒液杀菌能力降低。甲酚溶液杀菌性能稳定，可长期保存，曾广泛用于防疫消毒，甲酚杀菌能力比苯酚强2～5倍，它的常用浓度可破坏肉毒杆菌毒素，能杀灭绿脓杆菌等细菌繁殖体，对结核分枝杆菌和真菌有一定杀灭能力，并能杀死亲脂性病毒。2%甲酚溶液经10～15min能杀死大部分致病性细菌，2.5%甲酚溶液经30min能杀灭结核分枝杆菌。甲酚溶液不能杀灭亲水性病毒，也难杀灭细菌芽孢，如炭疽杆菌及破伤风杆菌，它在消毒时对水源有污染，且对皮肤有一定的刺激和腐蚀作用，消毒皮肤时浓度不应该超过2%并且不能用于黏膜消毒，并有特殊气味，气味易滞留，注意个人防护。配制消毒液时勿使用硬度过高的水，否则应加大浓度。

3. 六氯酚 六氯酚是双酚类化合物，它是酚类消毒剂被卤化后增强了杀菌作用的产品。为白色或淡棕色的结晶粉末，易溶于乙醇、酯、醚等有机溶剂，加碱或肥皂可促进溶解。毒性和刺激性比酚小，杀菌力比酚大。六氯酚不溶于水，但能溶解于皮肤的脂肪酸内，沉积于皮肤上，不易被水洗去。六氯酚主要用于皮肤消毒，以2.5%～3%六氯酚肥皂和凝胶洗手，能减少细菌数，连续使用可使皮肤细菌数保持极低水平。六氯酚溶液可以外用，也可以制成涂膜气雾剂，喷射于创面，待干后再喷射1～2次。主要用于外科人员手的消毒产品有：六氯酚油膏、六氯酚冷霜、六氯酚皂液和六氯酚肥皂凝胶。六氯酚对革兰氏阳性菌的作用大于阴性菌。六氯酚制剂可以经婴儿的皮肤和破损的伤口吸收，产生强毒性，因此不能用于婴儿洗澡及外科创面消毒。有报道提出六氯酚可以发生神经系统损害，故不宜长期使用。

4. 对氯间二甲苯酚 对氯间二甲苯酚的水中溶解度仅为0.03%，易溶于醇、醚、聚二醇等有机溶剂和强碱水溶液。化学稳定性好，通常贮存条件下不会失活。原产品为白色或无色晶体，有微弱酚的气味。用作消毒剂的对氯间二甲苯酚溶液一般含有乙醇、松油醇、蓖麻油酸钾等成分，其原液为棕色油状液体，产品偏碱性。对氯间二甲苯酚650mg/L水溶液作用10min，可杀灭金黄色葡萄球菌和大肠杆菌，可作为防霉抗菌剂广泛应用于消毒或个人护理用品，如洗手液、肥皂和其他卫生用品等抗菌洗涤剂中。不同浓度的对氯间二甲苯酚溶液对白色念珠菌、铜绿假单胞菌等革兰氏阳性、阴性菌以及真菌、霉菌都有杀灭功效，无刺激。手消毒：应用液中有效成分含量≤1%，对手擦拭或浸泡消毒，作用时间≤1min；皮肤消毒：应用液中有效成分含量≤2%，擦拭消毒，作用时间≤5min；物体表面消毒：应用液中有效成分含量≤2%，擦拭消毒，作用时间≤15min，浸泡消毒作用时间≤30min；黏膜消毒：应用液中有效成分含量≤1%，擦拭或冲洗消毒，作用时间≤5min。对氯间二甲苯酚作为一种低毒消毒剂，可以作为防腐剂和防霉剂用于胶水、涂料、油漆、纺织、皮革、造纸等工业领域。一般以消毒洗涤产品为主，主要用于物体表面和地面擦拭消毒。对氯间二甲苯酚由于不易分解，容易残留，不适合用于用品、物品消毒，更不适合皮肤消毒。

酚类消毒剂有特殊气味，苯酚、甲酚对人体具有毒性，在对环境和物体表面进行消毒处理时，应做好个人防护，如有高浓度溶液接触到皮肤，可用乙醇擦去或用大量清水冲洗。两种物质的挥发性酚是环境监测的重要污染指标。酚类消毒剂不能带畜禽消毒，因为酚类消毒可能会刺激伤害畜禽的眼黏膜和呼吸道黏膜，容易引起畜禽的红眼病和呼吸道疾病，严重的会直接导致畜禽生产力下降。对皮肤有刺激作用，消毒皮肤前，必须先清洁皮肤，带污垢的物体表面消毒前也应做好清洁去污工作。能使纺织品染色和损坏橡胶，同时不能使用硬度过高的水配制。一般用于空舍、可移动设备和车辆消毒，消毒结束后，以清水进行擦拭或冲洗，去除残留的消毒剂。由于酚类消毒剂其杀菌效力低，加上对环境造成污染，已渐渐被更有效的、毒性更低的酚类衍生物所取代。

（五）季铵盐类消毒剂

季铵盐类消毒剂是以氯型季铵盐、溴型季铵盐为主要杀菌有效成分的阳离子表面活性剂类消毒剂，包括单一季铵盐组分的消毒剂、由多种季铵盐复合的消毒剂以及与65%～75%乙醇或异丙醇复配的消毒剂。季铵盐类消毒剂主要是通过聚集在菌体表面，改变细胞的渗透性，导致菌体溶解破裂或渗透到菌体内使蛋白质变性与破坏菌体内的酶系统来杀灭病原微生物。要避免季铵盐类消毒剂与阴离子表面活性剂如肥皂、洗衣粉等混用，以免降低季铵盐类消毒剂的有效浓度。季铵盐类消毒剂易受酸碱度、水质、温度等因素影响，在碱性环境中能表现更好的抑菌杀菌效果。养殖生产中常用的代表性产品主要有苯扎氯铵、苯扎溴铵、度米芬、癸甲溴铵等。

1. 单链季铵盐消毒剂　单链季铵盐消毒剂可杀灭大多数种类的细菌繁殖体和部分病毒。缺点就是受有机物、温度和pH影响大，目前商品主要有苯扎氯铵、苯扎溴铵和度米芬。

（1）苯扎氯铵（又称洁尔灭）。为白色蜡状固体或黄色胶状体，水溶液显中性或弱碱性反应，振摇时产生多量泡沫。在水或乙醇中极易溶解，在乙醚中微溶。苯扎氯铵具有性质稳定，耐光、耐压、耐热且无臭味，无挥发性、长期贮存不影响质量。在水溶液中解离成阳离子活性基团，具有净洁、杀菌的作用。在医疗手术时广泛用于皮肤和手术器械的消毒，也广泛用于杀菌、消毒、防腐、乳化、去垢、增溶等方面，又是阳离子染料染腈纶纤维的匀染剂。

（2）苯扎溴铵（又称新洁尔灭）。为黄白色蜡状固体或胶状体，易溶于水或乙醇，有芳香味，味极苦。属于典型阳离子表面活性剂，其水溶液搅拌时能产生大量泡沫。性质稳定，耐光，耐热，无挥发性，可长期存放。苯扎溴铵具有较强的去污和消毒作用，无刺激性、无腐蚀性，其对细菌繁殖体、部分亲脂病毒（如流感病毒、牛痘病毒、疱疹病毒等）有杀灭作用。主要用于皮肤黏膜消毒、养殖器具消毒和环境消毒等，常用浓度是0.1%，可采取冲洗、擦拭、浸泡。

（3）度米芬（又称消毒宁）。为白色或微黄色结晶，无臭或微带特臭，味微苦而带皂味，极易溶于乙醇和氯仿，溶于水，在乙醚中几乎不溶。为阳离子表面活性广谱杀菌剂，抗菌谱及抗菌活性与苯扎溴铵相似。其作用在碱性中增强，在肥皂、合成洗涤剂、酸性有机物质、脓血存在的情况下则效力下降。适用于口腔、咽喉感染的辅助治疗和皮肤、器械消毒等。0.1%～0.5%的溶液可用于喷洒禽舍、运动场和车船，浸泡器具等，作用时间30～60min。

2. 双链季铵盐类消毒剂 双链季铵盐类消毒剂为高效消毒剂，结构稳定，对有机物的穿透力强，可杀灭多种细菌繁殖体、真菌、部分病毒，对芽孢还有一定的杀灭作用。代表产品有癸甲溴铵等。

癸甲溴铵，又称百毒杀，属广谱杀菌消毒剂，无色、无味、无刺激、无腐蚀性，可带畜禽消毒。实际应用中，一般配制成3∶10 000或相应的浓度用于畜禽圈舍、环境、用具、种蛋、孵化室的消毒，1∶10 000的浓度用于饮水消毒。

3. 双链季铵盐复方应用 季铵盐复方及其复合消毒剂是近年来研究与应用的热点，代表着今后该类消毒剂的发展方向。可两种季铵盐复配或0.1%～0.2%双链季铵盐与60%～75%乙醇或异丙醇复配用于手部、注射和手术部位等皮肤消毒或医疗器械消毒，作用1～5min，可以达到良好消毒效果。如癸甲溴铵等与戊二醛复配、十六烷基三甲基溴化铵与邻苯二甲醛复配、双链季铵盐与醇复配、季铵盐与碘络合等。

（六）醇类消毒剂

醇类消毒剂为中效消毒剂，对细菌繁殖体、放线菌、真菌及病毒均有杀灭作用，但不能杀灭细菌芽孢，在生产实践中主要用于皮肤的消毒。常用的醇类消毒剂主要有乙醇和异丙醇，它们作用快速、无色、价格低廉，目前仍得到广泛的使用。

1. 乙醇 乙醇在常温常压下是一种易燃、易挥发的无色透明液体，低毒性，纯液体不能直接饮用；具有特殊香味，有刺激的辛辣味。易燃，其蒸气能与空气形成爆炸性混合物。能与水以任意比混合，能与氯仿、乙醚、甲醇、丙酮和其他多数有机溶剂混溶。乙醇能对微生物起到脱水作用，随即迅速渗入到菌体细胞内，使蛋白质变性、沉淀，破坏细胞壁和细胞膜的结构和功能，使细胞内容物漏出，最终导致微生物死亡。同时，能够抑制细菌酶系统，阻碍其正常代谢，加速消毒过程。过高浓度的酒精会在细菌表面形成一层保护膜，阻止其进入细菌体内，难以将细菌彻底杀死。若酒精浓度过低，虽可进入细菌，但不能将其体内的蛋白质凝固，同样也不能将细菌彻底杀死。医用酒精是指医学上使用的酒精，医用酒精的纯度有多种，常见的为95%和75%。95%的酒精常用来擦拭紫外线灯，浓度40%～50%的酒精可预防褥疮，而浓度在25%～50%的酒精可用于物理退热。使用60%～90%的乙醇水溶液浸泡或擦拭均可杀灭各种细菌繁殖体，但以75%～85%为最佳使用浓度。75%乙醇溶液主要用于手及皮肤消毒，由于乙醇具有速干性，现已制成各种含乙醇的手部消毒剂溶液，用于手的快速擦拭消毒，并制成各种浸湿纸巾用于卫生消毒；医院用于皮肤消毒脱碘，碘酊消毒皮肤之后必须用乙醇脱碘。乙醇因其易燃、易挥发特性，极易引起火灾，因此在使用中需额外小心；长期使用酒精擦拭皮肤消毒，会吸收表皮大量水分，导致皮肤干燥、粗糙。

2. 异丙醇　异丙醇为无色透明具有乙醇气味的液体，可与水和乙醇混溶，与水能形成共沸物。异丙醇具有易燃性和挥发性，属于一种中等爆炸危险物品。异丙醇的杀菌效果和作用机制与乙醇类似，杀菌效力比乙醇强，可杀灭细菌繁殖体、真菌、分枝杆菌及灭活病毒，但不能杀灭细菌芽孢。70%的异丙醇溶液可通过浸泡、擦洗用于医疗器械、医疗场所消毒。异丙醇比乙醇消毒效果更好一点，因为异丙醇的主要成分是二甲基甲醇，含有两组甲基使它的浸透性比乙醇强，这自然增加了触杀能力。

（七）复方化学消毒剂

近年来，为克服单一成分消毒剂的缺陷，提高消毒效果，尽可能满足现场使用者广谱高效、安全稳定、使用方便等要求，复方化学消毒剂研究与应用越发广泛，也越来越受到消费者的青睐。复方化学消毒剂的配伍类型主要有两大类，一类是消毒剂与消毒剂的复配，另一类是消毒剂与辅助剂的复配。消毒剂与消毒剂的复配主要发挥消毒剂的协同作用，以提高消毒剂的杀菌能力，可以用同一种类的不同消毒剂进行复配，如两种季铵盐的复配；也可用不同类型的消毒剂加以复配，如过氧化氢与戊二醛的复配。消毒剂与辅助剂的复配主要为改善消毒剂的综合性能，如提高稳定性，增强抗菌效果，减轻消毒剂对物品的腐蚀损害等，一般可针对不同消毒剂加入适当的增效剂等。下面介绍目前常见的几种复方消毒剂。

1. 卫可 复方消毒剂的代表产品是卫可（Virkon® S），其主要成分是过硫酸氢钾、氯化钠、稳定的过氧化合物、表面活性剂、有机酸及无机缓冲体系。在使用时有氧化、氯化和酸化的“三效合一”功能，同时还有抵抗有机物和硬水的表面活性剂和缓冲剂等辅助成分，以及显示有效性的颜色指示剂，复配后成效显著：杀菌谱广，性质稳定，速效，可在低温下使用，不易受有机物、酸、碱及其他物理、化学等因素的影响，对金属器械无腐蚀，无毒无残留，溶于水能饮用。

2. 卫可浩普 卫可浩普（Virkon™ LSP）是目前市面上唯一的强效广谱多功能复方酚消毒剂。其主要成分是4-氯-3-甲基苯酚和邻苯基苯酚，另复配有机酸和阴离子表面活性剂等。4-氯-3-甲基苯酚和邻苯基苯酚两种成分不仅保证了配方中22%的有效成分，而且比苯酚更加安全，且在建议的使用比例下都可生物降解。4-氯-3-甲基苯酚和邻苯基苯酚构建的消毒剂组合结合并增强了两种酚的效力，通过凝集反应及蛋白失活穿透细胞壁导致细菌细胞渗漏，干扰DNA/RNA的合成；而有机酸成分有效维持卫可消毒剂的pH水平，以确保产品的活性和稳定性；阴离子表面活性剂则可溶解酚并充当保湿因子，维持消毒液在一定时间内的活性，增强消毒作用。

3. 复合酚 复合酚是由苯酚和冰醋酸加十二烷基苯磺酸钠等配制的水溶性混合物。为棕色稠状液体，有特臭。复合酚能杀灭口蹄疫病毒、沙门氏菌及其他多种细菌、真菌和病毒等致病微生物，也可杀灭动物寄生虫的虫卵。主要用于畜禽圈舍、器具、环境等消毒，一般配成0.3%～1%的水溶液喷洒消毒使用。不过，复合酚对皮肤、黏膜有刺激性和腐蚀性，不可与碘制剂合用，碱性环境、脂类、皂类等能减弱其杀菌作用。

4. 复方戊二醛（戊二醛＋季铵盐的复配） 目前戊二醛和季铵盐的复配研究及应用有很多，市场上常见的是戊二醛和苯扎氯铵、戊二醛与癸甲溴铵、戊二醛与癸甲氯铵等的复配。戊二醛为醛类消毒药，可杀灭细菌的繁殖体和芽孢、真菌、病毒，而苯扎氯铵等季铵盐是阳离子表面活性剂，能聚集在菌体表面，阻碍细菌代谢，改变细胞的渗透性，协同戊二醛进入细菌、病毒等病原微生物内部，破坏病原微生物的蛋白质和酶的活性，达到快速高效的消毒作用。戊二醛与苯扎氯铵等季铵盐的复配，扩大了杀菌谱，并大大增强戊二醛的杀灭效果。主要用于动物厩舍、养殖器具、饮水等消毒。临用前用水按一定比例稀释，喷洒、擦洗或浸泡。

复配方案的设计涉及面较广，可从理论和实际应用技术加以考虑，以选定一个合适的安全有效的配方。

（八）其他类消毒剂

除了前面章节介绍的消毒剂种类外，还有一些消毒剂，如烷基化气体消毒剂、胍类消毒剂、酸碱类消毒剂以及高锰酸钾等，因畜禽场应用很少，仅做简要介绍。

1. 烷基化气体消毒剂　主要是通过对生物大分子的烷基化作用而将微生物灭活的气体消毒灭菌剂，其代表性产品是环氧乙烷。环氧乙烷被誉为第二代化学灭菌剂。环氧乙烷，又名氧化乙烯，在低温下为无色液体，具有芳香醚味，是一种易燃易爆并具有中等毒性的危险药品。环氧乙烷是通过对微生物蛋白质分子的烷基化作用，干扰酶的正常代谢而使微生物死亡。其液体与气体都有杀菌作用，但大多作为气体消毒剂使用。环氧乙烷气体穿透力强，抗菌谱广，杀菌效果显著，可杀灭包括细菌芽孢在内的各种微生物。对物品基本没有损伤，但对人则有一定的毒性，甚至有致癌的可能性。环氧乙烷不损害灭菌的物品且穿透力很强，故多数不宜用一般方法灭菌的物品均可用环氧乙烷消毒和灭菌，如仪器设备、文件书籍、衣物、塑料制品、木制品、陶瓷及金属制品等。环氧乙烷是目前最主要的低温灭菌方法之一。环氧乙烷遇水后可形成有毒的乙二醇，故不可用于食品的灭菌。

2. 胍类消毒剂　胍类消毒剂的代表为氯己定（即洗必泰），本身为碱性消毒剂，与无机酸或有机酸结合能形成盐类，可溶于水。氯己定具有广谱抑菌作用，对革兰氏阳性和阴性细菌繁殖体有较强的杀灭作用，但不能杀灭细菌芽孢、真菌和病毒，属于低效消毒剂。因此主要用于皮肤、黏膜消毒，具有毒性小、性能稳定、无刺激性、腐蚀性低、使用方便等特点。氯己定能够迅速吸附于菌体表面，破坏细胞壁和细胞膜，导致细胞质成分漏出，同时氯己定进入菌体内，抑制酶系统，引起细菌代谢障碍。如果其浓度够高，氯己定能引起细胞质成分凝聚变性，导致细菌死亡。此外，高浓度的氯己定还可引起核酸沉淀，使微生物复制、转录受阻。

3. 酸碱类消毒剂　酸碱类化学物一般都具有杀菌或抑菌作用，但由于其本身的酸碱性通常有比较强的腐蚀作用，所以此类消毒剂的应用范围受到了一定限制。酸碱消毒剂能够改变介质的 pH，使细菌生长的环境发生剧烈的变化从而引起微生物蛋白、核蛋白与酶的变性，同时也会破坏细菌细胞膜而导致微生物死亡。

酸类分无机酸和有机酸两大类。无机酸有硫酸、盐酸等，具有强烈的刺激和腐蚀作用，应用受限制；有机酸类，如甲酸、乙酸、柠檬酸、草酸等，主要用于皮肤黏膜防腐。醋酸，又称乙酸，常用于空气熏蒸消毒，计量为每立方米空间3～10mL，加1～2倍水稀释后加热蒸发，用时需密闭门和窗。市售醋酸可直接加热熏蒸。

氢氧化钠，又叫烧碱或火碱，是强碱的代表产品，其对各种细菌、真菌、病毒、芽孢及寄生虫都有杀灭作用。目前畜禽场应用广泛，常配成2%～3%的溶液主要用于空栏舍、场地环境、污物、粪便等的消毒。氢氧化钠还有脱污、清洁功用，一般清洗栏舍、饲槽时，可用碱水淋湿浸泡后再冲洗。由于氢氧化钠溶液是强碱，消毒时应注意消毒人员的防护，以免灼烧人、畜，对金属器械有腐蚀性，因而不适宜对这些物品消毒。在用氢氧化钠溶液对畜禽舍和用具消毒半天后，须用清水冲洗，以免烧伤畜禽蹄部或皮肤。

生石灰也属碱类消毒剂，与水反应生成氢氧化钙，俗名熟石灰或消石灰，具有强碱性，但水溶性小，解离出来的氢氧根离子不多，消毒作用不强。1%石灰水杀死一般的细菌繁殖体要数小时，3%石灰水杀死沙门氏菌要1h，对芽孢和结核分枝杆菌无效。其最大特点是价廉易得。实际应用中，用20份石灰加水到100份制成石灰乳涂刷墙体、栏舍、地面等，或直接加石灰于被消毒的液体中，或撒在阴湿地面、粪池周围及污水沟等处消毒。长久放置可因吸收环境中二氧化碳而失效，故使用时要现配现用。圈舍内不宜直接撒生石灰，以免诱发呼吸道损伤。

高锰酸钾是一种强氧化剂，可有效杀灭细菌繁殖体、真菌、细菌芽孢和部分病毒，其以氧化性杀灭微生物。以前主要用于皮肤黏膜、物体表面等的消毒，也可用于冲洗脓腔、生殖道、乳房等的消毒，与甲醛配合，可用于空舍的空气熏蒸消毒。高锰酸钾属于易燃药品，已被国家确认为第三类易制毒化学品，属于国家管控产品，只有经有关部门批准才能买卖，因此现在畜禽场使用不多。

第五节　常见消毒的误区

整体而言，畜禽疫病的多发性和复杂性日益凸显，而养殖场的有效消毒可以杀灭病原菌或抑制病原菌的繁殖，切断疫病传播途径，从而有效防控疫病。多年的消毒经验表明，消毒效果受很多因素的影响，就养殖场的消毒工作，常存在以下几个误区。

（一）忽视消毒"药"的概念

在畜禽养殖场日常使用的抗生素、疫苗、消毒药等动物药品中，由于消毒剂一般没有抗生素、疫苗的使用针对性强，因而消毒药的选择与使用往往得不到重视。其实，不同的消毒药对于病原杀灭能力存在较大差异，选择消毒药要根据病原微生物的不同，选择合适的产品、稀释比例、使用剂量、作用温度和时间等，才能达到理想的消毒效果。

1. 忽视“用药量”　在畜牧生产中，除了要重视准确的稀释比例外，大家往往忽视使用总量的问题。例如，畜禽舍无论是做空舍还是带畜禽消毒，需要的消毒剂总量应当通过科学计算。一般空舍消毒按地面面积×2.5 作为整栋舍的面积；针对所有建筑表面（包括墙面、天花板）每平方米用配制好的消毒药 300mL。

带猪喷雾消毒按地面面积计，每平方米用量 40～80mL（根据温湿度及雾滴大小调整量）。

2. 忽视影响消毒效果的因素，错误用“药”　消毒效果受许多因素的影响，如病原的种类、消毒剂的种类、使用剂量、作用时间、环境温度及有机物污染等，如果不设法消除此类因素影响，消毒无法达到预期效果，消毒工作也会流于形式。影响因素越复杂，消毒就越困难，原因包括消耗剂量增加、作用时间延长、微生物彼此重叠、加强了机械保护作用等。例如，卫可已被证实在低温（4℃）、硬水存在和有机物干扰下杀灭各种病原的使用剂量和作用时间，针对口蹄疫病毒，1∶200 稀释，1min 即可灭活，而 1∶1 800 稀释，需 30min 灭活。

（二）高效消毒剂≠畜牧生产中的有效消毒剂

市场上常见的化学消毒剂按照杀灭病原的效力，一般可分为高效消毒剂、中效消毒剂和低效消毒剂。然而定义高效消毒剂（能杀灭芽孢能力）并不是畜牧生产所关注的，因为一些灾难性的疾病主要是由病毒引起的。例如，戊二醛在分类上属于高效消毒剂，研究表明，2%的戊二醛溶液 30min 即可以杀灭破伤风梭菌的芽孢。但在养殖生产中，消毒的对象不仅有细菌芽孢，还有细菌繁殖体、病毒等，不能因为戊二醛是高效消毒剂，就认为低浓度使用就可以取得好的消毒效果，如以针对口蹄疫病毒的消毒为例，一般来说，15%戊二醛+10%苯扎氯铵针对口蹄疫病毒的稀释比例为 1∶80，即稀释后的消毒液中约含戊二醛 2%，使用此浓度的消毒液才能达到杀灭口蹄疫病毒的目的，如果用 2%的戊二醛溶液再按 1∶80 的稀释比例去消毒口蹄疫病毒，则远远达不到消毒的浓度要求。因此，对戊二醛消毒剂同样要考虑微生物种类、pH 影响、非离子和阳离子添加物的增效作用和温度的影响。化学消毒剂杀灭病原效力与病原抵抗力（杀灭难度）间的对照关系见图 4-1。

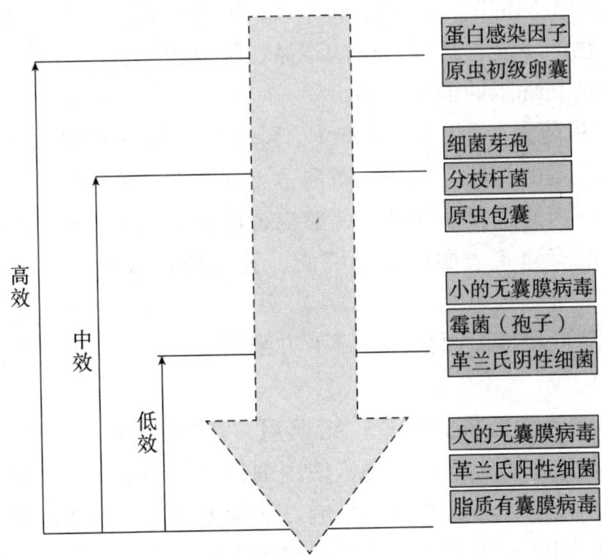

图 4-1　化学消毒剂杀灭效力与病原抵抗力（杀灭难度）间的对照关系

（三）不了解产品性能而盲目使用

1. 部分养殖场盲目使用消毒产品　养殖人员对消毒产品性能了解较少，无法根据本场实际情况选择消毒产品，在使用过程中不能正确使用消毒产品，消毒产品的选择与使用比较盲目，导致消毒效果较差，甚至使病原微生物产生耐药性。如消毒药物浓度和环境温度是决定消毒液杀菌（毒）力的重要因素。浓度并不是越高越好，如 96%以上酒精杀菌效果不如 70%的酒精好，所以消毒时一定要按照说明书标明的浓度使用。环境温度也是衡量杀菌（毒）性能的重要指标之一。尽管基于戊二醛的复合制剂也许能够对其耐药性菌株产生功效，但也是在比较温暖的温度（20℃以上）发挥消毒作用，如戊二醛在 4℃时无法有效杀灭病原体，22℃时需要 60min 以上方可杀灭病原体，即使是 37℃也需要 30min 以上，或者浓度比使用说明书更高才能杀灭病原体。

2. 用刺激性强的消毒药进行带畜消毒　该类消毒药若使用不当会造成人员或动物眼睛、呼吸道黏膜的刺激，严重时甚至会造成皮肤的腐蚀。对圈舍地面消毒后，如刺激过大要进行处理，否则残留物会造成畜禽蹄爪和皮肤的灼伤，甚至会造成环境污染。例如，过氧乙酸，急性摄入可导致包括口腔、咽喉黏膜的灼伤，长期接触可导致动物肺部水肿等炎症。

（四）消毒前不进行清洁工作

由于被消毒的动物栋舍存在大量有机物，如排泄物、血渍等，这些有机物是病原微生物繁殖的最佳场所。消毒药与有机物中蛋白质结合，被严重消耗，影响消毒效果。只有消毒产品的主要化学成分与病原微生物直接接触后才能产生有效杀毒。消毒前应先将可移动器械运至舍外清扫、浸泡、冲洗、刮刷；舍内从屋顶、墙壁、门窗，直至地面和粪沟等按顺序认真清理，使用专用的泡沫清洗剂也是必需的（可有效解决有机物对消毒药的干扰），再用高压水枪冲刷干净，干燥后再进行消毒。

（五）消毒管理不规范

部分养殖场消毒防疫制度可行性较差，员工对于消毒工作重视程度不够，无科学、规范的消毒方法，消毒工作流于形式。消毒工作无法达到杀灭病原微生物的目的，容易引发疾病，导致生产效率低下。消毒剂的杀菌性能决定病原微生物的可消灭性，而正确使用消毒剂则是消毒效果的保障，无效消毒必定导致消毒无效。

（六）混淆针对细菌和病毒的消毒效果评价方法

细菌和病毒是两种结构截然不同的微生物，因此针对细菌和病毒两种微生物的消毒效果评价方法也迥然相异。在实际生产中，大家用消毒剂杀灭细菌效果来评价杀灭病毒效果是一个严重误区。养殖场针对细菌消毒效果的常见评价方法主要有：空气消毒效果评价、饮水消毒效果评价和物体表面消毒效果评价等；针对病毒消毒效果的评价方法主要包括分子生物学评价法和细胞培养评价法，前者有实时定量聚合酶链式反应、酶联免疫吸附试验等，其特点是对构成病毒的某一稳定成分进行定量测定，根据相应指标反映消毒对病毒的灭杀效果。后者是一种传统的评价消毒剂对病毒消毒效果的方法，是通过建立病毒易感细胞模型来检测消毒效果。需要强调的是，病毒的分离始终是病毒检测的“金标准”。在有实验条件和专业人员的情况下，应该根据实际需要来选择合适的评价方法，以达到客观评价消毒对细菌和病毒杀灭效果的目的。

消毒只是控制疫病发生的重要手段之一，而不是防止疫病发生的唯一措施。在生产中还是要做好隔离、免疫、营养和精细化的生产管理等综合性工作才能有效防控疫病。

第六节　养猪场的消毒

消毒是养猪场的基础工作，部分养殖企业虽有相应的管理制度，但缺乏相应的监管与检查，致使消毒效果无法真正落实，甚至一些企业质疑养猪场消毒工作的意义，导致猪病发生的因素很复杂，消毒也不可能完全解决猪场的所有疾病。但是这些现象至少可反映出两个问题：一是人们对消毒的认识不足，二是有些猪场的消毒方法不对，效果不佳。

一、猪场消毒的基本原则

（一）消毒剂的选择

猪场在选择化学消毒剂时，应根据消毒的目的，选择对相应病原体的消毒力强，对人、畜毒性小，不损害被消毒物体，易溶于水，不污染环境，价廉易得且使用方便的消毒剂。碱类消毒剂包括氢氧化钠、生石灰和草木灰等。其中氢氧化钠不能用作猪体消毒，3%～5%的氢氧化钠溶液作用 30min 以上可杀灭各种病原体。10%～20%石灰水可涂于床面、围栏、墙壁，对细菌、病毒有杀灭作用，但对芽孢无效。双季铵盐类消毒剂，如双季铵盐、双季铵盐络合碘，此类药物安全性好、无色、无味、无毒，应用范围广，对各种病原均有强大的杀灭作用。醛类消毒剂，如甲醛溶液，仅用于空舍消毒。使用方法是放于舍内中间，按每立方米空间用甲醛 30mL、高锰酸钾 15g，再加等量水，密闭熏蒸 12h，开窗换气后待用。氧化剂，如过氧乙酸，可用于载猪工具、猪体等消毒，配成 0.2%～0.4%的溶液喷雾。近年来一些安全、高效、环保的复方消毒剂广泛用于猪场。

（二）消毒目标

按疫病类型确定消毒重点。如防控经消化道传播的疾病，工作人员应保持环境卫生，加强饲料、饮水和用具的消毒；防控经呼吸道传播的疾病应重点做好猪舍空气和猪体消毒。一般温度相对高时消毒效果更加显著，舍温在 10～30℃时，作用 30min 即可取得良好效果。所以每天上午 9：30～11：30 或下午 3：30～5：00 进行消毒较好。湿度在 60%～70%时进行消毒，效果更好。微生物正常生长繁殖的 pH 是 6～8。当 pH 大于 7 时，细菌带的负电荷增多，控制好环境酸碱度有利于杀灭细菌。掌握好消毒剂的浓度，如酒精浓度在

70%时消毒效果最好。不同消毒药品不能轻易混合使用。

（三）猪体喷雾消毒

猪体喷雾消毒是猪病防控工作中的重要环节，近年来已引起广大养殖人员的重视并被推广应用，在养猪生产中取得了较好的效果。以往的消毒只是限于对猪舍及其他场所的消毒，忽略了对猪体的消毒，给猪病防控留下了隐患。猪体携带的病原微生物，可随时污染已经消毒了的圈舍，由圈舍再传染给猪，形成恶性循环，使一些疫病反复发生。猪体喷雾消毒既净化了猪体，也净化了圈舍。对防控非洲猪瘟、口蹄疫、猪瘟、猪支原体肺炎、猪传染性萎缩性鼻炎、猪链球菌病、猪痢疾等有很好的效果。

1. 用于猪体喷雾消毒的药物应具备的条件　猪体喷雾消毒是往猪身上喷洒消毒液，因此，要求所使用的消毒剂应和用于猪舍、猪床、运动场等的消毒药物有所区别，要考虑消毒药物的有效性和安全性。适合猪体喷雾消毒的药物应具备以下条件：具有较强的杀菌与杀病毒效力，特别是对非洲猪瘟病毒、猪瘟病毒、口蹄疫病毒、猪繁殖与呼吸综合征（蓝耳病）病毒等致病病原体具有较强的杀灭效力。选用安全性好、毒性和刺激性低的消毒产品。安全性差的消毒剂通常用于场地、空闲畜禽舍、饲养用具、运动场及车辆等的消毒。而带动物喷雾消毒要考虑到皮肤和呼吸道黏膜的安全性，不得用氢氧化钠、石炭酸、来苏儿以及碘剂等进行猪体喷雾消毒。如氢氧化钠具有强的腐蚀性；石炭酸和碘剂等消毒药能被皮肤吸收，进入体内，造成慢性中毒，给肝脏与肾脏带来危害。此外，石炭酸还能移行残留于肌肉和内脏组织，影响食品卫生。用带有臭味的消毒剂进行猪体喷雾消毒，臭味可移行至肌肉组织中，影响食品卫生。故带有臭味的来苏儿、石炭酸等一般不用作猪体消毒。可选择不移行臭味、安全性好的季铵盐类、过氧乙酸等消毒剂。猪体喷雾消毒的效果与消毒剂的黏性有关，尤其是舍内除尘的效果，常受消毒剂的黏性所影响。因为喷雾的雾粒在空中能黏附悬浮的病原微生物和尘埃，使之沉降。用有黏性的消毒液进行喷雾，除可杀灭悬浮的病原微生物，还能将空中的尘埃黏裹起来，在落地干燥后不再飞扬。如双链季铵盐类消毒剂不但杀菌、杀病毒的效力强，而且具有黏性，其溶液喷成雾粒后在物体表面可形成一层带有黏性的薄膜，能将尘埃包裹起来，大大降低圈舍内尘埃与病原微生物的污染。

2. 猪体喷雾消毒的设备　带动物喷雾所使用的设备，可根据畜禽舍大小、资金条件、畜禽数量等进行选择。农村的养殖户所经营的小型养猪场，一般可选择园艺用手压式喷雾器。中型养猪场可选用动力喷雾机，将之连同药液罐用小型敞篷货车或拖拉机搭载，在猪舍之间移动喷雾。大型养猪场为节省劳动力，提高喷雾作业效率，可设大型药液罐和自动喷雾装置。现介绍几种常见的自动喷雾装置。

（1）固定式自动喷雾装置。在猪舍顶棚下方，装一个药液输送管，管长可根据猪舍的长度而定。将管的末端堵死，在管上每隔 1～2m 处焊装喷雾用的喷嘴 1 个，如 500m^2的猪舍，约装 150 个喷嘴。管的起始端连接在液泵上，由电机带动液泵，借液泵压力导液进行喷雾。

（2）移动式自动喷雾装置。在猪舍顶棚下方，架设一条带滑轮的小轨道，在小轨道上装设 1 个带 8～10 个喷嘴的自动装置。将输液软管的一端连接在移动装置上，管的另一端连接在液泵上，由液泵导液，涡轮机带动移动装置边移动边喷雾。移动距离可随猪舍长度而延伸，喷雾幅度可达 7～8m。

（3）旋转式自动喷雾装置。在猪舍顶棚下方，架设药液输送管，在管上每隔 10～12m 安装旋转喷雾机 1 个，每次旋转 360°进行喷雾，喷射距离为 5～6m，旋转 1 次喷雾直径可达 10～12m，喷雾的面积可达 100～110m^2。旋转的动力是利用水在喷出时的反作用力来推动，无需在喷雾机上设电动机。此型喷雾机的自动化程度比较高，喷雾的面积广，适合大型养猪场进行猪体喷雾。

此外，大型养猪场可安装电脑控制的自动化喷雾装置，定时定量地进行喷雾，自动化程度高，喷雾质量好，可节省劳动力，方便管理。

3. 喷雾消毒的方法 猪体喷雾消毒即用消毒液直接向猪的体表喷雾，每 1～2d 喷雾 1 次。使用无毒、无刺激性，或者毒性和刺激性低、安全性好的消毒剂，如 0.5%的卫可、0.5%的过氧乙酸溶液。喷雾量以达到猪体潮湿为宜，大约每平方米喷洒消毒液 60～100mL。

4. 喷雾粒子的大小 喷雾粒子（雾粒）的大小，可直接影响消毒效果。粒子大的多用于圈舍、床面等的消毒，若用于猪体喷雾消毒，不仅过湿，而且粒子在空中停留的时间短，接触空气少，不利于杀灭空气中悬浮的细菌和病毒。反之，粒子过小，则容易飘浮，不易沉落。如直径 10μm 的粒子，在风速 1.3m/s 的情况下，可飘浮约 1 500m；相同的风速，直径 100μm 的粒子，只能飘浮 15m。因此，在消毒工作中，应根据消毒对象，选用直径大小适当的喷嘴。市售喷雾器械的喷嘴，按喷孔直径的大小分类，大体可分为 50μm 以下的微粒子型喷嘴、80μm 的中微粒子型喷嘴、100μm 的中粒子型喷嘴、150μm 以上的大粒子型喷嘴。粒子重量与降落速度成正比，两者对消毒距离和消毒效果都有影响。因此，在消毒工作中，应根据消毒对象的不同，选用不同粒子型的喷嘴进行消毒。实践证明，中微粒子型喷嘴与中粒子型喷嘴，最适合用于圈舍和猪体喷雾消毒。此外，粒子的大小，也能带来另一方面的问题，粒子过小（直径 10μm 以下）可被猪吸入，达到支气管深部进入肺泡。消毒剂进入肺泡后，大部分可和血液接触，若是毒性较强的消毒剂，能引起卡他性支气管炎或肺炎，进而可能诱发猪支原体肺炎、猪传染性萎缩性鼻炎或猪传染性胸膜肺炎等呼吸道疾病。

综上所述，在消毒工作中，要有针对性地选用喷嘴。用于圈舍和防暑降温等的喷雾消毒，使用 100μm 的中粒子型喷嘴，猪体喷雾消毒使用 80～100μm 的中微粒子型或中粒子型喷嘴最为合适。面积小的圈舍及仔猪保温箱等的喷雾消毒，以使用 50μm 的微粒子型喷嘴最为合适。

二、现代猪场消毒管理

（一）门卫工作管理

管控所有靠近、进出农场的人员、车辆和物资。外围生物安全的日常运转。有权利和义务制止有悖于生物安全的操作并及时向猪场管理者反馈任何异常情况。定期巡查猪场周围的防疫沟，或者河流、塘口等，看看是否有病死猪并及时处理。在到场人员下车之前及时提供鞋套；提醒并要求入场人员登记进场记录，否则不得入场；询问入场人员是否有感冒发热或者其他不适，有这些症状人员不能入场；检查并消毒入场人员所携带的物品，对于不符合生物安全规定的物品坚决不允许进入农场；尤其是禁止入场者携带肉制品，如水饺、火腿肠、腊肉、咸肉等。观察入场者并提示洗澡之前先洗手和剪指甲。对料车、物资车、中转拉猪车等靠近甚至进入农场的车辆进行彻底消毒，包括轮胎、车厢、底盘、车头、驾驶室等。消毒时需要站在高梯上，车顶部也要消毒到位。车辆使用卫可 1∶200 消毒后原地等待 30min 晾干，才允许进行下一步操作。对中途需下车的司机，农场提供干净的防护服和鞋套。原则上禁止司机下车。车辆消毒池使用卫可浩普 1∶400，5～7d 更换一次，勤检查车辆消毒池的 pH，保证车辆消毒池消毒药有效。员工车辆消毒后统一停在场外停车场。按照检查列表，检查驾驶人姓名、车牌号、来场原因、消毒记录、入场通行证等。对入场拉猪车的清洗干燥情况进行二次检查。对检查结果不合格的车辆及时上报猪场管理者并拒绝车辆入场。严格按照卖猪生物安全流程转猪，提前清洗消毒好卖猪所需要的工具，准备好防护服、手套、口罩等。为驾驶员准备好 1∶200 的卫可溶液洗手，全程监督拉猪车司机装猪过程中的生物安全操作，一旦出现有不符合规定的操作立即进行制止和纠正。转猪结束后，及时使用卫可1∶200清洗和消毒出猪台、吊桥、转猪工具、衣服等。物资消毒前，需去掉最外层包装；物资消毒采取烘干、熏蒸消毒方案。详见物资消毒。从场外隔离屋回场人员的衣物，及时消毒、清洗干净后用塑料袋密封好。每天使用卫可1∶200对门卫室地面进行消毒，每周至少对浴室脏区一侧使用卫可1∶200清洁消毒一次。

（二）场外隔离点管理

猪场员工返场前必须在场外隔离点隔离至少1个晚上，并且将入场申请提交主管领导审批，猪场员工返场前需告知猪场管理者回场日期，是否接触活猪或者死猪，是否接触过猪场区域，是否接触过牲畜拍卖市场、屠宰场、畜禽装卸码头，是否接触有猪的动物园，是否接触过生猪交易场所，是否进入过兽医实验室，是否接触过任何可能被猪污染的物质（包括在家中准备食用或新鲜猪肉食品），是否与其他从事猪的运输、屠宰、加工等工作的相关工作人员合租或者共享房间，是否与其他畜牧企业雇员有频繁接触。主管领导应予批复是否准许申请人员进入隔离点进行隔离。隔离人员禁止携带任何猪肉制品进入隔离点（除非是本猪场提供的）。隔离人员从进入隔离点到第二天回场期间，禁止食用猪肉制品（除非本猪场提供），一经发现，立即开除。每次进入隔离点之前，需要使用1∶200卫可清洗消毒鞋底或者更换在隔离屋内使用的拖鞋。隔离人员在隔离当晚，对隔离房间地面进行清扫和采用1∶200卫可消毒。进入隔离场时，只准携带个人电脑、手机、钱包，并使用1∶200卫可进行擦拭或喷洒，并使用薄膜包裹好后再次喷洒擦拭，其他个人物品全部留在场外隔离屋的储存间内并贴上便签，每次有新的物品进入储藏间均需要使用1∶200卫可擦拭或者浸泡。隔离人员在隔离第二天上午测量体温，并进行记录，体温超过37.3℃者不允许返场。隔离人员在回场出发前，彻底沐浴后（详见沐浴管理）立即换上猪场提供的干净衣服和鞋子，并直接上公司车辆。沐浴完后，门卫进行监督，若发现未按要求沐浴，立即汇报场长并责令其重新沐浴。隔离点应有专门的生物安全专员管理。配套完善的热水器、洗衣机、烘干机、取暖器、空调、隔离服装。对于隔离人员留下来的私人物品贴好标签放置保存好，隔离人员换下来衣服、鞋子，洗净后使用1∶200卫可再次浸泡5～10min，然后清水过滤晾晒。

（三）人员入场管理

人员经检测点检测非洲猪瘟病毒阴性，方可到达猪场。下车时换上猪场提供的干净鞋子。入场记录表登记后，将入场的物品交给门卫，由门卫放入熏蒸室消毒。人员进入生活区需沐浴，从生活区进入生产区需再沐浴。沐浴之前，先用 1∶200 卫可清洗双手，之后用刷子刷洗指甲盖下容易藏污的地方，并用指甲剪剪去过长的部分，只能保留 0.5～1mm 的长度。沐浴间划分为脏区、灰区、净区，以隔断或者板凳作为标识。在脏区坐在板凳上，脱去衣服鞋子后转动身子进入淋浴灰区，期间双脚不得接触脏区地面。沐浴至少 5min，头发使用洗发液，全身使用沐浴露进行彻底沐浴，淋浴期间用力喷鼻，清理鼻腔，脏区的衣服、鞋子由门卫使用 1∶200 卫可清洗晾晒然后整理好。冲洗结束后，进入浴室净区，用净区毛巾擦干身体，换上净区的衣服。避免再次返回脏区。净区的用品包括毛巾等留在净区。一旦带出净区，只能停留在脏区，不能送回净区。期间一旦返回浴室脏区，则需要按照洗澡流程再次彻底清洗后才能进入净区。生活区、生产区都有专门配套的服装。入场淋浴间、生活区转生产区淋浴间，都要求配套浴巾、毛巾、吹风机、专门的服装、保暖施舍和空调。配套 1∶200 卫可洗手盆。由专人每周使用 1∶200 卫可对洗澡房的淋浴室、储物柜、收纳箱、鞋架进行喷雾消毒。沐浴完后需要经过指定人员的检查。非场内人员进场：设备维修人员、职能部门、政府人员、技术专家培训人员、管理干部，当天没有办法隔离检测的，必须通报猪场第一责任人，得到其允许后通过门卫淋浴室沐浴更衣后才能进入。所有携带物质，必须经过 1∶200 卫可擦拭消毒后带入。

（四）物资入场管理

熏蒸室通常设立在门卫处，以及生活区和生产区的交接处。可以根据不同的物质状态采取臭氧熏蒸、甲醛熏蒸、高温烘干、卫可消毒等方式进行消毒。手机、电脑、充电器等电子产品，用 1∶200 卫可溶液仔细擦拭后，放入熏蒸室静置 1h 可带入生活区。疫苗：去掉所有外包装，用 1∶200 卫可消毒剂擦拭彻底后，放入带冰袋的泡沫盒中在臭氧熏蒸室静置 1h 可带入。冰袋由生活区提供。动保产品：平时由场长、兽医提前申请计划，采购部门统一采购，要求供货商在一周内把采购的动保产品送到仓库中转站，有专人接待验收，待验收合格后，拆掉外包装，密闭中转站臭氧熏蒸 48h 后，待所有物品齐全后，找专车送往猪场门卫处进行二次消毒。饲料：母猪场、大型家庭农场、自繁自养场原则上不建议使用自配料和袋装饲料，尽可能使用全价颗粒料，使用料塔料线传输，减少外来车辆带来的污染风险。条件不成熟的家庭农场，每次有大型原料进入时，要对原料进行检查，车辆经过清洁消毒后进入厂区卸货。卸料员工要穿干净的隔离服、胶鞋，当天不得返回生产区。卸好的饲料、原料在仓库密闭熏蒸 24h。蔬菜、水果等在进入门卫熏蒸室之前需要在洗菜机中使用 2%柠檬酸清洗 5～10min，并确保食品与柠檬酸接触至少 30min 后，再冲洗一次，去除柠檬酸。因体积过大无法进入熏蒸室消毒的物品，先用 1：200 卫可消毒剂进行彻底清洗，再放到靠近净脏区分界线的脏侧静置 30min。之后用 1：200 卫可消毒剂喷洒消毒，门卫站在脏侧将物品推入净区，物品隔离干燥一晚后才能在生活区使用。如果无法保证一晚上的隔离，则用 1：100 卫可消毒剂消毒后至少放置 1h 才可使用。猪场所需办公物品、劳保产品和生活必需品，由猪场安排专人定期统一申报采购，必须经过严格的烘干，熏蒸，或者 1：200 卫可喷洒擦拭消毒后进入场区。猪场原则上不接收私人快递。

（五）熏蒸室管理

门卫处熏蒸室由门卫人员负责，生活区熏蒸室由办公室后勤人员或各部门主管负责。物资在放入熏蒸室之前，检查表面是否存在有机物污染，如果表面附着有机物，则使用 1：200 的卫可擦洗干净。进入生活区的物品只需去掉最外层包装，其他生产物资则需打开全部包装；进入生产区的物资需要去除所有外包装。只有固定人员可以进入熏蒸室。在放物品进入熏蒸室之前检查是否有农场禁止带入的物品，如果发现有违禁品，则不允许放入熏蒸。进入熏蒸脏区需换上专用鞋。待熏蒸的物品单层放在镂空的货架上或者镂空的框子中，禁止堆放多层。烘干，采用温度记录仪监控烘干温度和时间，打开加热器，温度达到 65℃后开始计时，加热 1h 以上，烘干完成后，从净区一侧取出物品，烘干也要保证全进全出。甲醛熏蒸要格外注意，甲醛遇高热会引起爆炸，根据熏蒸物品数量，设置 1～2 个熏蒸点，从脏区一侧将物品放置镂空熏蒸架上，甲醛熏蒸开始后，人员立即撤离，密闭 24h，严禁实用不锈钢盆在电磁炉上加热甲醛，防止起火爆炸。熏蒸完以后，先排风后从净区一侧取出物品。打开臭氧熏蒸机时，需要开启熏蒸室的吊扇或者放置一台电扇，开启摇头功能，由净区向脏区持续送风观察熏蒸机是否能正常工作、出气口是否对着货架，观察熏蒸室是否有良好的密闭性。如果一切正常，在熏蒸记录本上记录熏蒸开始的时间、熏蒸物品的名称、操作人等信息，并且通知取货人熏蒸结束的时间。从场外进入生活区的物资至少熏蒸 2h；从生活区进入生产区的物资需要用 1%卫可喷洒后静置 1h，再臭氧熏蒸 2h。熏蒸期间一旦有人员闯入，则重新熏蒸 2h。每周至少一次使用臭氧检测仪，检测臭氧熏蒸室臭氧浓度，确保熏蒸室最边缘区域在开机 30min 内达到 $42.86mg/m^3$。熏蒸室在工作期间一定要设立工作标识，防止熏蒸被干扰、打断。熏蒸室要配备排气扇，每次熏蒸完以后，及时通风排气，避免熏蒸室空气对员工呼吸道的刺激。熏蒸室的地面需要保持干净，一旦有污物需及时清理走。平时定期使用 1∶200 卫可喷洒地面，保持通风干燥。每个季度由实验室部门评估熏蒸室的消毒效果。

（六）厨房生物安全管理

有条件的农场，首选食堂外迁，由单位指定的中央厨房为农场提供就餐。除厨师外，猪场员工和访问者不允许进入厨房和食物储藏间。当厨师休完假回农场时，临时指定的厨房代班人员需要在生活区隔离两个晚上才可返回生产区。厨师进入厨房后需要穿着专门的衣服、鞋子和帽子；离开厨房时应使用 1∶200 卫可洗手消毒，清洗双手和指甲，换上生活区的衣、鞋。员工和访问者使用过的餐具需要在厨房外由员工自己清洗和干燥。厨房实际上定义为脏区。厨师垃圾需要装在塑料袋中，由厨师移至门卫消毒间脏区，然后由门卫立即转移至场外。猪场员工不得与厨师住在同一个房间内，如果必须住在同一个房间内，则另外一人不得在生产区工作。所有肉食品都需要加热到至少 70℃，如果肉类没有经过加热处理过，需要在用餐前加热到 70℃。食物不允许带入到生产区。肉丸、火腿肠等制品禁止采购。食品和蔬菜需要与其他物资分开单独熏蒸。不允许散装零食进入农场；禁止牛、猪、鹿、羊等偶蹄动物的制品进入农场。水果、蔬菜也可以用泰洁净（二氧化氯泡腾片）、2%柠檬酸浸泡后再清水洗净后使用。

（七）车辆管理、清洗与消毒

平时固定好每天生产线的专业运猪车辆，使用转猪车前，用 1∶200 卫可擦拭驾驶室。使用 1∶400 卫可浩普对车体进行喷洒消毒，等待 10min 后使用。对车辆车轮、车轮框、挡泥板、保险杠、轮胎等部位重点清洗。每天生产线的车辆使用不交叉，使用以后，再次使用 1∶400 卫可浩普消毒后晾干，在停止场内由车辆管理处统一管理。饲料车到场区 10km 以内，设立 2 个消毒点，使用全清* 1∶100 泡沫喷洒后，用清水冲干净，再用 1∶400 的卫可浩普消毒，前往下一个消毒点。车辆到达猪场后，由门卫再一次使用 1∶400 的卫可浩普对车辆消毒。确保无污后，再进入场区。驾驶员严禁下车，或者直接到场外料塔处由门卫负责打料。所有的猪场饲料车，必须是正规车辆，正规饲料厂家提供运输证明和驾驶员资质证明。饲料车在饲料厂运输前后，必须到饲料

---

* 全清（biosolve），是一种多用途碱性清洁剂。

厂指定地方进行车辆清洗和消毒，进入猪场前提供饲料厂洗消证明和消毒点洗消证明。有放养公司的集团畜牧场，饲料车要专场专用，母猪场、家庭农场使用的饲料车要分开不能交叉。发生疫情时，将疫情猪场和健康猪场的车辆分开，平时车辆管理交于车辆管理中心统一调度洗消。放养户饲料车运输过程中必须使用干净的遮阳布遮盖。对于散装饲料的送货，最好要有自己的卸料装置，因为许多车载卸料装置的输送臂都横跨猪场建筑的空地，且由于怕污染饲料和延误饲料的运送，它们很少消毒。使用卫可 1∶200 对散装饲料车进行彻底消毒。运输淘汰猪车辆首先要到临近猪场的洗消点清洗消毒，检测车厢、车体、驾驶室有无粪便、猪毛等，然后检测合格后，才能到猪场中转车拉猪，每个猪场配备淘汰猪中转车。有的母猪场将苗猪赶至公司专用的苗猪销售车，由场内人员穿防护服、可消毒胶靴上车卸猪，卸猪后脱掉防护服并烧毁，当天不允许进入猪舍内。驾驶人员全程不参与。所有的卖猪车，都要提前一天到猪场附近，先到临近的消毒点清洁冲洗，晾干后，再由销售人员登记车辆信息、车牌、驾驶员信息，由检测人员对驾驶员车辆进行采样检测，检测合格后通知猪场准备次日卖猪，通知猪场门卫准备到售猪台前进行第二次清洗消毒。猪场应在场外配置用于装卸猪、饲料和其他物料的设施。运送/收货的车辆，包括销售人员的车辆，甚至是内部兽医和场长的车辆，不应进入猪场的生产区，或者只允许进入设有独立进出口并配置附属清洁消毒设施的生物安全区域。凡进入生活区的车辆均需经过清洁与消毒：首先要用清水冲洗车的外表面，并使用底盘专业机器对底盘进行冲洗，在清水浸湿后使用全清 1∶（50～100）泡沫喷洒（$100mL/m^2$），10～15min 后用清水将表面冲洗干净（注意轮胎挡泥板等死角的清洁）；如果车辆近期内曾运输过动物或车上有动物的排泄物（如有木条、垫草等防滑物品）则需要在别处清洗消毒完才能进入；将配制好的 1∶200 卫可/卫可浩普溶液自下而上、自内而外，按 $100mL/m^2$ 用冲洗机均匀喷洒到车辆表面进行消毒，必须彻底消毒底盘及轮毂（运猪车辆车厢内部用 1∶200 的卫可溶液喷洒内表面，$100mL/m^2$）；司机需下车时必须进行彻底消毒，驾驶室内使用超低容量喷雾器将配制好的 1∶200 的卫可溶液均匀喷雾，用量 $30mL/m^3$，车门窗密闭 3～5min。以上步骤完成后方可让车辆慢速（<10km/h）通过装满卫可浩普溶液的消毒池［采用卫可浩普 1∶（200～400）配制溶液，5～7d 更换一次］进入场区。

（八）引种管理

种猪群体的优化，猪场的有效运转都离不开优秀种猪的引入。很多猪场选留三元母猪作为后备母猪使用，达到减少非洲猪瘟感染的目的，但是三元母猪的繁殖性能、育种情况都不容乐观。也有的猪场通过引入公猪精液进行基因改良，或者直接配套原种，配套扩繁群，解决场外引种问题。引种前首先要派专人对供种场的猪群进行健康状态评估，进行健康状态排查，包括血清学检测、临床症状、生产记录等。血清学检测包括猪瘟、猪繁殖与呼吸综合征、伪狂犬病、猪流行性腹泻、非洲猪瘟，要求检测结果为阴性。安排引种专员驻场，检测合格的种猪，严格执行生物安全隔离制度，跟进待引进种猪群的饲养管理。隔离舍相对隔离，远离村庄、马路，要求有独立的建设围墙，有独立的浴室、宿舍、环形通道。生活区和生产区分开。全面检查隔离舍排污管道密封性，实现隔离期间污水直接到达污水处理系统，引种前一周完成对隔离舍的彻底清洗、消毒、干燥，进猪前 3d 完成二次消毒和熏蒸工作。引种前应做好物资（药物、疫苗、器械、饲料、清洁用具、生活物资、生产用具等）提前一周以上到达隔离舍，并进行彻底消毒。引种运猪前，必须找熟悉路线的专业司机沿运猪路线进行模拟演练，派引种专员跟车监控，运输考察因素有：路线距离、道路环境、天气、补水、补料，道路周边猪场、屠宰场、批发市场等，尽可能避免与生猪运输有交叉感染的风险。除了派引种专员跟车监控外，还可以派专车跟车，处理运输过程中突发状况，确保司机和跟车的引种专员不与外界环境交叉，做好自身的生物安全，同时可以起到监督的作用。引种专员必须是在后备母猪饲养管理方面有丰富经验的技术员或者兽医。不仅引种当天对后备母猪状态做一个临时评估，也能在运输过程中解决突发事件。同时引种专员必须要做好自身的生物安全，引种前对引种专员进行隔离、检测，进出隔离舍必须遵守严格的洗澡流程，降低感染风险。

隔离期需制定严格的人员防疫管理制度，隔离舍相关人员、后备种猪隔离饲养不低于 28d，隔离期执行全进全出制度，不同批次后备猪尽量单独饲养，批次饲养人员、技术人员不交叉。做到每日汇报，每日登记健康状况，引种后 14d 更要注意观察猪群的临床状态，必要时采样检测非洲猪瘟病原，防止运输途中被感染。后备种猪转群前，有条件的还可以进行抽血检测，各病原检测合格后，可调入生产线。一旦出现异常，进行封锁隔离，尽快处置。隔离期间尽量减少淘汰，待隔离期结束后，做一次性处理，减少淘汰频次，严格按淘汰猪处理要求进行。

（九）全进全出管理

全进全出是为了防止不同批次、不同日龄猪只之间的交叉感染，是阻断场内疾病传播的有效措施。母猪舍、隔离舍、保育舍、育肥舍，尤其是产房必严格执行批次间的全进全出。产房转保育舍，转群通道提前消毒，提前一天选定转群人员，准备好挡猪板、赶猪棒等工具，需要苗猪运输的，要专人专车专用，弱仔猪及时淘汰或者寄群饲养，必须保证全进全出。出苗流程要合理，确保单向流动，严禁转群人员与其他人员交叉接触。转群后，人员清洗胶鞋和更换工作服，尤其是要进入不同的栋舍前，要在栋舍门口放置脚踏盆、洗手盆，进出栋舍前要进行消毒。转群后要对栋舍进行彻底的清洁、消毒、干燥、空置、水线清洁等操作。

（十）生产区人员和物品的清洁与消毒

所有进入生产区的人员均要淋浴、完全更衣，生活区和生产区工作服、防疫胶鞋都有要有明显的颜色区分。更衣后经过生产区消毒通道，通道使用1∶200的卫可直通喷雾，保证通过时间不少于30s，通道内采取S形弯道，通道内脚踏池使用1∶400的卫可浩普，然后进入生产区。所有栋舍门口放置洗手盆、脚踏盆，进出栋舍时使用1∶200的卫可洗手，并在盛有1∶400的卫可浩普溶液的脚踏盆中消毒1min，每个脚踏盆旁需配一把硬毛刷，用于清理胶鞋鞋底。卫可和卫可浩普溶液勤更换，尤其是夏天阳光直射和下雨后，以保证消毒药的效果。舍外环境、道路消毒：正常情况每周对舍外环境、道路彻底消毒2～3次，使用卫可浩普1∶400进行喷雾消毒，喷雾雾滴在100～150μm。带猪喷雾消毒：采用卫可1∶200，每周2次，消毒中、大猪时，雾滴控制在40～60μm，消毒哺乳仔猪时雾滴控制在60～80μm；冬季使用温水稀释消毒剂效果更佳，减少应激。周围环境或场内感染压力较大时，根据目标病原确定卫可稀释比例，加大消毒频率至每天1～2次。产前将母猪的后躯及乳房用温水清洗干净，并将母猪的外阴翻开彻底清洗干净。然后再用1∶200的卫可溶液喷雾消毒；产后等到母猪的胎衣完全排出，迅速将胎衣转移到舍外，并对刚才放置胎衣的地方使用卫可1∶200喷雾消毒躯体及分娩区域环境；产后3天每天用1∶200的卫可溶液清洗母猪后躯3～4次，预防产道炎症的发生，每天用1∶200卫可溶液清洗母猪乳房3～4次以防仔猪间的交叉感染。

当妊娠母猪转入产房，需要对母猪进行彻底清洗、消毒。使用卫可1∶200喷雾母猪全身，配合使用针剂驱虫药效果更佳。哺乳仔猪、育仔猪在转群、混群前后各用卫可1∶200喷雾消毒一次，以防打架。空舍的清洁与消毒：先移除舍内可移动的设备和杂物，清扫一遍，首先预浸润，使用低压水枪将舍内表面完全浸湿，再使用1∶100的全清溶液，使用泡沫设备，将泡沫均匀喷洒至器械表面、墙壁表面以及地面。喷洒完毕后停留 15～30min（根据温度判断时间，不能让表面全干），然后用高压水枪自上而下将泡沫冲洗干净，晾干待消毒。晾干后使用 1∶400 的卫可浩普喷雾消毒，或者以 1∶5∶20 的比例混合卫可粉剂、熏蒸稳定增强混合液和水，进行熏蒸消毒，然后将猪舍封闭，进猪前打开门窗后即可通风进猪。如果熏蒸消毒后要经过一段时间才进猪，则应于进猪前 2～3d 采用 1∶400 卫可再次消毒，晾干后保持通风至进猪，进猪后立即使用 1∶200 卫可带猪喷雾消毒一次。

（十一）解剖室的清洁、消毒

原则上不在生产区解剖死猪，解剖猪应当在远离猪舍的下风向区域、专门隔离的地方进行；解剖结束后，将尸体深埋或进行化尸处理，并将解剖时残留的血液、皮毛等污物清理干净，每次使用全清 1∶50 泡沫清洗一次，使用卫可 1∶200 进行一次喷洒消毒。各种医用器具用完后立即进行清洁，使用 1∶100 全清溶液浸泡 15～30min 后清水冲洗干净，而后进行消毒，使用卫可 1∶200 浸泡 30min 以上，取出晾干待用，尤其是针头、注射器、缝合针等手术器械，每次使用后均需清洁、消毒，或者用热水蒸煮。明确标识未消毒物品、用具和已消毒物品、用具，并按规定贮存于相对隔离的区域，可以使用红绿黄颜色标签表示消毒与否。

（十二）装猪台的清洁与消毒

每次装猪前 30min 使用 1∶200 卫可（100mL/m^2）将装猪台及通道进行喷雾消毒。每次装猪完毕后，首先将装猪通道与外界接触的地方用清水冲洗干净，如果污垢过多，用 1∶100 的全清溶液进行浸泡冲洗，然后使用卫可 1∶200 进行消毒后将门关闭；将装猪台以及通道的粪便清理干净，然后用清水将环境表面浸湿，采用全清 1∶100 泡沫喷涂，待 10～15min 后用清水彻底冲洗干净，然后用 1∶200 卫可溶液彻底消毒。凡是参与装猪的人员必须经过彻底消毒后才可返回生活区，当天禁止进入生产区。

（十三）饮水系统的消毒

批次间的终末消毒，排空水线，用 1∶40 泰洁净浸泡水线 3h 以上后排空水线，再使用 1∶100 卫可溶液灌注管道，浸泡 4h 以上排空水线，使用自来水冲刷水线移除生物膜，备好待用。饲养期使用，一般应用 1∶1 000 卫可溶液用于水箱或加药器上，在疫苗免疫前 1d、免疫当天、免疫后 2d 不能使用；在饲料变换前2d使用1∶1 000卫可溶液饮水，可以有效缓解营养性腹泻症状；当连续使用抗生素3d以上，未见治愈的腹泻，可以使用1∶（800～1 000）卫可饮水，连续使用3d。饮水消毒时确保饮水系统不堵塞，饮水器无严重漏水。饲养期饮水系统消毒时，要知道每只水箱的容积，计算好卫可的使用量，为慎重起见可用稀释试纸检查浓度。饮水消毒时不能与饮水用药品混合使用，使用卫可饮水消毒时不能与碱性药品同时饮用。如果使用水箱饮水，需要在上水箱加盖，防止灰尘、昆虫等。对饮水要定期进行细菌检测。

（十四）死猪、淘汰猪的搬运处理

按照《动物防疫法》第十六条第二款关于病死或死因不明的动物尸体不得随意处置的规定，凡是病死猪或死因不明的猪应按下列方法处置：严格按动物防疫监督部门指定的地点，严密运送作无害化处理；焚烧掩埋，选距人畜、农舍、水源、饲养场所较远的空闲地点，挖坑深埋，深埋后向周围喷洒消毒液。有条件的猪场可建设两个出猪台，实现后备猪引种，猪苗、淘汰猪销售与死猪运输分开使用。死猪处理必须在24h内从猪栏中搬运出来，员工每天做好死猪、淘汰猪登记汇报，搬运死猪前要对场内运输死猪车辆消毒，用防渗透膜垫底，运输完以后要清洗消毒后才能继续使用。病死猪不允许出售和解剖，必须严格遵守国家无害化处理的相关规定。最大限度降低运输频次和淘汰频率；运输死猪、淘汰猪的车辆和无害化处理车辆，避免与销售车辆直接接触，可以通过售猪台转运，或者将病死猪集中，用铲车等工具将病死猪运出至无害化处理车辆处，避免接触。场内出售猪只人员与场外淘汰猪中转人员、销售人员，必须避免交叉。运输车辆要经过严格的清洁、消毒、干燥、检测后才能到售猪台附近。司机人员、销售人员、记录人员要做好个人防护和生物安全工作。出猪流程要合理，只能单向流动，称重后淘汰猪（包括死亡猪只）一律不得回流；淘汰猪销售完成后指定专人做好出猪台外广场和出猪台彻底消毒；运输完毕后，淘汰猪中转车在中转站清洗消毒后，经猪场洗消/消毒中心烘干后定点停放。

（十五）鸟类、老鼠、蚊蝇、犬猫的控制管理

减少鸟类、老鼠、苍蝇蚊虫是控制传染病传播的重要途径。首先猪场的选址，远离树林、村庄，避开候鸟迁徙的路线，避免鸟类停歇，可以在猪场周围装超声波驱鸟器。猪场内环境保持干净，定期清理圈舍周围的杂草、垃圾、饲料袋等。定期派人巡查猪场周边环境，尤其是河流、围墙，发现病死猪及时处

理。围墙有老鼠洞、鸟洞的应及时堵塞。严加防控老鼠、苍蝇蚊虫。猪场禁止饲养犬猫，猪场周边有野猫野犬活动的，及时驱赶清除，厨房保证干净清洁卫生，剩余饭菜要及时处理干净，猪场周围要设立警示，提醒场外人员勿携带犬猫靠近场区。

三、夏季猪场消毒

由于夏季高温高湿，大多数病毒在外环境较易失活，而细菌则容易大量繁殖，所以在选择消毒剂时，可选择一些针对细菌性价比较高的消毒剂，如季铵盐类消毒剂。而在目前非洲猪瘟病毒污染压力较大的情况下，由于该病毒对热的耐受性较强，仍需重视选择针对该病毒的有效消毒剂。而对一些舍外消毒池的消毒剂，要选择不易被光和热分解、化学性质稳定的消毒剂，同时也要及时补充被蒸发消耗的消毒液。消毒时机选择也要注意，如舍外环境消毒可以选早晚较凉爽时间进行，避免消毒剂被过快蒸发而影响消毒效果，而带猪消毒则可选择较热时进行，同时起到防暑降温作用，在带猪消毒时要暂时关闭风机 5～10min，以免消毒剂被风机快速吹出舍外而影响消毒效果，而进行空舍消毒时则应停用风机。在夏季猪舍消毒时，要特别注意湿帘的消毒，因大多数湿帘及其用水均为循环使用，较易被绿藻及细菌污染，从而影响舍内环境，而对循环水及湿帘进行有效消毒，可以保持湿帘的吸水性与透风性，保证湿帘的降温效果，同时也对舍内环境进行了有效消毒。在连续阴雨天湿度过大时，则要暂停液体消毒剂消毒，必须进行时，可适当加大浓度，减少用水量，或选择一些干粉类消毒剂，起到消毒和干燥的作用。

四、冬季猪场消毒

在寒冷的冬季，为了保温，人们将猪舍的门窗紧闭，如果猪群密集，舍内空气流通不畅，可使各种有害气体和病原微生物污染猪舍，给猪带来危害，特别是呼吸系统的传染病明显增加，为此，对改善猪舍的消毒卫生工作提出如下要点：冬季对猪舍进行增温、保暖的同时，要重视检疫，将病猪和可疑病猪及时剔除或隔离到病猪舍内饲养，目的为消除传染源，避免病原微生物污染空气。要注意疏通猪舍内的排粪便和污水的渠道，及时清理粪便，同时要安装天窗和排气管道，尽量避免或减少氨气和二氧化碳等有害气体的危害。在寒冷低温的环境下，许多微生物都处于休眠状态，对外界环境和消毒剂都有较强的抵抗力，因此在消毒猪圈时，要提高猪舍的温度，至少在 20℃以上，或者选择在低温下仍能有效发挥消毒作用的消毒剂。常用的消毒剂中，有许多消毒剂要求在温度较高的溶液中才能完全溶解，同时消毒剂也需在较高的温度下，才能充分发挥其消毒功效。所以配制消毒剂的水需要较高的温度。在寒冷的冬季猪舍内带猪的情况下进行空气消毒十分重要，为此要求消毒剂无异味、无刺激、对猪无毒、无害，对于猪舍内的空气消毒可选用复方化学消毒剂类，这类消毒剂同时还具有除臭、降尘和净化空气等作用。为了防止进出猪场消毒池中的消毒药液冰冻，可在其中加入适量的丙二醇。如果室外已是冰天雪地，消毒效果极差，可以暂缓消毒。

第七节　养禽场的消毒

一、家禽场消毒的基本原则

家禽场狭义的生物安全，指切断传染病的传播途径所采取的一切措施，主要包括饲养场与外界的隔离，卫生与消毒，杀虫、灭鼠，人员、物品出入控制等，也就是我们日常管理工作的消毒层面。这么多年来家禽场多种疫病尤其是烈性疾病（如禽流感 H5）的发生表明，有生物安全意识并管理良好的家禽场很少造成严重的损失，说明良好的生物安全措施对家禽传染性疾病的控制是非常有效的。这里简述一下家禽场疾病的控制思路：上策（高效、低成本）：生物安全措施，重点是隔离和消毒。这是最简单的习惯，成本也比较低，而且是非特异的有效手段，对所有病原微生物都有效，尤其是对疫苗毒株方面存在变异可能性的疾病（如禽流感等）。因为可以切断传播途径，又可减少传染源。中策（中效、成本相对高）：疫苗免疫和药物保健。这是特异的手段，大部分病毒性疾病都有有效的疫苗，大多数细菌性疾病也有敏感的药物；购买药物、疫苗要谨慎选择购买途径，切莫贪图便宜。下策（低效甚至无效、成本很高）：治疗。这是以前大家普遍关注的策略，疾病越急越舍得花钱，甚至病急乱投医，结果药费花了一大堆，有时效果还不好，损失很大。

消毒既是规模化家禽场疫病综合防控中的关键环节，也是确保家禽健康以及能够正常生产所必需的主要措施。家禽场使用合理的消毒剂，能够将外界环境中存在的多种病原微生物及时杀灭，使疫病传播途径被切断，减少发病，为家禽营造一个舒适的饲养环境。

（一）消毒剂的选择原则

在选择化学消毒剂时应该选择对病原体具有广谱性，对人、禽安全，不损害被消毒物体，易溶于水，耐有机物、不污染环境、不易受水质影响，使用方便的消毒剂。

（二）养禽场消毒程序设计

环境消毒包括对车辆消毒、道路消毒；经常打扫卫生，及时消除家禽粪便、杂草等，凡堆放过的地方及时清洁消毒。进场人员及物资的消毒：工作人员是将病原带入场区的主要媒介。让工作人员和外来人员进入生产区前先消毒、淋浴、更换防疫服或工作服等。在家禽场和每栋禽舍门口应分设消毒池和脚踏盆，禽舍内设立洗手盆等。禽舍的空舍消毒包括清理、冲洗，待干燥后选择合适的化学消毒剂喷洒，再用熏蒸法或火焰法等进行消毒。带禽消毒是当代集约化饲养家禽综合防疫的重要组成部分，可有效降低舍内病原微生物数量等。病死禽及废弃物的无害化处理（坑埋、焚烧等）：病死家禽应该在家禽场处理，可采取堆积发酵或焚烧等处理方法。饲养者不允许把死亡的家禽扔到家禽场外的垃圾场，因为这样做可以引起某些疾病的暴发或者是某些疾病不能根治。死于传染病的家禽宜在远离家禽场深埋或焚烧，死于非传染病的家禽宜高温处理，家禽粪便应堆积发酵或入化粪池，也可采取禽舍内使用发酵床方式处理。应用焚烧炉或堆积发酵的家禽场，必须保护这些死淘家禽不被其他家畜或野生动物接触。放在焚烧炉里的尸体必须盖上盖子。现在较多公司通常的做法：病死家禽经有效消毒后密闭装袋，运到公司或政府定点无害化处理中心集中处理。

二、空舍消毒

（一）空舍消毒的意义

为了在饲养过程中给新入家禽创造一个良好的干净舒适的环境，清除以往禽群和外界环境中的病原体，必须做好空舍消毒工作，每批家禽才有一个干净的开始，才能杜绝各种疾病的循环传播。种禽场空舍期不应少于8周，肉禽场空舍期不应少于14d，否则就不能切断传染链。空舍以后，是清除病原体最好的时机，要经过彻底清洗、消毒3～5遍，做到禽舍内无粉尘、无蛛网、无粪便、无垫料、无羽毛、无甲虫、无裂缝、无鼠洞，冲洗消毒，经检测合格后方能进禽。

（二）清洁剂与消毒剂的选择原则

清洁剂的选择：对设备腐蚀性低、对生物膜等顽垢的湿润和乳化性强、发泡性好、使用过程中对操作人员安全、清洁后残留液体不影响沼气发酵、残留液体对环境无害。消毒剂的选择：抗污能力强、渗透性强、消毒作用维持时间长、广谱（能够杀灭细菌的消毒剂未必能杀灭病毒）、安全性高（直接接触作用于人员、家禽及饮水系统安全）、对设备无腐蚀性、残留液体对环境无害。

（三）舍内清洁消毒的步骤

1. 清扫干净　移走所有养殖动物；尽可能拆除及移走笼具、网架、料槽、饮水器、垫板、垫网等设备；尽可能移走所有物品；彻底清除排泄物、垫料和剩余饲料，确保清扫干净。

2. 清洁　使用冲洗机（采用合适压力，防止产生气溶胶）将舍内残留污渍等冲掉，同时将舍内表面完全浸润湿透，再使用发泡设备将清洁剂，如全清1∶100浓度稀释，配制好全清溶液，按200～300mL/m^{2}的全清溶液自下而上均匀喷洒至器械、墙壁表面以及地面（注：平养/网养按地面面积计算配制一栋舍所需溶液，笼养按地面面积×2.5计算配制一栋舍所需溶液），喷洒完毕后停留10～20min（具体时间用手粘一下，形成拉丝即可冲洗），然后再用冲洗机自上而下将泡沫冲洗干净，晾干待消毒。

3. 清除寄生虫　禽舍冲洗干燥后（条件允许下）对笼具、地面等耐高温部位进行火焰消毒，重点清理拐角处昆虫、螨虫、甲虫，清理球虫、球虫卵，还需使用菊酯类杀虫剂。

4. 喷雾消毒　使用抗污性强、广谱性强的复合酚类或季铵盐类消毒剂，如普菌杀，按1∶400浓度配制好，按300mL/m^{2}对器械、墙壁表面以及地面等整个禽舍自下而上进行喷雾消毒（注：平养/网养按地面面积计算配制一栋舍所需溶液，笼养按地面面积×2.5计算配制一栋舍所需溶液），消毒后无需清水冲洗，密闭12h以上，打开通风。

5. 熏蒸消毒　传统熏蒸消毒为"福尔马林＋高锰酸钾"，缺点是成本高，高锰酸钾难采购，也可采用福尔马林加热的方法熏蒸，或使用卫可做熏蒸消毒，即1∶5∶20（卫可∶发烟剂∶水），需要15～20mL/m^3，密闭12h以上，如空舍时间比较紧张，熏蒸完第二天就可进禽（必须是使用卫可熏蒸）。

6. 二次喷雾消毒　使用抗污性强、渗透性强、消毒作用维持时间长的消毒剂，复合醛制剂、复合酚、复方酚等复方消毒剂效果较好，如卫可浩普（低温不影响消毒效果）1∶200浓度配制好，按300mL/m^{2}对器械、墙壁表面以及地面等整个禽舍自下而上进行喷雾消毒（注：平养/网养按地面面积计算配制一栋舍所需溶液，笼养按地面面积×2.5计算配制一栋舍所需溶液），消毒后无需清水冲洗，密闭 12h 以上，打开通风。

7. 进禽前喷雾消毒 进禽前 24h 消毒，采用安全性高的消毒剂，可使用碘制剂或过硫酸氢钾复合物类，如聚维酮碘或卫可对整个禽舍进行喷雾消毒，1∶200 进行配制，用量为 80～100mL/m^2。

（四）水线管道的清洁消毒

排空水线，清除水箱、水管内的污物及藻类。配制 1∶200 卫可溶液或含银离子的水线清洁消毒剂，灌注水线，浸泡 4h 以上，自来水或清水冲刷水线。配制好酸化剂（如赛可新按 1∶500 配制）灌注水线，直至进禽前排空，自来水或清水冲刷水线。

（五）舍内生产设施及设备的清洁消毒

将舍内移除出来的垫网、料盘、饮水器等小型设备，先集中清除冲洗粪便、毛屑、粉尘等可视有机物。使用泡沫清洁剂，如全清 1∶（50～100）（视污染程度定使用比例）溶液喷洒或浸泡，0.5h 后，清水冲洗，晾干待消毒。使用作用速度快、抗污能力强的消毒剂消毒，可使用季铵盐类消毒剂如普菌杀，复方酚类消毒剂如卫可浩普 1∶200 喷雾消毒。

（六）生产区路面及附属设施的消毒

清除生产区可视杂物，如粪便、毛屑等，可使用季铵盐类（如普菌杀 1∶400，200mL/m^2），也可使用复合酚类，或复方酚（如卫可浩普 1∶200，200mL/m^2 喷洒），或使用3%～5%配制氢氧化钠溶液进行路面喷洒（200mL/m^2），注意人员和易腐蚀设备的防护。

（七）生活区路面、宿舍、食堂等附属设施的消毒

生活区路面，可使用耐有机物的卫可浩普按照 1∶200 配制，也可使用 3%～5%氢氧化钠溶液路面喷洒，200mL/m^2。食堂、宿舍、办公区域，按照 1∶200 配制卫可溶液，100mL/m^2 氢氧化钠溶液喷雾消毒为宜，如果场区设备条件具备可以选择卫可按 1∶25 配制 15～20mL/m^2 雾化消毒。场区浴室安排专人每日打扫，保持整洁，每日安排在中午气温最高时消毒一次，按照 1∶200 配制卫可，100mL/m^2 喷雾消毒为宜。

（八）化粪池、污道及附属设施的清洁消毒

清除可视污物，采用抗污能力强、渗透性强、不影响沼气发酵的消毒剂进

行消毒，如卫可浩普，可按 1∶200 浓度配制，按 200mL/m^2 对化粪池、污道及附属设施表面进行喷雾消毒。

（九）空舍期杀灭寄生虫、苍蝇、蜱、鼠的操作

系统的害虫管理方案：采用机械的、化学的、文化的、行为上的控制方法来有效控制不同害虫。与专业灭鼠公司合作，定期灭鼠，种禽淘汰前一个月联系灭鼠队进行灭鼠，肉禽空舍期请灭鼠公司人员检查灭鼠设施是否需要维修、新增等。进禽前在板条地下、墙根处等缝隙地方撒杀虫剂控制黑甲虫。空舍期使用杀虫剂做好禽舍的灭蝇工作。

三、种禽淘汰期生物安全控制

淘汰场地的选择原则：选择围墙外 2km 作为中转地点，禁止收禽车进入场区。淘汰禽、销售禽中转地点清洁后采用卫可浩普 1∶200 喷雾消毒。条件允许的情况下选择场内人员抓禽，需用场外人员进入场内抓禽的情况，必须遵守外来人员消毒程序，人工通道消毒后进入淋浴间淋浴，换场内工作服和雨靴。抓禽结束由内部车辆运送到围墙外 2km 中转点，到达卸禽地点后再通知外部车辆到中转点进行禽的装运。若外部车辆要进入场区内装运，也需遵守外来车辆消毒管理程序，清洗消毒晾干后方可通过消毒池进场。

四、生产期间场区消毒

（一）生活区消毒

门卫室及人员消毒通道安排专人每日打扫，地面和物品保持洁净。门卫室放置脚踏盆或者海绵垫，盆内放置的消毒液要求每日更换，可以选择卫可浩普按照 1∶200 配制或者季铵盐类（如普菌杀 1∶400 配制）。人员消毒通道喷雾设备保持随时可用，设定消毒时间不低于 5min，消毒液可以选择 1∶200 卫可溶液或者季铵盐类（如普菌杀 1∶400 配制）；超声波消毒设备要使用纯净水和中性消毒剂，以避免损害消毒设备。门卫室熏蒸柜，主要用于场区员工生活物资、食堂采购等物资的消毒，每立方使用 21g 高锰酸钾和 42mL 福尔马林消毒 30min，或使用 1∶25 的卫可溶液 15～20mL/m^3 熏蒸 30min，如果高锰酸钾不好购买，也可以选择福尔马林加热熏蒸。门卫消毒喷壶，主要用于进入场区人员手部和随身物品表面消毒，可以使用 75% 医用酒精或卫可按照 1∶200 配制。

（二）生产区消毒

生产区路面及附属设施每周消毒两次，使用卫可浩普按照1：（200～400）配制，按20mL/m^{2}喷洒，也可使用氢氧化钠按3%～5%配制，200mL/m^{2}喷洒（注意人员和易腐蚀设备的防护）。场区蛋库、禽舍等区域需设置洗手盆，可以选择作用迅速且无害的卫可（按1：200配制）。场区门卫、蛋库、禽舍等区域需设置脚踏盆，可以选择耐有机物的卫可浩普（按1：200配制）。

（三）饮水消毒

在养殖场中确保家禽饮用洁净水，是保证家禽健康、阻断有害病原体通过饮用水传播的重要方法，也是实现最佳养殖经济效益的必要条件。选择一种能有效地溶解水线中的生物膜或黏液的清洗消毒剂显得尤为重要。选用的产品要具有消毒、杀菌、灭藻、清除生物膜，同时具有抑菌功能、高效，以及对人、畜无害，不会造成环境危害。禽舍熄灯后选用酸化剂（如赛可新按照1：250配制）浸泡一夜或卫可按照1：100配制，灌满水线，浸泡4h之后排空水线，用清水冲洗干净。水线经清洗消毒后，保持水线洁净至关重要。应为养殖场制定一个规范的日常消毒规程，如选择酸化剂赛可新，可按1：500加入饮水中，每周连用3d，每天让鸡自由饮水8h，其余时间供应常水；或者选用卫可按1：1 000加入饮水中，每周1～2次，每次让鸡自由饮水4～6h，其余时间供应常水。夏季高温时节使用水帘，水帘第一次使用的三步处理法：第一步，将水帘开启循环10min左右，确保整体达到湿透状态并将底下水池脏水抽掉；第二步，重新放满底下水池水，然后可在酸化剂、泡腾片或卫可中选择一种加入，如用酸化剂可选择赛可新按1：250配制，如用泡腾片，可选择泰洁净，按每栋室6片放入水中，如选用卫可按1：200配制；第三步，用自来水分别向水帘内、外细致冲洗即可。

（四）舍内带禽消毒

1. 舍内带禽消毒的意义　定期用消毒药液对禽舍的空间、笼具、家禽进行喷雾消毒，是养殖成功的关键。几乎所有饲养家禽的人员都了解带禽消毒技术，但消毒执行情况存在差异，消毒是否彻底直接关系到禽舍中污染病原体的数量、空气的质量等，直接关系到家禽受到疾病威胁的程度，也决定了饲养能否成功。创造良好的禽舍环境，对保障家禽健康至关重要。带禽消毒虽不能使禽舍环境达到百分之百的洁净，但由于这是项经常性的工作，环境中的细菌、病毒含量会越来越少，比起不消毒的禽舍，家禽的发病机会就会低很多。带禽喷雾消毒主要往家禽身上喷洒，因此要求所使用的消毒剂应与用于设施、设备、运动场等的消毒药物有所区别，要考虑消毒药物的有效性和安全性。适合家禽喷雾消毒的药物应具备以下条件：具有较强的杀菌与杀病毒效力且作用迅速。特别是对禽流感、新城疫、传染性支气管炎等致病病原体具有较强的杀灭效力，如卫可、季铵盐、过氧乙酸等。安全性好、毒性和刺激性低，同时带禽喷雾消毒要考虑到皮肤和呼吸道黏膜的安全性，不得用氢氧化钠、石炭酸、来苏儿以及碘剂等进行带禽喷雾消毒。

2. 带禽喷雾消毒的设备（可参考猪体消毒设备）

3. 喷雾消毒的方法 带禽喷雾消毒，每周消毒的频率参考生物安全评定等级。使用安全无刺激性、广谱高效的消毒剂，如1∶200卫可或者季铵盐类（比如普菌杀1∶400）配制溶液，喷雾量以达到80～100mL/m^2为宜。

4. 喷雾粒子的大小（可参考养猪场的消毒）

5. 喷雾雾滴的选择 在消毒工作中要有针对性地选用喷嘴。用于禽舍和防暑降温等的喷雾消毒，使用100μm的中粒子型喷嘴，带禽喷雾消毒使用80～100μm的中微粒子型或中粒子型喷嘴最为合适。针对2周龄内的雏苗，雾滴直径控制在100μm，育成和产蛋舍的家禽雾滴控制在40～80μm，时间不少于3min。

6. 注意事项 带禽消毒需避开活苗免疫的前2d、免疫当天、免疫后2d，以免影响免疫效果；冬季和育雏舍进行带禽消毒时需要适当提高温度2～3℃，或直接用40℃左右的温水配制消毒剂进行喷雾消毒。夏季高温带禽消毒需适当关闭部分风机以免雾滴被吹走，待消毒完再打开风机。带禽消毒时间尽量选择中午气温最高的时间段，提高消毒效果。

针对不同消毒药的消毒作用、特性、成分、原理，选择适宜的消毒药。对于易产生耐药性的消毒剂可适当配合不同类型的消毒剂，以防病原微生物对消毒药产生耐药性，影响消毒效果；随着时代进步，现在部分配方消毒剂（如卫可）不需要轮换使用。根据消毒剂特性，有的选择现配现用（如过氧乙酸类），有的需要提前配制（例如，卫可按1∶200配制，夏季需要提前10min，冬季需提前15min）。

（五）种蛋消毒

禽场每次收集完种蛋应立即在禽舍消毒室或孵化厂消毒室进行消毒，越早消毒越有利于降低种蛋带菌率。如在孵化厂消毒室进行消毒，则应要求禽舍统一时间送蛋，减少种蛋的消毒等待时间。

种蛋在运入种蛋库前一般采用熏蒸消毒。种蛋熏蒸时，消毒室温度不能低于15℃。消毒室内要配备能够标示体积和消毒药用量的专门量具。种蛋可用福尔马林和高锰酸钾混合熏蒸消毒，甲醛和高锰酸钾存放时必须分开，以免接触起火。具体做法是按每立方米空间用福尔马林42mL加高锰酸钾21g混合熏蒸消毒，必须使用合适的器具（如铁桶），严禁使用塑料器具进行熏蒸操作，同时确保熏蒸时反应物不迸溅出来。每次熏蒸完后要将熏蒸残渣清理干净，以保证下次熏蒸时，甲醛和高锰酸钾能够充分反应，确保熏蒸效果。也可选择加热福尔马林熏蒸，或使用卫可按照15～20mL/m^3、使用浓度为1：25进行30min熏蒸消毒。种蛋熏蒸时间要求为30min，熏蒸完毕后（如用甲醛则应待甲醛味大致散尽），立即将种蛋搬运到蛋库储存，减少种蛋在蛋库外的停留时间，蛋库需安装摇头扇以利于空气流通混匀。蛋库内紫外线灯要保持无人时开启状态，出现损坏时要及时维修，每三个月更换一次紫外线灯。

种蛋入孵前可以采用熏蒸法、浸泡法和喷雾法消毒。熏蒸法消毒可用福尔马林、过氧乙酸。浸泡法可用0.1%新洁尔灭溶液、0.05%高锰酸钾溶液或0.02%季铵盐溶液，浸泡5min捞出沥干入孵，浸泡时水温控制在43～50℃。喷雾法可用0.1%新洁尔灭溶液均匀喷洒在种蛋的表面，经3～5min，药液干后即可入孵。

（六）种蛋库的消毒

种蛋库需安排专人负责每日进行清扫，以保持整洁。场区蛋库进出口放置脚踏盆，可以选择卫可浩普按1：（200～400）配制或者季铵盐类消毒剂（如普菌杀1：400配制）。每日蛋库种蛋送到孵化场后，开始清扫蛋库地面，清扫完毕后使用1：200的卫可浩普或者季铵盐类消毒剂（如普菌杀1：400）200mL/m^3喷洒消毒。

五、孵化场消毒管理

（一）孵化场做好生物安全的重要意义

孵化场是极易被污染的场所，许多疾病是通过孵化场被污染的种蛋、雏苗而传播、扩散的。而有效的生物安全措施可以减少甚至消灭污染种蛋、雏苗的病原微生物，从而提高孵化率和雏苗质量。所以说，孵化场生物安全措施的好坏直接影响到孵化率、健雏率和雏苗成活率的高低。严格而科学的生物安全措施是提高孵化成绩的重要措施之一，也是孵化场能够长期稳定发展的前提。

（二）孵化场生物安全控制点

1. 门卫及生活区 大门口地面消毒：大门口地面必须保持干净，每天用1：（200～400）卫可浩普或3%～5%的氢氧化钠溶液喷洒消毒1次，出雏日消毒2次，200mL/m^2。

2. 人员消毒 孵化厂谢绝参观，尽量限制一切非必要人员进厂，确需进入者，需经主管批准，所有进入人员必须经过门卫消毒房喷雾消毒，用1：200卫可或季铵盐消毒剂（如1：400普菌杀配制）喷雾消毒5min，并使用1：200卫可浩普脚踏消毒，进入场区人员的手部和随身物品要进行表面消毒，可以使用75%医用酒精或1：200卫可。

3. 车辆消毒 外部车辆严禁入内，进入车辆由门卫负责将车身、底盘、车轮彻底喷洗消毒，司机及其他人员须经门卫消毒房消毒。车辆先使用泡沫清洁剂［如1：（50～100）全清］进行全面的清洁，再用1：400卫可浩普或季铵盐（如1：400普菌杀）冲洗消毒，车辆消毒池用1：400卫可浩普或3%～5%的氢氧化钠溶液（定期更换）。

4. 生活区道路及环境消毒 用1：400卫可浩普或者季铵盐类消毒剂（如普菌杀1：400配制）或3%～5%的氢氧化钠溶液喷洒消毒，200mL/m^2，每周消毒2次。发苗处消毒：出雏日用1：400卫可浩普或季铵盐（如1：400普菌杀）喷洒消毒2次，200mL/m^2。附属建筑物，如宿舍、餐厅及办公区域等，须保持干净卫生，每周消毒2次，按照1：200配制卫可溶液，100mL/m^2雾化消毒为宜。

（三）孵化厅和生产区消毒管理

1. 人员消毒 所有员工进入须经过喷雾消毒、淋浴、更衣后，方可进入。用1：200卫可喷雾消毒，脚踏盆使用1：200卫可浩普或季铵盐类消毒剂（如1：400普菌杀）消毒，手部使用75%医用酒精或1：200卫可消毒。

2. 种蛋熏蒸间消毒 每次接收种蛋后，按每立方米空间福尔马林42mL加高锰酸钾21g熏蒸消毒或1：25卫可熏蒸消毒30min。每天工作结束后用1：200卫可浩普或季铵盐类消毒剂（如1：400普菌杀）泼洒消毒。种蛋熏蒸间需安装摇头扇以利于空气流通。

3. 种蛋库消毒 进入蛋库前需脚踏含有1：200卫可浩普或季铵盐类消毒剂（如普菌杀1：400）的消毒盆，并用75%医用酒精或1：200卫可溶液喷雾消毒手部。当地面出现破损蛋时，立即进行清洗、消毒；每天工作完毕将工作区域打扫干净并消毒；每周 2 次对蛋库进行全面喷雾消毒，墙壁、天花板应定期擦拭消毒；空调过滤网每周清理 1～2 次，加湿器每周清理 2 次，并添加 1∶200卫可或季铵盐类消毒药（如 1∶400 普菌杀）。坏蛋盘、垫底盘及时清理并消毒；淘汰蛋及时运走，不能存放在蛋库里。地面消毒采用 1∶（200～400）卫可浩普或季铵盐类消毒剂（如 1∶400 普菌杀），按照 200mL/m^2喷洒，蛋库需安装摇头扇以利于空气流通。

4. 孵化设施消毒

孵化机消毒：空机消毒按每立方米空间福尔马林 42mL 加高锰酸钾 21g 熏蒸消毒或 1∶25 卫可熏蒸消毒 30min。使用中，机器内部每周用甲醛或 1∶25 卫可熏蒸消毒 1 次，机器表面每周用季铵盐类消毒剂（如普菌杀 1∶400 配制）擦拭消毒 1 次。

出雏器消毒：每次使用前，按每立方米空间福尔马林 42mL 加高锰酸钾 21g 熏蒸消毒或 1∶25 卫可熏蒸消毒 30min。每次落盘后用福尔马林熏蒸消毒 1 次。每次出雏后，可用全清（biosolve plus）高效泡沫清洁剂，配制 1%～2%的溶液，使用泡沫喷枪喷洒，20min 后冲洗干净，然后再熏蒸消毒。

蛋盘：用 1∶200 卫可或季铵盐类消毒剂（如普菌杀 1∶400 配制）浸泡消毒。

出雏盘：每次出苗后用全清高效泡沫清洁剂，配制1%～2%的溶液，使用泡沫喷枪喷洒，20min 后冲洗干净，然后用 1∶200 卫可或者季铵盐类消毒剂（如普菌杀 1∶400 配制）浸泡消毒。

蛋车（每次落盘后）、出雏车（每次出苗后）、雏苗地平车、出雏转盘：先用全清高效泡沫清洁剂，配制 1%～2%的溶液，使用泡沫喷枪喷洒，20min 后冲洗干净，然后用 1∶200 卫可或者季铵盐类消毒剂（如普菌杀 1∶400 配制）浸泡消毒。

（四）各厅、室的卫生消毒

主要是孵化室、出雏室、冲洗间、洗衣房、消毒房、药品储藏室、维修间、办公室、餐厅、卫生间等。每个房门口，放置消毒脚踏盆，供人员进入时进行消毒。

（五）其他

废弃物的处理：垃圾、废物要每天清理、消毒并及时运走。环境监测：孵化厅的卫生消毒结果要派专人检查，通过肉眼看各指标是否达标。再通过采样做细菌培养（空气、地面、绒毛、弱雏、中止胚、种蛋、自来水、水盘水等）来检测消毒效果。一般每月测1～2次。如果不能达标，说明消毒效果不佳，要引起注意，追查原因，及时解决，以达到卫生消毒标准。

六、防控外来病原菌进入场区

（一）场区消毒管理的意义

其主要目的是在良好的隔离条件下，确保家禽的健康。在进行生产操作时，不同的区域之间要保证没有外部的污染，人员、物品要严格消毒，避免造成交叉污染。在保证生物安全的前提下，减少或消除病原微生物的存在，只有层层把关才能确保安全。场区消毒主要考虑人和动物的安全，方便家禽进行合适的饲养管理，符合食品安全的要求。

（二）场区消毒管理制度的建立与执行

应根据生产环节需要，划分若干区域，通过建立相应的消毒和保护措施，切断人流、物流、动物流、气流之间的相互交叉感染。执行人员严格落实，绝不姑息。

1. 家禽场功能区划分 为了确保家禽的安全生产，场区应该进行合理的区域划分，根据生产生活需要，分为生活区域、生产区域和废物处置区域。当出现问题时，可以紧急处理，以达到隔离的目的。生活区域主要是吃饭和活动的区域。生产区域相对较高，有利于家禽的饲养管理生产，一般应位于上风向。废物处置区域一般位于地势较低的区域，主要是为了减少污染，保证人和家禽的健康。划分区域是为了促进生产区的隔离效果，以确保安全。

2. 家禽场淋浴更衣系统 由于人员流动性大，且人作为污染源，有很多的消毒设施无法用于人体，只能通过淋浴的方式才能达到人员清洁的目的。为了保证家禽的健康，严禁进入场区或生产区不淋浴。养殖场内有消毒和淋浴设施，淋浴设施包括被污染的更衣室、淋浴间和清洁间（隔离间）。要求人员进入禽舍时在通道消毒后进入更衣室换下衣服，在淋浴室洗澡，进入清洁间换上干净的专用服装和雨靴后即可进入生产区。尽量减少人为因素造成的感染风险。

3. 家禽场的围护方式 养殖场外围建立围墙和隔离河道，养殖场的围墙和外围河道主要是对人员、物品和动物起到防御作用。

4. 禽舍周围环境 家禽场不是完全封闭的环境，易受到周围环境的影响，饲料车间或禽舍通风口应设防鸟网，定期派人巡逻场区外环境，发现病死家禽或动物尸体采取焚烧或深埋等无害化处理方式，减少水源等污染风险。

（三）车辆的管理

对于外来车辆，先用清水将车外表面及底盘冲洗干净，尤其要将专用运输车上的动物排泄物及垫草等物品彻底清理干净。先用清水浸湿后再使用1∶（50～100）全清泡沫喷洒（100mL/m^2）车辆表面，15min后用清水冲洗干净（注意轮胎挡水板等死角）。将配制好的1∶200卫可浩普溶液或季铵盐类消毒剂（如1∶400普菌杀），自上而下、自内而外，按200mL/m^{2}均匀喷洒到车辆表面及底盘、轮毂进行消毒（运输车辆车厢内部用1∶200的卫可溶液喷洒内表面，100mL/m^2）。司机需下车时必须进行彻底消毒，驾驶室内使用低容量喷雾器均匀喷洒1∶200的卫可溶液，用量30mL/m^3。以上步骤完成后方可让车辆慢速（＜10km/h）通过装满1∶（200～400）卫可浩普或复合酚溶液的消毒池进入场区（消毒池里消毒液定期更换）。

（四）生活区内人员物资进出管理

场内员工进出生活区走员工消毒淋浴通道，更换衣服鞋子。物品使用高锰酸钾与福尔马林熏蒸消毒，按照每立方米21g高锰酸钾和42mL福尔马林消毒30min，或15～20mL/m^{3}卫可，按照1∶25熏蒸25min。

（五）外来人员物资进入场区管理

1. 外来人员管理 凡外来进入场内的人员必须更衣、淋浴、消毒。人员必须通过消毒通道进入，经过1∶200卫可喷雾5min，雾滴颗粒控制在40～60μm。开包检查，任何人不准将禽肉及其制品带进场区。淋浴更衣，换上场内专用衣服、鞋子。

2. 外来物资进入场区管理 凡是进入生产区药物、物品等都应在门岗进行彻底消毒，有外包装的打开外包装消毒后再进入到场内。药物、物品在场内流动时，需要彻底消毒后再进入其他禽舍。饲料卸车后，应经过熏蒸消毒后才可进入栋舍；饲料袋重复使用的场，须对空袋进行清洗消毒处理。蛋框清水冲洗干净后放在1∶（200～400）卫可浩普溶液或季铵盐类消毒剂（如1∶400普菌杀）溶液中浸泡0.5h以上晾干方可带入场区。

（六）引种的管理

引进健康种禽，关键是确保没有垂直传播疾病，主要用于阻断白血病、网状内皮细胞增生症、马立克氏病等疾病传播。在引进幼雏的过程中，应要求提供质量检验报告和父母代种禽的垂直传染病的净化情况、周龄和幼雏的健康状况。所有检测结果应以测试报告的形式送到家禽养殖场。如果幼雏患病，即使禽场的生物安全体系是好的，也很难保证家禽的健康和经济利益。

（七）进入禽舍前的生物安全管理

进入禽舍前确保人员已经消毒淋浴更衣，禽舍外设置脚踏盆和鞋刷。用鞋刷去除雨靴上的杂物后在脚踏盆消毒 1min，脚踏盆按卫可浩普 1：200 配制。手部和随身物品表面消毒，可以使用 75％医用酒精或 1：200 卫可溶液。

第五章　畜禽养殖场生物安全其他操作技术

第一节　预防接种技术

一、免疫的概念

免疫是机体对外源性或内源性异物进行识别、清除和排斥的过程，是机体免疫系统发挥的一种保护性生理功能。保持机体内外环境平衡是动物健康成长和进行生命活动最基本的条件。动物在长期进化中形成了与外部入侵的病原微生物和内部产生的肿瘤细胞作斗争的防御系统——免疫系统。

免疫具有抵抗病原微生物感染、监视和歼灭自身细胞诱变成的肿瘤细胞以及清除体内衰老或损伤的组织细胞，保证机体正常组织细胞的生理活动，维持机体内环境稳定的功能。但在某些情况下，免疫也会造成对机体的损伤，出现所谓的免疫性疾病，如变态反应、自身免疫性疾病。我们这里主要指的是抗感染免疫，主要包括抗细菌感染免疫、抗病毒感染免疫和抗寄生虫感染免疫。抵抗感染的能力称为免疫力。免疫力可以分为先天性免疫（非特异性免疫）和获得性免疫（特异性免疫）。

获得性免疫是动物在个体发育过程中受到某种病原体或其有毒产物刺激而产生的防御机能。它有主动免疫和被动免疫两类，二者均有天然和人工之分。

- 获得性免疫
  - 被动免疫
    - 天然被动免疫　母源抗体等
    - 人工被动免疫　免疫血清、细胞因子等
  - 主动免疫
    - 天然主动免疫　自然感染病原等
    - 人工主动免疫　接种疫苗等

（一）被动免疫

被动免疫是动物依靠输入其他机体所产生的抗体或细胞因子而产生的免疫力。包括天然被动免疫和人工被动免疫。

1. 天然被动免疫　动物通过母体胎盘、初乳或卵黄获得某种特异性抗体，从而获得对某种病原的免疫力，称为天然被动免疫。通过胎盘、初乳或卵黄获得的抗体，称为母源抗体。天然被动免疫在动物疫病防治中非常重要，在临床上有广泛的应用。由于动物在生长发育的早期，免疫系统不够健全，对病原体的抵抗力比较弱。然而，动物可以通过母源抗体增强自身免疫力，以保证早期的发育，这对生产实践具有重要意义。例如，给产前怀孕母猪接种大肠杆菌K88疫苗，可使新生哺乳仔猪避免致病性大肠杆菌引起的仔猪黄痢的发生；给产蛋鹅接种小鹅瘟疫苗以保护雏鹅不患小鹅瘟。当然母源抗体的存在对疫苗的接种也存在干扰作用，尤其是对弱毒苗的干扰更为严重，从而影响了疫苗的免疫效果。因此在制订免疫程序，特别是首免时间时，必须考虑母源抗体的干扰作用。

2. 人工被动免疫 将含有特异性抗体的血清或细胞因子等制剂，人工输入到动物体内使其获得对某种病原体的抵抗力，称为人工被动免疫。主要用于动物疫病的免疫治疗或紧急预防。例如，抗犬瘟热病毒血清可防治犬瘟热，鸡新城疫高免血清可防治鸡新城疫，尤其患病毒性疫病的珍贵动物，用抗血清治疗更加重要。人工被动免疫的作用特点是发挥作用快、无诱导期，但维持免疫力的时间较短，一般为1～4周。

（二）主动免疫

主动免疫是动物受到某种病原体抗原刺激后，自身所产生的针对该抗原的免疫力。包括天然主动免疫和人工主动免疫。

1. 天然主动免疫 天然主动免疫是指动物感染某种病原体后产生的，对该病原体的再次入侵呈不感染状态，即产生了抵抗力。

2. 人工主动免疫 人工主动免疫是给动物接种疫苗等抗原物质，刺激机体免疫系统发生免疫应答而产生的特异性免疫。所谓疫苗是指用病原体或其代谢产物制成的生物制品，用于免疫预防。人工主动免疫的特点是：与人工被动免疫相比，免疫力产生慢，但持续时间长，免疫期可达数月甚至数年，有回忆反应，某些抗原免疫后可产生终生免疫。需要一定的诱导期，出现免疫力的时间与抗原的种类有关。由于人工主动免疫有一定的诱导期，因此在免疫防治时应考虑到这一点。动物机体对重复免疫接种可较快地产生再次免疫应答反应。

二、免疫计划的制订

（一）计划免疫

1. 计划免疫的概念 计划免疫指根据动物传染病疫情监测、动物群免疫状况及动物免疫特点的分析，按照免疫学原理和养殖场制订的免疫程序，有计划地使用生物制品进行动物群预防接种，以提高动物群的免疫水平，达到控制以至最终消灭相应传染病的目的。

2. 计划免疫的意义　计划免疫是养殖场科学实施动物免疫的前提，是避免盲目、随意进行动物免疫，减少免疫失败的重要措施。要想有效地预防疫病，接种必须要在疾病发生前30d以上进行，待机体受某抗原刺激后产生了抗体，才能起到有效预防该疫病的作用。而不同的疫病又都有不同的发病季节性、地区性和不同的感染日龄、性别等，而且接种后，预防有一定的时间性，不是接种一次就可一生不得疫病。因此，养殖单位应根据动物疫病发病特点科学地安排，有计划地、适时地进行预防接种，以达到预防疫病的目的。

3. 计划免疫的内容

（1）组织领导。包括免疫工作的计划、检查、总结，免疫工作人员的配备与培训，免疫接种器材的管理，定期开展查漏补种工作，开展免疫宣传，动物疫病诊断人员及预防接种异常反应诊断与处理人员的配备等。

（2）基础资料。包括动物存栏情况及背景资料，养殖场历年使用生物制品情况的资料，本地本场有关动物传染病资料，动物免疫状况监测资料等。

（3）制度建设。包括安全接种制度，异常接种反应处理制度，查漏补种制度，疫苗和冷链管理制度等。

（4）免疫实施。包括疫苗检查，器械消毒，接种前动物临床检查，操作人员的培训，按程序正确接种，接种后动物观察等。

（5）免疫监测。定期监测动物群抗体水平，掌握群体免疫状态，确定免疫时机，适时补充免疫。

4. 补充免疫　补充免疫是计划免疫的重要部分，是按照免疫计划，在对大群动物按免疫程序免疫后，对未免疫的小群动物实施的免疫。凡属以下情况的动物应实施补充免疫：由于动物个体暂不适于免疫，如生病、妊娠等，在群体免疫时未予免疫的动物；因各种原因免疫失败的动物；散养畜禽在每年春、秋两季集中免疫后，每月应对未免疫的动物进行定期补充免疫。

5. 紧急免疫　紧急免疫是指在发生动物疫病后，为迅速控制和扑灭疫病的流行，而对疫区和受威胁区尚未发病的动物进行的应急性免疫接种。其目的在于建立环状免疫隔离带或免疫屏障以包围疫区，防止疫情扩散。实践证明，在疫区和受威胁区内使用疫苗紧急接种，不但可以防止疫病向周围地区蔓延，而且还可以减少未发病动物的感染死亡。

紧急免疫应注意：①只能对临床健康动物进行免疫接种，对于患病动物和处于潜伏期的动物不能接种，只能扑杀或隔离治疗。使用高免血清、卵黄抗体等生物制品进行紧急接种，具有安全、产生免疫快的特点，但免疫期短，用量大，价格高。②对疫区、受威胁区域的所有易感动物，不论是否免疫过或免疫到期，发生地都要重新进行一次免疫，建立免疫隔离带。紧急免疫顺序应是由外到里，即从受威胁区到疫区。③紧急免疫必须使免疫密度达到100%，即易感动物要全部免疫，才能一致地获得免疫力。同时，操作人员必须做到一只畜禽用一个针头，避免人为导致的动物间交叉感染。④为了保证接种效果，有时疫苗剂量可加倍使用。但必须注意，不是所有疫苗均可用于紧急接种，只有证明紧急接种有效的疫苗才能使用。⑤紧急免疫必须与疫区的隔离、封锁、消毒及病死病害动物的无害化处理等防疫措施相结合，才能收到好的效果。

（二）免疫程序

1. 免疫程序的概念 生产上，免疫程序有广义和狭义之分。广义的免疫程序是指根据一定地区或养殖场内不同疫病的流行状况及疫苗特性，为特定动物群制订的免疫接种方案。主要包括所用各种类疫苗的名称、类型、接种顺序、用法、用量、次数、途径及间隔时间。狭义的免疫程序指在一个畜禽的生产周期中，为预防某种传染病而制订的疫苗接种规程，其内容包括所用疫苗的品系、来源、用法、用量、免疫时机和免疫次数等。各个国家和地区都重视免疫程序的制订，这不仅是养殖场防疫部门的工作，而且是疫苗生产和研究部门的责任，疫苗的产品说明书上应包括免疫程序和使用方法。

2. 制订免疫程序应考虑的问题 免疫程序不是统一的或一成不变的，目前并没有一个能够适合所有地区或养殖场的标准免疫程序。免疫程序的制订，应根据不同动物或不同疫病的流行特点和生产实际情况，充分考虑本地区常发或威胁大的疫病的分布特点、疫苗类型及其免疫效能和母源抗体水平等因素。具体制订免疫程序时，应考虑以下几点：

（1）疫病的“三间分布”特征。由于动物疫病在地区、时间和动物群中的分布特点和流行规律不同，需要根据具体情况随时调整。有些疫病流行持续时间长、危害程度大，应制订长期的免疫防控对策。

（2）疫苗的免疫学特性。疫苗的种类、品系、性质、免疫途径、产生免疫力需要的时间、免疫期等差异以及疫苗间的相互干扰是影响免疫效果的重要因素，在制订免疫程序时应充分考虑。

（3）动物的种类、日龄及用途。使用何种疫苗应根据动物的种类、日龄而定，动物的用途不同，生长期或生长周期会有差异，也会影响疫苗的使用。同时，要考虑减少捕捉动物次数等。

（4）动物免疫状况。严格来讲，应根据动物体内的抗体水平来决定动物是否应该免疫。因此，应考虑动物体内抗体滴度的高低、母源抗体的有无，有条件时进行抗体监测。

（5）配套防疫措施及饲养管理条件。规模化养殖场的配套防疫措施及饲养管理条件较好，免疫程序应用效果良好，一般较为固定。散养场由于管理粗放，配套防疫措施跟不上，制订程序时应灵活并适时调整。

（三）免疫程序示例

1. 商品代蛋鸡免疫参考程序（表5-1）

表5-1 商品代蛋鸡免疫参考程序

接种时间	疫苗名称	用法	用量	备注
1日龄	马立克氏病疫苗	皮下注射	每只1羽份	出壳24h内用
7日龄	新城疫-传染性支气管炎（H120）二联苗	滴鼻或点眼	每只1～2滴	
12日龄	传染性法氏囊病疫苗	滴鼻或点眼	每只1～2滴	
18日龄	新城疫Ⅳ系苗	饮水或滴鼻点眼	每只1.5倍量饮水或滴鼻点眼1～2滴	
22日龄	鸡痘活疫苗	翼膜刺种	按规定羽份	
25日龄	中毒株法氏囊病疫苗	滴鼻或点眼	每只1～2滴	
31日龄	传染性喉气管炎冻干苗	滴鼻或点眼	每只1～2滴	非疫区不用
35日龄	传染性鼻炎灭活苗	皮下或腿肌注射	每只1羽份	
40日龄	新城疫-传染性支气管炎（H52）二联苗	滴鼻	每只1～2滴	
80日龄	传染性喉气管炎冻干苗	滴鼻或点眼	每只1～2滴	非疫区不用
100日龄	传染性鼻炎灭活苗	皮下或腿肌注射	每只0.5～1mL	
115日龄	新城疫Ⅳ系苗	饮水或气雾	每只1.5倍量饮水	
115日龄	新城疫-传染性支气管炎-产蛋下降综合征灭活苗	皮下或肌内注射	每只1mL	

（续）

接种时间	疫苗名称	用法	用量	备注
125 日龄	禽流感油乳剂灭活苗	皮下注射	每只 1 羽份	非疫区少用
300 日龄	新城疫Ⅳ系苗	饮水或气雾	每只 1.5 倍量饮水	由 HI 滴度水平而定

2. 蛋（肉）种鸡免疫参考程序（表 5-2）

表 5-2　蛋（肉）种鸡免疫参考程序

接种时间	疫苗名称	用法	用量	备注
1 日龄	马立克氏病疫苗	皮下注射	每只 1 羽份	出壳 24h 内用
3 日龄	新城疫Ⅳ系苗	滴鼻或点眼	每只 1～2 滴	
5 日龄	H120 株传染性支气管炎疫苗	饮水或气雾	每只 1.5 倍量饮水	
12～14 日龄	中等毒力传染性法氏囊病疫苗	滴鼻或点眼	每只 1～2 滴	
16～18 日龄	病毒性关节炎 1 号苗	皮下注射	每只 1 羽份	仅供肉种鸡用
20～22 日龄	鸡痘活疫苗	翼膜刺种	按规定羽份	
26～28 日龄	新城疫Ⅳ系（或Ⅰ系）苗	滴鼻或点眼	每只 1～2 滴	
34 日龄	中等毒力传染性法氏囊病疫苗	滴鼻或点眼	每只 1～2 滴	
35 日龄	传染性鼻炎灭活苗	皮下或腿肌注射	每只 1 羽份	
40 日龄	传染性喉气管炎冻干苗	滴鼻或点眼	每只 1～2 滴	非疫区不用
50 日龄	病毒性关节炎 2 号苗	皮下注射	每只 1 羽份	仅供肉种鸡用
100 日龄	传染性鼻炎灭活苗	皮下或腿肌注射	每只 0.5～1mL	
115 日龄	新城疫-传染性支气管炎-产蛋下降综合征灭活苗	皮下或肌内注射	每只 1mL	
125 日龄	禽流感油乳剂灭活苗	皮下注射	每只 1 羽份	非疫区少用
130 日龄	传染性法氏囊病油乳剂灭活苗	皮下注射	每只 0.5mL	可单独注射或用二联、三联苗注射
300 日龄	新城疫Ⅳ系苗	饮水或气雾	每只 1.5 倍量饮水	由 HI 滴度水平而定

3. 商品代肉鸡免疫参考程序（表 5-3）

表 5-3　商品代肉鸡免疫参考程序

接种时间	疫苗名称	用法	用量	备注
1 日龄	马立克氏病疫苗	皮下注射	每只 1 羽份	出壳 24h 内用
4 日龄	新城疫-传染性支气管炎（H120）二联苗	滴鼻或点眼	每只 1～2 滴	
7 日龄	传染性法氏囊病中等毒力疫苗	滴鼻或点眼	每只 1～2 滴	
8 日龄	新城疫Ⅳ系苗	饮水或滴鼻点眼	每只 1.5 倍量饮水或滴鼻点眼 1～2 滴	
15 日龄	H5 亚型禽流感灭活疫苗	皮下或肌内注射	每只 0.3mL	
22 日龄	鸡痘活疫苗	翼膜刺种	按规定羽份	
28 日龄	新城疫Ⅳ系苗	饮水免疫	加倍量	
35～40 日龄	H5 亚型禽流感灭活疫苗	皮下或肌内注射	每只 0.5mL	

4. 育肥猪免疫参考程序（表 5-4）

表 5-4　育肥猪免疫参考程序

接种时间	疫苗名称	用法	用量	备注
1 日龄	伪狂犬活疫苗	滴鼻	每头 1 头份	
7 日龄	支原体灭活疫苗	肌内注射	每头 1 头份	（两针型 21 日龄加免）
10 日龄	猪链球菌病二价灭活苗	肌内注射	每头 1 头份	选做
15 日龄	猪水肿病多价灭活苗	肌内注射	每头 1 头份	选做
30 日龄	猪瘟活疫苗	皮下或肌内注射	每头 1 头份	
35 日龄	仔猪副伤寒活疫苗	肌注或口服	每头 1 头份	选做
40 日龄	猪链球菌病二价灭活菌	肌内注射	每头 1 头份	选做
40 日龄	猪口蹄疫灭活苗	肌内注射	每头 1 头份	
50 日龄	伪狂犬病活疫苗	肌内注射	每头 1 头份	
50 日龄	猪丹毒-猪肺疫二联活疫苗	肌内注射	每头 1 头份	选做

（续）

接种时间	疫苗名称	用法	用量	备注
60日龄	猪瘟活疫苗	皮下或肌内注射	每头1头份	
65日龄	猪传染性胸膜肺炎灭活苗	皮下注射	每头1头份	选做
70日龄	猪口蹄疫灭活苗	肌内注射	每头1头份	
每年9月底	猪传染性胃肠炎-猪流行性腹泻二联灭活苗	后海穴注射	每头1头份	选做

5. 种猪免疫参考程序（表5-5）

表5-5　种猪免疫参考程序

接种时间	疫苗名称	用法	用量	备注
配种前40d	猪口蹄疫灭活苗	肌内注射	每头1头份	初产母猪
配种前35d	猪细小病毒灭活菌	肌内注射	每头1头份	
配种前25d	猪瘟活疫苗	皮下或肌内注射	每头1头份	
配种前20d	猪丹毒-猪肺疫二联活疫苗	肌内注射	每头1头份	
产前30d	猪伪狂犬病疫苗	肌内注射	每头1头份	
产后10d	猪瘟活疫苗	皮下或肌内注射	每头1头份	经产母猪
产后15d	猪口蹄疫灭活苗	肌内注射	每头1头份	
产后25d	猪丹毒-猪肺疫二联活疫苗	肌内注射	每头1头份	
产前30d	猪伪狂犬病疫苗	肌内注射	每头1头份	
每年3月和9月各1次	猪瘟活疫苗	皮下或肌内注射	每头1头份	种公猪
	猪口蹄疫灭活苗	肌内注射	每头1头份	
	猪丹毒-猪肺疫二联活疫苗	肌内注射	每头1头份	
	猪伪狂犬病疫苗	肌内注射	每头1头份	
每年4月各1次	猪细小病毒灭活苗	肌内注射	每头1头份	
	猪乙型脑炎弱毒活疫苗	皮下或肌内注射	每头1头份	

备注：猪繁殖与呼吸综合征疫苗、胸膜肺炎疫苗、萎缩性鼻炎疫苗、链球菌疫苗等根据猪群疾病压力增加或选做。

三、预防用生物制品的选择

（一）动物预防用生物制品的分类

动物预防用生物制品从功能上可分为主动免疫用制品和被动免疫用制品两大类。前者包括常规疫苗、亚单位疫苗和生物技术疫苗三类；后者包括高免血清和高免卵黄抗体两类。

1. 常规疫苗　指由细菌、病毒、立克次氏体、螺旋体、支原体等完整微生物制成的疫苗。有灭活苗和弱毒苗两种。

（1）灭活苗。指选用免疫原性强的细菌、病毒等经人工培养后，用物理或化学方法致死（灭活），使传染因子被破坏而保留免疫原性所制成的疫苗，又称为死苗。

（2）弱毒苗。又称活苗，指通过人工诱变获得的弱毒株、筛选的天然弱毒株或失去毒力但仍保持抗原性的无毒株所制成的疫苗。用同种病原体的弱毒株或无毒变异株制成的疫苗称同源疫苗，如新城疫的B1系毒株和LaSota系毒株等。通过含交叉保护性抗原的非同种微生物制成的疫苗称异源疫苗，如预防马立克氏病的火鸡疱疹病毒（HVTFC126株）疫苗和预防鸡痘的鸽痘病毒疫苗等。灭活疫苗和弱毒活疫苗比较见表5-6。

（3）类毒素。由某些细菌产生的外毒素，经适当浓度甲醛（0.3%～0.4%）脱毒后制成的生物制品，如破伤风类毒素。

（4）生态制剂或生态疫苗。动物机体的消化道、呼吸道和泌尿生殖道等处具有正常菌群，它们是机体的保护屏障，是机体非特异性天然抵抗力的重要因素，对一些病原体具有拮抗作用。由正常菌群微生物所制成的生物制品称为生物制剂或生态疫苗。

（5）联苗和多价苗。不同种微生物或其代谢产物组成的疫苗称为联合疫苗或联苗，同种微生物不同型或株所制成的疫苗称为多价苗。应用联苗或多价苗，可以简化接种程序，节省人力、物力，减少被免疫动物应激反应的次数。

表5-6　灭活疫苗和弱毒活疫苗比较

项目	优　点	缺　点
灭活疫苗	比较安全，不发生全身性副作用，无返祖现象；有利于制成联苗、多价苗；激发机体产生抗体的持续时间较短，有利于确定某种传染病是否被消灭；制品稳定，受外界条件影响小，有利于运输、保存。	需要接种次数多、剂量大，必须经注射免疫，工作量大；不产生局部免疫，引起细胞介导免疫的能力较弱；免疫力产生较迟，不适于作紧急免疫用；需要佐剂增强免疫效应，生产成本高。
弱毒活疫苗	一次接种即可成功；可采取注射、滴鼻、饮水、喷雾、划痕等多种免疫途径接种；可引起局部和全身性免疫应答；免疫力持久，有利于清除局部野毒；产量高，生产成本低。可以通过对母畜禽免疫接种而使幼畜禽获得被动免疫。	残毒在自然界动物群体中持续传递后，毒力有增强、返祖危险；疫苗中存在的污染毒有可能扩散；存在不同抗原的干扰现象，从而影响免疫效果；某些弱毒苗可引起接种的动物免疫抑制；要求在低温冷暗条件下运输、储存。

2. 亚单位苗 指用理化方法提取病原微生物中一种或几种具有免疫原性的成分所制成的疫苗。此类疫苗接种动物能诱导产生对相应病原微生物的免疫抵抗力，由于去除了病原体中与激发保护性免疫无关的成分，没有病原微生物的遗传物质，因而副作用小、安全性高，具有广阔的应用前景。市场上已投入使用的有脑膜炎球菌的荚膜多糖疫苗、A族链球菌M蛋白疫苗、沙门氏菌共同抗原疫苗、大肠杆菌菌毛疫苗及百日咳杆菌组分疫苗等。

3. 生物技术疫苗 即利用分子生物学技术研制生产的新型疫苗，通常包括以下几种：

（1）基因工程亚单位苗。将病原微生物中编码保护性抗原的肽段基因，通过基因工程技术导入细菌、酵母或哺乳动物细胞中，使该抗原高效表达后，产生大量保护性肽段，提取此保护性肽段，加佐剂后即成为亚单位苗。但因该类疫苗的免疫原性较弱，往往达不到常规疫苗的免疫水平，且生产工艺复杂，尚未被广泛应用。

（2）合成肽疫苗。指根据病原微生物中保护性抗原的氨基酸序列，人工合成免疫原性多肽并连接到载体蛋白后制成的疫苗。该类疫苗性质稳定、无病原性，能够激发动物的免疫保护性反应，且可将具有不同抗原性的短肽段连接到同一载体蛋白上构成多价苗。但其缺点是免疫原性较差，合成成本高。

（3）基因工程活载体苗。指将病原微生物的保护性抗原基因，插入到病毒疫苗株等活载体的基因组或细菌的质粒中，使载体病毒获得表达外源基因的新特性，利用这种重组病毒或质粒制成的疫苗。该类活载体疫苗具有容量大、可以插入多个外源基因、应用剂量小而安全、能同时激发体液免疫和细胞免疫、生产和使用方便、成本低等特点，它是生物工程疫苗研究的主要方向之一，并已有多种产品成功地用于生产实践。

（4）基因缺失苗。指通过基因工程技术在DNA或cDNA水平上去除与病原体毒力相关的基因，但仍保持复制能力及免疫原性的毒株制成的疫苗。特点是毒株稳定，不易返祖，可制成免疫原性好、安全性高的疫苗。目前生产中使用的有伪狂犬病基因缺失苗等。

（5）DNA疫苗。指用编码病原体有效抗原的基因与细菌质粒构建的重组体。用该重组体可直接免疫动物机体，可诱导机体产生持久的细胞免疫和体液免疫。DNA疫苗在预防细菌性、病毒性及寄生虫性疾病方面已经显示出广泛的应用前景，被称为疫苗发展史上的一次革命。

（6）抗独特型疫苗。指根据免疫调节网络学说设计的疫苗。由于抗体分子的可变区不仅有抗体活性，而且也具有抗原活性，故任何一种抗体的Fab

段不仅能特异地与抗原结合，同时其本身也是一种独特的抗原决定簇，能刺激自身淋巴细胞产生抗抗体，即抗独特性抗体。这种抗独特性抗体与原始抗原的免疫原性相同，故可作为抗独特性疫苗而激发机体产生对相应病原体的免疫力。

（二）免疫血清

免疫血清又称为抗病血清、高免血清，为含有高效价特异性抗体的动物血清制剂，能用于治疗、紧急预防相应病原体所致的疾病，所以又称为被动免疫制品。通过给适当动物反复多次注射特定的病原微生物或其代谢产物，促使动物不断产生免疫应答，从而在动物血清中产生大量相应的特异性抗体。虽然高免血清的使用因成本高、生产周期长而受到限制，但毒素血清如破伤风抗毒素血清、肉毒抗毒素血清、葡萄球菌抗毒素血清的早期应用仍具有十分重要的意义。

使用免疫血清防治传染病，越早越好。免疫血清的使用，大多采用注射的途径，但在注射方法上，可以皮下注射，也可以静脉注射。一般多采用皮下注射法，因为静脉注射吸收虽然最快，但容易引起过敏反应，主要在预防时使用。免疫血清的有效维持时间一般只有 2～3 周。因此，必须多次注射、足量注射，才能取得理想的效果。使用免疫血清要注意防止引起血清病，预防的主要措施是使用提纯的制品，禁用不合格的产品；同时要按照要求剂量使用，一次用量不可过大。

（三）高免卵黄抗体

高免卵黄抗体也称为卵黄免疫球蛋白，是用抗原免疫禽类后由卵黄中分离得到的高效价特异性抗体。其原理是用抗原大剂量强化免疫健康产蛋鸡（鸭），蛋鸡（鸭）体内产生大量抗体，垂直传递到鸡（鸭）蛋的卵黄中。将卵黄中的抗体分离提纯并稀释后，测定效价，合格者用于临床预防、治疗动物传染病。与哺乳动物来源的 IgG 比较，卵黄抗体具有取材方便、分离纯化方法简单、产量高、价格便宜，同时具有特异性高、稳定性较好等优点，在疾病预防、诊断、防治等诸多方面得到了广泛的应用。对于雏鸭病毒性肝炎、小鹅瘟等危害幼雏的疾病，使用高免卵黄抗体早期预防具有较好效果。

（四）生物制品的贮藏、运输和使用

1. 兽用生物制品贮藏　兽用生物制品是一种特殊商品，其贮藏需要一定

的条件，否则将影响生物制品的质量，降低生物制品的效力，甚至失效。为了保障兽用生物制品的质量和使用效果，生物制品的生产、经营、使用单位均应做好生物制品的贮藏工作，避免在贮藏过程中使兽用生物制品的效力发生变化。

（1）建立必要的贮藏设施。生物制品生产、经营、使用者必须设置相应的冷藏设备，如能自动调节温度的冷藏库、活动冷藏库、冰柜、液氮罐、冰箱、冷藏箱、地下室等。贮藏生物制品的地方应放置温度计，固定专人负责，每日检查并记录贮藏温度，发现温度过高过低时，均应迅速采取措施。

（2）严格按规定的温度贮藏。温度是影响生物制品效力的主要因素。每种生物制品的合理贮藏温度，标签和说明书上都有明确规定，生产、经营、使用者要严格按照每种疫苗规定的贮藏温度进行贮藏。活疫苗一般要求－15℃以下贮藏，但鸡马立克氏病活疫苗必须在－196℃液氮中贮藏。灭活疫苗、免疫血清、诊断液等一般要求2～8℃贮藏，温度不能过高，也不能低于0℃，不能冻结。如果超过此限度，温度越高影响越大。如鸡新城疫中等毒力活疫苗在－15℃以下贮藏，有效期为2年；在0～4℃贮藏，有效期为8个月；在10～15℃贮藏，有效期为3个月；在25～30℃贮藏，有效期为10d。猪瘟活疫苗，在－15℃贮藏，有效期为12个月；在0～8℃贮藏，有效期为6个月；8～25℃贮藏，有效期为10d。如已在－15℃贮藏一段时间后移入8℃贮藏，其保存时间应减半计算。

生物制品贮藏期间，温度忽高忽低，生物制品反复冻结及溶解危害更大，更应注意。

需要说明的是冻干苗的贮藏温度与冻干保护剂的性质有密切关系，一些冻干苗可以在4～6℃贮藏，因为用的是耐热保护剂。

（3）避光贮藏。光线照射，尤其阳光的直射，均有损生物制品的质量，所有生物制品都应严防日光暴晒，贮藏于冷暗干燥处。

（4）防止受潮。环境潮湿，易长霉菌，可能污染生物制品，并容易使瓶签字迹模糊和脱落等。因此，应把生物制品贮藏于干燥或有严密保护及除湿装备的地方。

（5）分类贮藏。兽用生物制品应按品种和有效期分类贮藏于一定的位置，并加上明显标志，以免混乱而造成差错和不应有的损失。超过规定贮藏时间或已过失效期的生物制品，必须及时清除及销毁。

（6）包装要完整。在贮藏过程中，应保证兽用生物制品的内、外包装完整无损，以防被病原微生物污染及无法辨别其名称、有效期等。

2. 兽用生物制品运输

（1）生物制品在运输过程中要采取降温、保温措施。根据运输生物制品要求的温度和数量，选用冷藏车、保温箱、冰瓶、液氮罐等设备，保证在适宜温度下运输，特别要防止温度变化无常而引起生物制品反复冻融。如果在夏季运送，应采取降温设备；冬季运送灭活疫苗，则应防止生物制品冻结。

（2）要用最快的运输方法（飞机、火车、汽车等）运输，尽量缩短运输时间。

（3）要采取防震减压措施，防止生物制品包装瓶破损。

（4）要避免日光暴晒。

3. 兽用生物制品使用

（1）经营和使用单位收到生物制品后应立即清点，尽快放到规定的温度下贮藏，如发现运输条件不符合规定，包装不符合规格，或者货、单不符及批号不清等异常现象时，应及时与生产企业联系解决。

（2）使用生物制品必须在兽医指导下进行；必须按照兽用生物制品说明书及瓶签上的内容及农业农村部发布的其他使用管理规定使用；对采购、使用的兽用生物制品必须核查其包装、生产单位、批准文号、产品生产批号、规格、失效期、产品合格证、进货渠道等，并应有书面记录；在使用兽用生物制品的过程中，如出现产品质量及技术问题，必须及时向县级以上农牧行政管理机关报告，并保存尚未用完的兽用生物制品备查；订购的兽用生物制品，只许自用，严禁以技术服务、推广、代销、代购、转让等名义从事或变相从事兽用生物制品经营活动。

4. 兽用生物制品的废弃与处理

（1）废弃。兽用生物制品有下列情况时应予废弃：无标签或标签不完整者，无批准文号者，疫苗瓶破损或瓶塞松动者，瓶内有异物或摇不散凝块者，有腐败气味或已发霉者，颜色改变、发生沉淀、破乳或超过规定量的分层、无真空等性状异常者，超过有效期者。

（2）处理。不适于应用而废弃的灭活疫苗、免疫血清及诊断液，应倾于小口坑内，加上石灰或注入消毒液，加土掩埋；活疫苗，应先采用高压蒸汽消毒或煮沸消毒方法消毒，然后再掩埋；用过的活疫苗瓶，必须采用高压蒸汽消毒或煮沸消毒方法消毒后，方可废弃；凡被活疫苗污染的衣物、物品、用具等，应当用高压蒸汽消毒或煮沸消毒方法消毒；污染的地区，应喷洒消毒液。

四、预防接种前的准备

1. 熟悉疫情动态和动物健康状况 为了保证免疫接种的安全和效果，最好于接种前对部分幼畜禽的母源抗体进行监测，选择最佳时机进行接种。了解本地、本场各种疫病发生和流行情况，依据疫病种类和流行特点（如流行季节）做好各种准备，免疫工作在疫病来临之前要完成。接种前要观察动物的营养和健康状况，凡疑似发病、体温升高、体质瘦弱、妊娠后期等的动物均不宜接种疫苗，待动物健康或生产后适时补充免疫。

2. 选用合格的生物制品 结合免疫程序，根据疫情选择合适的疫苗，特别是疫苗类型。应选购通过GMP验收的生物制品企业的疫苗。产品要具有农业农村部正式生产许可证及批准文号。说明书应注明疫苗的安全性、疫苗的有效性、疫苗含毒量等。

3. 免疫接种器械的准备 免疫接种的注射器、针头和镊子等用具，应严格消毒。针头要经常更换，可以将换下的针头浸入酒精、新洁尔灭或其他消毒液中，浸泡20min后，用灭菌蒸馏水冲洗后重新使用。接种过程也应注意消毒，接种后的用具、空疫苗瓶也应进行消毒处理。

4. 选择接种途径 根据疫苗的种类不同、剂型不同、饲养规模不同，采取不同的免疫接种途径。免疫途径不同，产生的免疫效果也不一样。

5. 正确进行疫苗稀释 按照疫苗的使用说明书，选用规定的稀释液，按标明的头份（或羽份）充分稀释、摇匀，注意注射器、针头及瓶塞表面的消毒。稀释后的疫苗，如一次不能吸完，吸液后针头不必拔出，用酒精棉球包裹，以便再次吸取，给动物注射过的针头，不能吸液，以免污染疫苗。各种疫苗使用的稀释液、稀释倍数和稀释方法都有明确规定，必须严格按照产品的使用说明书进行。稀释疫苗用的器械必须无菌，否则不但影响疫苗的效果，而且会造成污染。用于注射的活苗一般配备专用稀释液，若无稀释液，可以用蒸馏水稀释。稀释前先用酒精棉球消毒疫苗的瓶盖，然后用灭菌注射器吸取少量的蒸馏水注入疫苗瓶中，充分振荡溶解后，抽取溶解的疫苗放入干净的容器中，再用蒸馏水把疫苗瓶冲洗几次，使全部疫苗所含病毒（细菌）都被冲洗下来，然后按一定剂量加入蒸馏水。

五、预防接种途径

动物的免疫方法可分为个体免疫法和群体免疫法。前者免疫途径包括注射、点眼、滴鼻、滴口、刺种、擦肛等，后者包括饮水、拌料、气雾免疫等。

选择合理的免疫接种途径可以大大提高动物机体的免疫应答能力。

1. 注射免疫接种 适用于各种灭活苗和弱毒苗的免疫接种。根据疫苗注入的组织不同，又可分为皮下注射与皮内注射、肌内注射。注射接种剂量准确、免疫密度高、效果确实可靠，在实践中应用广泛。

（1）皮下接种。这种方法多用于灭活苗及免疫血清、高免卵黄抗体接种，选择皮薄、被毛少、皮肤松弛、皮下血管少的部位。大家畜宜在颈侧中 1/3 部位；猪在耳根后或股内侧；犬和羊宜在股内侧；兔在耳后；家禽在颈部背侧下 1/3 处，针头自头部刺向躯干部。注射部位消毒后，注射者右手持注射器，左手食指与拇指将皮肤提起呈三角形，使之形成一个囊，沿囊下部刺入皮下约注射针头的 2/3，将左手放开后，再推动注射器活塞将疫苗徐徐注入。然后用酒精棉球按住注射部位，将针头拔出。彩图 5-1 为鸡的皮下注射，彩图 5-2 为鸭的皮下注射。

（2）皮内接种。选择皮肤致密、被毛少的部位。大家畜选择颈侧、尾根、眼睑，猪在耳根后，羊在颈侧或耳根部，鸡在肉髯部位。注射部位如有被毛的应先将其剪去，用酒精棉球消毒后，左手将皮肤捏起形成皮褶，或以左手绷紧固定皮肤，右手持注射器，使针头斜面向上，几乎与注射皮面平行刺入 0.5cm 左右，即可刺入皮肤的真皮层中。应注意刺入时宜慢，以防刺出表皮或深入皮下。同时，注射药液后在注射部位有一小包，且小包会随皮肤移动，则证明确实注入皮内，然后用酒精棉球消毒皮肤针孔及其周围。皮内接种疫苗的使用剂量和局部副作用小，相同剂量疫苗产生的免疫力比皮下接种高。

（3）肌内注射。多用于弱毒疫苗的接种。肌内注射操作简便、应用广泛、副作用较小，药液吸收快，免疫效果较好。应选择肌肉丰满、血管少、远离神经干的部位。疫苗要注入深层肌肉内。牛、马、羊注射部位在颈侧中部上 1/3 处，猪选择耳根后，注射时避开耳道。禽宜在胸肌或大腿外侧肌肉。彩图 5-3 为猪肌内注射部位标示（圆圈处），图 5-1 为猪肌内注射部位图解，彩图 5-4 及彩图 5-5 分别为肥猪和仔猪肌内注射演示。

（4）胸腔注射。胸腔注射目前仅见于猪支原体肺炎弱毒冻干疫苗的免疫，它能很快刺激胸部的免疫器官产生局部的免疫应答，直接保护被侵器官。猪支原体肺炎的免疫主要以局部细胞免疫为主，应用弱毒株免疫，接种途径必须是肺内注射，其他部位免疫效果不确实或无效。免疫时需要保定猪只，免疫刺激大，免疫技术要求较高。肺脏是猪肺炎支原体的靶器官，肺内免疫途径对猪支原体肺炎免疫力的建立是一个突破性进展。具体操作为：猪支原体肺炎弱毒冻干疫苗用灭菌生理盐水、注射用水或 5%葡萄糖生理盐水溶解，用 12 号短针

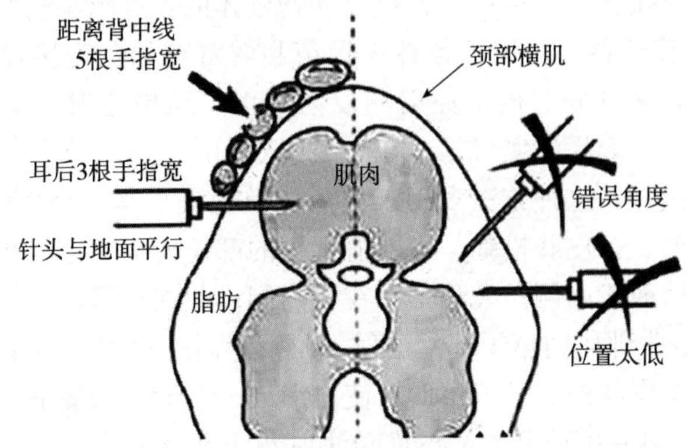

图 5-1 猪肌内注射部位图解

头与金属注射器或连续注射器按规定剂量接种，注射部位为右侧肩胛骨后缘（中上部）1cm 处肋间隙，吸取疫苗的针头用后每窝更换，防止针头带菌或沾污。溶解疫苗在 2h 内用完。彩图 5-6 为猪胸腔注射位置标示。

（5）静脉注射。主要用于紧急预防和治疗时注射免疫血清。疫苗因残余毒力等原因，一般不通过静脉注射接种。注射部位为：马、牛、羊在颈静脉，猪在耳静脉，鸡在翅下静脉。

（6）穴位注射。将具有免疫作用的生物制剂（抗原、抗体等）注入一定的穴位中，从而借助疫苗对穴位的刺激，放大疫苗的免疫作用，增强机体的免疫功能。研究表明，后海穴（交巢穴）、风池穴、足三里穴能显著地提高抗体的效价，放大疫苗的免疫作用，后海穴是临床上进行穴位免疫常用的穴位。应用于穴位免疫的疫苗有新城疫疫苗、传染性法氏囊病疫苗、猪旋毛虫疫苗、口蹄疫疫苗、大肠杆菌基因工程疫苗、羊衣原体灭活苗等。彩图 5-7 为猪后海穴注射部位标示。

2. 点眼与滴鼻 禽类眼部具有哈德氏腺，鼻腔黏膜下有丰富的淋巴样组织，对抗原的刺激都能产生很强的免疫应答反应。操作时，用乳头滴管或无针头注射器吸取疫苗，将禽眼或鼻孔向上，呈水平位置，滴头离眼或鼻孔 1cm 左右，滴于眼或鼻孔内（彩图 5-8）。这种方法多用于雏禽，尤其是雏鸡的首免。利用点眼或滴鼻法接种时应注意：接种时均使用弱毒苗，如果有母源抗体存在，会影响病毒的定居和刺激机体产生抗体，此时可考虑适当增大疫苗接种量。点眼时，要等待疫苗扩散后才能放开雏鸡。滴鼻时，可用固定雏鸡的左手食指堵着非滴鼻侧的鼻孔，加速疫苗的吸入。

生产中也可以用能安装滴头的塑料滴瓶盛装稀释好的疫苗，装上专用滴头后，挤出滴瓶内部分空气，迅速将滴瓶倒置，使滴头向下，拿在手中呈垂直方向轻捏滴瓶，进行点眼或滴鼻，疫苗瓶在手中应一直倒置，滴头保持向下（彩图 5-9）。为减少应激，最好在晚上或光线稍暗的环境下接种。

3. 皮肤刺种　常用于禽痘、禽脑脊髓炎等疫病的弱毒疫苗接种。家禽一般采用翼膜刺种法，在家禽翅膀内侧无血管处的“三角区”，用刺种针蘸取疫苗，刺种针（彩图 5-10）针尖向下，使药液自然下垂，轻轻展开鸡翅，从翅膀内侧对准翼膜（彩图 5-11）用力垂直刺入并快速穿透翼膜。每次刺种针蘸苗都要保证凹槽能浸在疫苗液面以下，出瓶时将针在瓶口擦一下，将多余疫苗擦去。在针刺过程中，要避免针槽碰上羽毛以免疫苗溶液被擦去，也应避免刺伤骨头和血管。每 1～2 瓶疫苗就应换用一个新的刺种针，因为针头在多次使用后会变钝，针头变钝意味着需要加力才能完成刺种，这可能使一些疫苗在针头穿入表皮之前被抖落。刺种后，应及时对禽群的接种部位进行接种反应观察，一般接种后 7d 左右在接种部位会出现皮肤红肿、增厚、结痂等接种反应，2～3 周痂块脱落，如接种部位无反应或禽群的反应率低，则应检查鸡群是否处于免疫阶段，疫苗质量有无问题或接种方法是否有差错，及时进行补充免疫。

4. 经口免疫接种　经口免疫即将疫苗均匀地混于饲料或饮水中经口服后而使动物获得免疫，可分为饮水、滴口、拌料三种方法。饮水、拌料免疫效率高、省时省力、操作方便，能使全群动物在同一时间内共同被接种，对群体的应激反应小，但动物群中抗体滴度往往不均匀，免疫持续期短，免疫效果常受到其他多种因素的影响。

（1）饮水免疫。饮水免疫时，应按畜禽数量和畜禽平均饮水量，准确计算疫苗用量。用于口服的疫苗必须是高效价的活苗，可增加疫苗用量，一般为注射剂量的 2～5 倍。例如，鸡饮水免疫时，稀释疫苗的用水量应根据鸡的大小来确定，一般为鸡日饮水量的 30%，疫苗用量高于平均用量的 2～3 倍，保证所有的鸡同时喝到疫苗水。具体可参照如下用水量：1～2 周龄每只 8～10mL，3～4 周龄每只 15～20mL，5～6 周龄每只 20～30mL，7～8 周龄每只 30～40mL，9～10 周龄每只 40～50mL。疫苗混入饮水后，必须迅速口服，保证在最短的时间内摄入足量疫苗。因此，免疫前应停饮一段时间，具体停水时间长短可灵活掌握，一般在天气炎热的夏秋季节或饲喂干料时，停水时间可适当短些，在天气寒冷的冬春季节或饲喂湿料时，停水时间可适当长些，使动物在进行饮水免疫前有一定的口渴感，确保动物在 0.5～1h 内将疫苗稀释液饮完。稀释疫苗的水，可用深井水或凉开水，饮水中不应含有游离氯或其他消毒剂。此外，饮水器要保持清洁干净，不可有消毒剂和洗涤剂等化学物质残留。饮水的器皿不能是金属容器，可用瓷器和无毒塑料容器。稀释疫苗宜将疫苗开瓶后倒入水中搅匀。为有效地保护疫苗的效价，可在加入疫苗前往疫苗稀释液中加入2%～3%鲜牛奶或0.2%～0.3%的脱脂奶粉。

混有疫苗的饮水以不超过室温为宜，应注意避免疫苗暴露在阳光下，如在炎热季节给动物进行饮水免疫时，应尽量避开高温时进行。为保证动物充分吸收药物，在饮水免疫后还应适当停水1～2h。此外，动物在饮水免疫前后24h内，其饲料和饮水中不可使用消毒剂和抗生素类药物，以防引起免疫失败或干扰机体产生免疫力。

（2）滴口免疫。将按照要求稀释之后的疫苗滴于家禽口中，使疫苗通过消化道进入家禽体内，从而产生免疫力的免疫接种方法。

滴口免疫操作时，先按规定剂量用适量生理盐水或凉开水稀释疫苗，充分摇匀后用滴管或一次性注射器吸取疫苗，然后将鸡腹部朝上，食指托住头颈后部，大拇指轻按前面头颈处，待张口后在口腔上方1cm处滴下1～2滴疫苗溶液即可。

滴口免疫时需注意：①确定稀释量，普通滴瓶每毫升水有25～30滴，差异较大，所以必须事先测量出每毫升水的滴数，然后计算出稀释液用量，最好购买正规厂家生产的配套滴瓶；②稀释液可选用疫苗专用稀释液或灭菌生理盐水；③疫苗稀释后必须在0.5～1h内滴完；④防止漏滴，做到只只免疫；⑤要注意经常摇动疫苗，以保持疫苗的均匀；⑥在滴口免疫前后24h内停饮任何有消毒剂的水。

（3）拌料免疫。生产中采用拌料免疫的有鸡新城疫Ⅰ系、Ⅱ系苗及鸡球虫苗。注意拌料要均匀，并现配现用。拌疫苗的饲料温度以室温为宜，不可直接撒在地面上，且应避免日光照射。

①直接拌料。将新城疫疫苗按规定剂量溶解于水，混匀后拌碎米或玉米粉或鸡颗粒料，早晨鸡空腹时一次喂给，让鸡采食。对大小不一和吃食较少的鸡，可在第二天重复饲喂一次，以确保鸡吃进足够的剂量。免疫前应计算鸡群实际需要饲料量，防止饲料不足或过剩。

②喷雾拌料。将按规定剂量稀释后的球虫疫苗悬液倒入干净的农用喷雾器或加压式喷雾器中，称取适量的饲料放入料盘中，把球虫疫苗均匀地喷洒在饲料上，喷洒时需要不时摇晃喷雾器，至少来回喷两次，每喷一次都要充分拌料。

将拌有疫苗的料平均分配到每个料盘，让鸡自由采食，全部吃干净需4～

5h。注意拌料免疫之前不要刻意断料，倒料前只把料盘中的剩料倒干净即可，以免“抢食”造成每只鸡免疫剂量不均匀。

5. 气雾免疫法 将稀释的疫苗在气雾发生器的作用下喷雾射出去，使疫苗形成5～100μm的雾化粒子，其中雾粒直径为50～100μm称为粗滴气雾免疫，雾粒直径为5～22μm称为细滴气雾免疫。雾化粒子均匀地浮游于空气中，动物随着呼吸运动，将疫苗吸入而达到免疫。气雾免疫分为气溶胶免疫和喷雾免疫两种形式，其中气溶胶免疫最为常见。气雾免疫法不但省力，而且对少数疫苗特别有效，适用于大群动物的免疫。进行气雾免疫时，将动物赶入圈舍，关闭门窗，尽量减少空气流动，喷雾完毕后，动物在圈内停留10～20min即可放出。

在进行鸡群喷雾免疫前，应加强通风，并采取带鸡消毒等降温或增湿措施，以使舍内的温度保持在18～24℃，相对湿度保持在70%左右，空气中看不到灰尘颗粒等。气雾免疫不适于30日龄内的雏鸡和存在慢性呼吸道病的鸡群，以免诱发呼吸道系统疾患。气雾粒子为60μm左右时，一般停留在雏鸡的眼和鼻腔内，很少发生慢性呼吸道病，适宜对6周龄以内的小雏鸡气雾免疫。而对12周龄雏鸡气雾免疫时，气雾粒子以10～30μm为宜。在鸡头上约1.5m左右喷雾，呈45°，使雾粒刚好落在家禽的头部。喷完后要最大限度地降低通风换气量，以保证气雾免疫效果，同时也要防止通风不良而造成窒息死亡。图5-2为羊群气雾免疫，图5-3为鸡群气雾免疫。

小日龄雏鸡喷雾时，可打开出雏器或运雏箱，使其排列整齐。平养的肉鸡，可集中在鸡舍一角；或把鸡舍分成两半，中间设一栅栏并留门，从一边向另一边驱赶肉鸡，当肉鸡分批通过栅栏门时喷雾；接种人员还可在鸡群中间来回走动喷雾疫苗，至少来回两次。笼养蛋（肉）鸡，直接在笼内一层层地循序进行喷雾。

图5-2 羊群气雾免疫

图5-3 鸡群气雾免疫

六、预防接种的反应与处理

对动物机体来说，疫苗是外源性物质，接种后会出现一些不良反应，按照反应的强度和性质可将其分为三种类型。

1. 正常反应 指由于疫苗本身的特性引起的反应。少数疫苗接种后，动物常常出现一过性的精神沉郁、食欲下降、注射部位的短时轻度炎症等局部性或全身性异常表现。如果出现这种反应的动物数量少、反应程度轻、维持时间短暂，则可认为是正常反应，一般不用处理。

2. 异常反应 一次免疫注射后发生反应的动物较多，表现为震颤、流涎、流产、瘙痒等，其原因通常是由于疫苗质量低劣或毒（菌）株的毒力偏强、使用剂量过大、操作不正确、接种途径错误或使用对象不正确等因素引起，要注意分析和及时对症治疗和抢救。

3. 严重反应 多属于超敏反应和过敏性休克，轻则体温升高、黏膜发绀、皮肤出现丘疹等；重则全身瘀血，鼻盘青紫，呼吸困难，口吐白沫或血沫，骨骼肌痉挛、抽搐，最后循环衰竭导致猝死，多在0.5～1h内死亡。主要与生物制品的性质和动物本身体质有关，仅发生于个别动物，需用抗过敏药物和激素疗法及时救治，如有全身感染，可配合抗生素治疗。

七、免疫效果的评价

免疫接种的目的是将易感动物群转变为非易感动物群，从而降低疫病带来的损失。因此，判断某一免疫程序对特定动物群是否合理并达到了降低群体发病率的作用，需要定期对接种对象的实际发病率和实际抗体水平进行分析和评价。免疫效果评价的方法主要包括流行病学法、血清学方法和人工攻毒试验。

1. 流行病学评价方法 用流行病学调查的方法，检查免疫动物群和非免疫动物群发病率、死亡率等指标，可以比较并评价不同疫苗或免疫程序的保护效果。保护率越高，免疫效果越好。

$$\text{免疫指数}=\frac{\text{对照组患病率}}{\text{免疫组患病率}}\times 100\%$$

$$\text{保护率}=\frac{\text{对照组患病率}-\text{免疫组患病率}}{\text{对照组患病率}}\times 100\%$$

2. 血清学评价方法 一般是通过测定免疫动物群血清抗体的几何平均滴度，比较接种前后滴度升高的幅度及其持续时间来评价疫苗的免疫效果。血清学评价方法有琼脂扩散试验、血凝与血凝抑制试验、正相间接血凝试验、酶联免疫吸附试验等。如用血凝与血凝抑制试验检测禽流感、新城疫免疫鸡血清中抗体滴度，当禽流感抗体滴度大于 2^4，新城疫抗体滴度大于 2^5 时，判定为免疫合格；当群体免疫合格率大于70%时，判定为全群免疫合格。

3. 人工攻毒试验　通过对免疫动物的人工攻毒试验，确定疫苗的免疫保护率、开始产生免疫力的时间、免疫持续和保护性抗体临界值等指标。

八、免疫失败的原因分析

生产实践中造成免疫失败的原因是多方面的，各种因素可通过不同的机制干扰动物免疫力的产生。归纳起来，造成免疫失败的因素主要有以下几个方面：

1. 疫苗因素

（1）疫苗本身的质量。疫苗中抗原成分的多少是疫苗能否达到良好免疫效果的决定因素。正规厂家生产的疫苗质量较为可靠，购买使用前应查看生产厂家、产品批号、生产日期等，了解厂家有无产销资质。

（2）疫苗的保存不当。对那些瓶签说明不清、有裂缝破损、色泽性状不正常（如灭活苗的破乳分层现象）或瓶内发现杂质异物等的疫苗，应停止使用。

（3）疫苗使用不当。

①疫苗稀释不当。各种疫苗所用的稀释剂、稀释倍数及稀释的方法都有一定的规定，必须严格按照使用说明书操作。例如，饮水免疫不得使用金属容器，饮水必须用蒸馏水或冷开水，水中不得有消毒剂、金属离子，可在疫苗溶液中加入0.2%～0.3%的脱脂奶粉作保护剂。

②疫苗选择不当。一些疫苗，如鸡新城疫弱毒苗、传染性法氏囊病疫苗、传染性支气管炎疫苗等，本身容易引起免疫损伤，造成免疫水平低下。

③首免时间选择不当。幼畜（禽）刚出生（壳）的几天内，体内往往存在大量母源抗体，若此时进行免疫（尤其是进行活疫苗的免疫），则体内母源抗体与免疫原结合，一方面会中和免疫原，干扰病毒的复制；另一方面会造成免疫损伤，影响免疫效果。但鸡马立克氏病疫苗除外，因雏鸡体内不存在相应的母源抗体，故接种越早越好。

④疫苗间干扰作用。将两种或两种以上无交叉反应的抗原同时接种或接种的时间间隔很短，机体对其中一种抗原的抗体应答显著降低。如鸡传染性支气管炎疫苗可干扰新城疫疫苗。

⑤免疫操作不当。滴鼻、点眼免疫时，疫苗未能进入眼内或鼻腔；肌内注射时，"打飞针"，疫苗根本没有注射进去，或注入的疫苗又从注射孔流出，或

注射针头过短，刺入深度不够，疫苗注入皮下脂肪。因此，免疫时应注意保定动物，选择型号适宜的注射针头，控制针头刺入的深度。使用连续注射器接种疫苗时，注射剂量要反复校正，使误差小于0.01mL，针头不能太粗，以免拔针后疫苗流出。

2. 畜禽机体状况

（1）遗传因素。动物品种不同，免疫应答各有差异，即使同一品种的不同个体，因日龄、性别等不同，对同一疫苗的免疫反应强弱也不一致。

（2）母源抗体的干扰。主要是干扰疫苗病毒在体内的复制，影响免疫效果。同时母源抗体本身也被中和。可及时做好免疫监测，测定母源抗体水平后再决定接种时机。

（3）营养因素。维生素及许多其他营养成分都对畜禽机体免疫力有显著影响，特别是缺乏维生素A、维生素D、维生素B、维生素E和多种微量元素时，能影响机体对抗原的免疫应答，免疫反应明显受到抑制。

（4）免疫抑制疾病干扰。动物发生免疫抑制性疾病也是免疫失败的常见原因，如鸡马立克氏病、传染性法氏囊病、猪繁殖障碍与呼吸综合征、圆环病毒病等都可能造成动物免疫抑制，对此种患病动物接种疫苗，不仅不会产生免疫效果，严重的可导致死亡。

3. 病原体的血清型和变异性 许多病原微生物有多个血清型，容易出现抗原变异，如果感染的病原微生物与使用的疫苗毒（菌）株在抗原上存在较大差异或不属于一个血清型，则可导致免疫失败。如大肠杆菌病、禽流感、传染性法氏囊病等。另外，如果病原出现超强毒力变异株，也会造成免疫失败，如马立克氏病等。因此，选用疫苗时，应考虑当地疫情、病原特点。

4. 免疫程序 疫苗的种类、接种时机、接种途径和剂量、接种次数及间隔时间等不适当，容易出现免疫效果差或免疫失败的现象。此外，疫病分布发生变化时，疫苗的接种时机、接种次数及间隔时间等应相应调整。

5. 其他因素 饲养管理不当，饲喂霉变饲料，饲料中蛋白质不均衡，动物误食铅、镉、砷等重金属或如卤素、农药等化学物质可抑制免疫应答，引起免疫失败。此外，接种期间或接种前后给予动物消毒、治疗药物，也会影响免疫效果。接种前后光照、温度、通风、饲料的突然变化也可产生应激影响疫苗的效果。

因此，应根据本地区或本场疫病流行情况和规律、动物群的病史、品种、日龄、母源抗体水平和饲养管理条件以及疫苗的种类、性质等因素制订出科学合理的免疫程序，在执行时视具体情况进行调整，使本场免疫程序更加合理。

第二节 药物预防技术

一、预防药物的选择原则

由于不同种类的病原在畜禽体内存在交叉感染和混合感染的情况，而且不同药物对不同病原的作用效果也不尽相同。因此，选择合适的药物来控制疫病就显得非常重要。

1. 熟悉病原体及动物对药物的敏感性 一方面，应考虑病原体对药物的敏感性和耐药性，选用防治效果最好的药物。在使用药物之前或使用药物过程中，最好进行药物敏感性试验，选择使用最敏感的或抗菌谱广的药物，以期收到良好的预防效果。要适时更换药物，防止产生耐药性。另一方面，不同种属的动物对药物的敏感性不同，应区别对待。例如，抗球虫药常山酮用 3mg/kg 拌料对鸡来说是适宜的，但对鸭、鹅均有毒性，甚至引起死亡。某些药物剂量过大或长期使用会引起动物中毒。将要出售的畜禽应适时停药，以免药物残留。

2. 注意药物的安全性与有效剂量 药物在发挥防治疾病作用的同时，可能对动物机体产生不同程度的损害或改变病原体对药物的敏感性，因此保证病患动物的用药安全是药物治疗的前提。药物必须达到最低有效剂量，才能收到应有的防治效果。因此，要按规定的剂量，均匀地拌入饲料或完全溶解于饮水中。有些药物的有效剂量与中毒剂量之间距离太近，如喹乙醇，掌握不好就会引起中毒。有些药物在低浓度时具有预防和治疗作用，而在高浓度时会变成毒药，使用时要倍加小心。

3. 把握治疗的规范性和适度性 实施药物防治应根据疾病的分型、分期、疾病的动态发展及并发症，对药物选择、剂量、剂型、给药方案及疗程进行规范。确定适当的剂量、疗程与给药方案，才能使药物的作用发挥得当，达到治疗疾病的目的。因此，应在明确疾病诊断的基础上，从病情的实际需要出发，选择适当的药物治疗方案。针对具体患病动物时，应注意个体化的灵活性，避免过度治疗或治疗不足。药物过度治疗是指超过疾病治疗需要，使用大量的药物，而且没有得到理想效果的治疗，表现为超适应证用药、剂量过大、疗程过长、无病用药、轻症用重药等。而治疗不足则表现为剂量不够，达不到有效的治疗剂量，或疗程太短，达不到预期的治疗效果。

4. 注意药物的配伍禁忌 两种或两种以上药物配合使用时，有的会产生理化性质改变，使药物产生沉淀或分解、失效甚至产生毒性。磺胺类药（钠盐）与抗生素（硫酸盐或盐酸盐）混合产生中和作用使药效会降低，维生素 B_1、维生素C属酸性，遇碱性药物即分解失效，如使用利巴韦林、金刚烷胺等抗病毒药治疗流感时，与小苏打、氨茶碱配合使用疗效大大降低；头孢菌素类与庆大霉素、卡那霉素、新霉素联合防治大肠杆菌、沙门氏菌可产生协同作用，但与红霉素、白霉素等联用，会导致其抗菌作用的减弱；泰乐菌素＋磺胺嘧啶钠（泰磺合剂）、红霉素＋TMP、红霉素＋磺胺嘧啶钠，可以提高对大肠杆菌、沙门氏菌的治疗效果，但红霉素不能与羧苄青霉素、庆大霉素配伍；泰乐菌素不能与链霉素、四环素配伍；林可霉素可配合壮观霉素（比例为1∶1或1∶2）治疗慢性呼吸道病、弓形虫病、螺旋体病等疗效确切，但不能与青霉素、庆大霉素、四环素类药物配伍。

5. 坚持有效性与经济性的统一 药物防治的有效性是选择药物的基本准则。提高药物防治的有效性既要了解药物特性及用药方法，又要熟悉动物的情况。一方面，药物的生物学特性、药物的理化性质、剂型、剂量、给药途径、药物之间的相互作用等因素均会影响药物防治的有效性；另一方面，动物的年龄、体重、性别、精神因素、病理状态、遗传因素及用药时间等对药物防治效果均可产生重要影响。保证药物防治有效性的同时，也要考虑药物防治的经济性。在集约化养殖场中，畜禽数量多，防治疫病用药开支较大。为了降低养殖成本，在保证防治效果的前提下，应尽可能地选用价廉易得而又确有预防或驱虫作用的药物，而不听信药物广告宣传，不盲目追求新药、高价药。

二、给药方法的选择

不同的给药方法可以影响药物的吸收速度、利用程度、药效出现时间及维持时间。药物预防一般采用群体给药法，将药物添加在饲料中，或溶解到水中，让动物服用，有时也采用气雾法给药。

1. 拌料给药 即将药物均匀地拌入饲料中，让动物自由采食。该法简便易行，节省人力，减少应激。主要适用于预防性用药，尤其是长期给药。对于患病的动物，当其食欲下降时，不宜应用。拌料给药时应注意以下几点：

（1）准确掌握药量。应严格按照动物群体重，结合动物的采食量，计算并准确称量所需药物，以免造成药量过小起不到作用或药量过大导致动物中毒。

（2）确保拌和均匀。通常采用分级混合法，即把全部用量的药物加到少量饲料中，充分混合后，再加到一定量饲料中，再充分混匀，然后再拌入到给药所需的全部饲料中。大批量饲料拌药更需多次分级扩充，以达到充分混匀的目的。切忌把全部药量一次性加到所需饲料中简单混合，否则会造成部分动物因摄入过量药物发生中毒，而大部分动物吃不到药物，达不到防治疫病的目的。

（3）注意不良反应。有些药物混入饲料后，可与饲料中的某些成分发生拮抗作用。如饲料中长期混合磺胺类药物，就容易引起鸡维生素 B 或维生素 K 缺乏。应密切注意并及时纠正不良反应。

2. 饮水给药　饮水给药即把药物溶于饮水中饲喂，是禽用药物最适宜、最方便的途径，这一方法适用于短期投药和紧急治疗投药，特别有利于发病后采食量下降的禽群。但在日常操作中，很多养殖场/户不太注意，为了确保药效快速、安全、有效，应该注意以下三点：

（1）注意药物特性和饮水要求。饮水给药要注意药物必须是水溶性的，要能完全溶解于水。同时，饮用水要清洁，若是用氯消毒的自来水，应先用容器装好露天放置 1～2d，让余氯挥发掉，以免影响药物效果。

（2）注意调药均匀，按量给水。调配药液时，药物要充分溶解并搅拌均匀。保证绝大部分禽只在一定时间内喝到一定量的药物水，一般药水以在 1h 内饮完为好，防止剩水过多，造成饮入禽体内的药物剂量不够。调药时要认真计算不同日龄及禽群大小的供水量，并掌握饮水中的药物浓度，浓度通常以百分比表示。

（3）注意给药前停水，确保药效。为保证禽只饮入适量的药物，用药前要让整个禽群停止饮水一段时间（具体时间视气温而定），一般寒冷季节停饮 4h 左右，气温较高季节停饮 2～3h。经过一定时间的停饮，然后添加对症的带药饮水，不仅能让禽只在一定时间内充分喝到药水，而且治疗效果比较理想。

3. 气雾给药　气雾给药指用药物气雾器械将药物弥散到空气中，让动物通过呼吸作用吸入体内或作用于动物皮肤及黏膜的一种给药方法。气雾给药是家禽有效给药途径之一，它是充分利用家禽独特的气囊功能特性，促进药物增大扩散面积，从而增大药物吸收量。气雾给药时，药物吸收快，作用迅速，节省人力，尤其适用于现代化大型养殖场，但需要一定的气雾设备，且动物舍门窗应能密闭，另外，气雾给药容易诱发呼吸道疾病。气雾给药时应注意以下几点：

（1）药物的特性。并不是所有的药物都可通过气雾途径给药，有刺激性的药物不应通过气雾给药。可应用于气雾途径给药的药物应无刺激性，易溶解于水。若欲使药物作用于肺部，应选用吸湿性较差的药物；而欲使药物作用于上呼吸道，就应选择吸湿性较强的药物。

（2）药物的浓度。在应用气雾给药时，不要随意套用拌料或饮水给药浓度。气雾给药的剂量与其他给药途径的不同，一般以每立方米用多少药物来表示，要掌握气雾的药量，应先计算出动物舍的体积，然后再计算出药物的用量。

（3）气雾颗粒的大小。气雾给药时，雾粒直径大小与用药效果有直接关系。气雾微粒越细，越容易进入肺泡内，但与肺泡表面黏着力小，容易随呼气排出，影响药效。若微粒过大，则不易进入肺内。要使药物主要作用于上呼吸道，就应选用雾粒较大的雾化器。大量试验证实，进入肺部的微粒直径以0.5～5μm最适宜。

（4）其他因素。如用药时间、动物的呼吸道健康状况等，要综合考虑。

4. 体外用药 主要指为杀死畜禽的体表寄生虫、微生物所进行的体表用药。包括喷洒、喷雾、涂擦和药浴等不同方法。涂擦法适用于畜禽体表寄生虫的驱虫，以及部分体内寄生虫的驱治。其中，药浴是最常用的体外用药方法，主要适用于羊体外寄生虫的驱治，具体方法如下：

（1）药浴器具。药浴一般在药浴池中进行，有条件的地区可用药浴机，羊的数量少时，可用浴槽、浴盆或大缸进行。药浴池一般长10m、宽2m、深1.5m。浴池一端竖直（也可有坡度），另一端有一定坡度，保证羊从竖直端游到另一端时能自动上岸。在药池的出口处砌有滴流台，使羊身上的药液能充分回流到药池内。

（2）药浴时机。药浴最好在剪毛（抓绒）后7～10d进行，如过早，则羊毛太短，羊体上药液沾得少；若过迟，则羊毛太长，药液沾不到皮肤上，都对消灭体外寄生虫和预防疥癣病不利。选择晴朗、无风、温暖的天气，配制好药液，进行药浴。大群药浴前先用小群试浴。

（3）药液要求。药液应按有关使用说明配制并搅拌均匀。药液温度以12～25℃为宜，不宜过冷，防止冷应激。药液用量应根据浴池的大小、羊的品种及个体大小来定。水深以羊进入浴池能没及躯干为宜。

（4）药浴操作。药浴前8h停止喂料，入浴前2h给羊饮足水，以免羊入浴池后吞饮药液。药浴前不可追赶羊群。当羊走近出口时，要将羊头压入药液内1～2次，以防治头部寄生虫。离开药池让羊在滴流台上停留20min，待身上药液滴流入池后，才将羊收容在凉棚或宽敞的厩舍内，免受日光照射，过6～8h后，方可饲喂或放牧。第一次药浴后，隔8～14d再药浴一次。工作人员应戴好口罩和橡胶手套，以防中毒。药浴时间以羊体浴透为宜，一般3～5min，为确定最佳药浴时间，可对第一批药浴后的羊抽检浴透率。

（5）注意事项。应先药浴健康羊，后药浴病羊。公羊、母羊和羔羊要分别入浴，以免混群；母羊怀孕两个月以上，当年羔羊以及有外伤的羊只不药浴；

凡和病羊接触过的牲畜及牧羊犬等也应同时药浴。

5. 注射给药　注射给药是指将无菌药液注入体内，达到预防和治疗疾病的目的。药物吸收快、血药浓度升高迅速、进入体内的药量准确。

皮内注射法用于牛、羊、犬结核菌素变态反应试验，山羊痘和绵羊痘预防接种及马鼻疽菌素皮内试验等。皮下注射法是将药液注射于皮下结缔组织内，注药后 5～10min 呈现作用。凡是易溶解、无刺激性的药品均可皮下注射。

肌内注射法是将药液注射入肌肉内，肌肉内血管多，药液注入后吸收较快，仅次于静脉注射；又因感觉神经较皮下少，疼痛较轻。一般刺激性较强的和较难吸收的药液，如水剂青霉素、维生素 B_1，均可肌内注射。但刺激性很强的药液，如氯化钙、水合氯醛、浓盐水等，都不能作肌内注射。

静脉内注射法是将药液直接注射到静脉血管内的方法，又称为静脉注射法。

腹腔内注射法是利用腹膜毛细血管和淋巴管多、吸收力强的特性，将药液注入腹膜腔内，经腹膜吸收进入血液循环，其药物作用的速度，仅次于静脉注射。小动物可在脐和耻骨前缘连线的中点（或下腹部正中线的旁边）注射为宜，大动物可在左肷部或右肷部进行注射。

三、常用药物及其应用

（一）抗微生物药

1. 青霉素类

（1）青霉素。属窄谱杀菌性抗生素，对大多数革兰氏阳性菌、少数革兰氏阴性菌（巴氏杆菌、脑膜炎双球菌）、放线菌和螺旋体等敏感。应用于炭疽、破伤风、猪丹毒、链球菌病、禽霍乱等病。一般肌内注射，一次量，马、牛每千克体重 1 万～2 万 IU；猪、羊每千克体重 2 万～3 万 IU；禽每千克体重 5 万 IU，2 次/d。

（2）氨苄青霉素。又名氨苄西林，广谱杀菌剂，对大多数革兰氏阳性菌、革兰氏阴性菌、放线菌、螺旋体敏感。应用于仔猪黄痢、仔猪白痢、禽大肠杆菌病、鸡白痢、禽伤寒、猪传染性胸膜肺炎、禽霍乱、鸭传染性浆膜炎等病。内服或肌注均易吸收。内服，一次量，每千克体重 20～40mg，2～3 次/d；注射，一次量，每千克体重 10～20mg，2～3 次/d。

（3）羟氨苄青霉素。商品名阿莫西林，与氨苄西林基本相似，作用比氨苄西林强，尤其是大肠杆菌和沙门氏菌。内服或肌注均易吸收。内服，一次量，每千克体重 10～15mg，2～3 次/d；注射，一次量，每千克体重 4～7mg，2～3 次/d。

2. 头孢菌素类 头孢菌素类又称先锋霉素类，具有杀菌力强、抗菌谱广、毒性小、过敏反应少、对酸和β-内酰胺酶较青霉素稳定等优点。第三代和第四代头孢菌素，对厌氧菌、铜绿假单胞菌作用强。我国目前批准作为兽药使用的有头孢氨苄、头孢噻呋、头孢喹肟等头孢制剂。

（1）头孢氨苄。内服，一次量，每千克体重 10～30mg，2～3 次/d。

（2）头孢噻呋钠。注射，一次量，每千克体重 1～5mg，2～3 次/d。

（3）硫酸头孢喹肟。注射，一次量，每千克体重 1～2mg，1 次/d。

3. 氨基糖苷类

（1）链霉素。抗菌谱较广，主要对结核分枝杆菌和大多数革兰氏阴性杆菌及革兰氏阳性菌有效，对钩端螺旋体、支原体也有效。应用于结核病、鸡传染性鼻炎、畜禽大肠杆菌病、牛出血性败血病、猪肺疫、禽霍乱、布鲁氏菌病、鸡毒支原体感染等病。肌内注射，一次量，家畜每千克体重 10～15mg，家禽每千克体重 20～30mg，2～3 次/d。

（2）卡那霉素。主要用于治疗多数革兰氏阴性杆菌病，如鸡霍乱、雏鸡白痢、猪支原体肺炎、猪萎缩性鼻炎、鸡慢性呼吸道病等。肌内注射，一次量，家畜每千克体重 5～15mg，家禽每千克体重 10～15mg，2～3 次/d。

（3）庆大霉素。本品在氨基糖苷类抗生素中抗菌谱广，抗菌活性最强。对革兰氏阴性菌和革兰氏阳性菌均有较强作用，特别对铜绿假单胞菌及耐药金黄色葡萄球菌的作用最强。此外，对支原体、结核分枝杆菌亦有作用。主要用于治疗耐药金黄色葡萄球菌、副嗜血杆菌、铜绿假单胞菌、大肠杆菌等引起的各种疾病和细菌性腹泻。内服，一次量，每千克体重 5～10mg，2 次/d；注射，一次量，家畜每千克体重 2～4mg，家禽每千克体重 5～7.5mg，2 次/d。

（4）丁胺卡那霉素。又名阿米卡星，抗菌谱较卡那霉素广，与庆大霉素相似，并对耐庆大霉素、卡那霉素的铜绿假单胞菌、大肠杆菌、结核分枝杆菌、变形杆菌等亦有效；对金黄色葡萄球菌亦有较好的作用。主要用于治疗各型大肠杆菌病、铜绿假单胞菌病、禽霍乱、猪肺疫、牛出血性败血病、鸭传染性浆膜炎、沙门氏菌病、猪支原体肺炎、结核病等。肌内注射，一次量，每千克体重 5～7.5mg，2 次/d。

（5）安普霉素。又名阿普拉霉素，抗菌谱广，对革兰氏阴性菌（大肠杆菌、沙门氏菌、变形杆菌等）、革兰氏阳性菌（某些链球菌）、螺旋体、支原体有较好的作用。主要用于治疗幼龄动物的大肠杆菌病、沙门氏菌病、猪痢疾和畜禽的支原体病。内服，一次量，每千克体重 20～40mg，2 次/d；注射，一次量，每千克体重 20mg，2 次/d。

4. 大环内酯类

（1）红霉素。窄谱、快效抑菌剂，对革兰氏阳性菌有较强的抗菌作用，对部分革兰氏阴性菌（如布鲁氏菌、巴氏杆菌）、立克次氏体、钩端螺旋体、衣原体、支原体等也有抑制作用。主要用于治疗耐青霉素的革兰氏阳性菌感染、畜禽支原体感染等。内服，一次量，每千克体重 10～20mg，2 次/d；静脉注射，一次量，家畜每千克体重 3～5mg，犬、猫每千克体重 5～10mg，2 次/d。

（2）泰乐菌素。对革兰氏阳性菌、螺旋体、支原体和一些阴性菌有抑制作用，对支原体的抑制作用强。主要用于治疗慢性呼吸道病、鸡传染性鼻炎、猪传染性胸膜肺炎等。混饮，禽每升水 500mg，猪每升水 200～500mg，连用 3～5d；混饲，禽每千克饲料添加 4～50mg，猪每千克饲料添加 10～100mg。

（3）替米考星。对革兰氏阳性菌、某些革兰氏阴性菌、支原体、螺旋体均有抑制作用，尤其是胸膜肺炎放线杆菌、巴氏杆菌及畜禽支原体。主要用于治疗家畜肺炎（胸膜肺炎放线杆菌、巴氏杆菌、支原体等感染引起）、鸡慢性呼吸道病等。混饮，禽每升水 100～200mg，连用 5d；混饲，猪每千克饲料 200～400mg，连用 7d；皮下注射，一次量，牛、猪每千克体重 10～200mg，1 次/d。

5. 四环素类

（1）土霉素。广谱抑菌剂。除对革兰氏阳性菌和阴性菌有作用外，对立克次氏体、衣原体、支原体、螺旋体、放线菌和某些原虫（如球虫）亦有抑制作用。主要用于治疗猪肺疫、猪支原体肺炎、猪传染性胸膜肺炎、猪附红细胞体病、禽霍乱、布鲁氏菌病、大肠杆菌病、坏死杆菌病、球虫病、泰勒虫病、钩端螺旋体病等。内服，一次量，家畜每千克体重 10～25mg，家禽每千克体重 25～50mg，2～3 次/d，连用 3～5d；注射，一次量，家畜每千克体重 5～10mg，1～2 次/d，连用 2～3d。

（2）四环素。抗菌作用与土霉素相似，但对革兰氏阴性菌作用较好。内服，一次量，家畜每千克体重 10～25mg，家禽每千克体重 25～50mg，2～3 次/d，连用 3～5d；静脉注射，一次量，家畜每千克体重 5～10mg，2 次/d，连用 2～3d。

（3）金霉素。抗菌作用与土霉素相似。内服，一次量，家畜每千克体重 10～25mg，2 次/d。

（4）多西环素（强力霉素）。抗菌活性较土霉素、四环素强。内服，一次量，家畜每千克体重 3～5mg，犬、猫每千克体重 5～10mg，家禽每千克体重

15～25mg，1次/d，连用3～5d。

6. 林可胺类

（1）林可霉素。商品名洁霉素，抗菌谱与大环内酯类相似。对革兰阳性菌如葡萄球菌、溶血性链球菌和肺炎球菌等有较强的抗菌作用，对某些厌氧菌（破伤风梭菌、产气荚膜芽孢梭菌）、支原体也有抑制作用；对革兰氏阴性菌无效。主要用于治疗金黄色葡萄球菌、链球菌、厌氧菌的感染，以及猪和鸡的支原体病。内服，一次量，牛每千克体重6～10mg，猪、羊每千克体重10～15mg，犬、猫每千克体重15～25mg，鸡每千克体重20～30mg，1～2次/d；肌内注射，一次量，猪每千克体重10mg，犬、猫每千克体重10～15mg，2次/d，连用3～5d。

（2）克林霉素。抗菌谱与林可霉素相同，抗菌效力较林可霉素强4～8倍。内服或肌内注射，一次量，每千克体重5～15mg，2次/d。

7. 氯霉素类

（1）甲砜霉素。为氯霉素的同类药物，属于广谱抑菌药物。用于治疗畜禽肠道、呼吸道等细菌性感染，如禽大肠杆菌病、禽伤寒、禽副伤寒、坏死性肠炎、支原体病等；仔猪黄痢、白痢、猪肠炎、猪胸膜肺炎、猪链球菌病等。混饮，用量按产品说明书使用。

（2）氟甲砜霉素。商品名为氟苯尼考，为兽医专用氯霉素类的广谱抗菌药，可用于包括各种革兰氏阳性、阴性菌和支原体等感染。敏感菌包括牛、猪的嗜血杆菌、痢疾志贺氏菌、沙门氏菌、大肠杆菌、肺炎球菌、流感杆菌、链球菌、金黄色葡萄球菌、衣原体、钩端螺旋体、立克次氏体等。口服或注射，按不同剂型产品说明书使用。

（二）化学合成抗菌药

1. 磺胺药 磺胺药具有品种多、抗菌谱广、用法简便、性质稳定、便于长期保存等许多优点。全身感染时，宜选用肠道吸收类药物；肠道感染时，宜选用肠道难吸收类药物；治疗创伤烧伤时，宜选用外用磺胺药，尤其是铜绿假单胞菌感染时，选用磺胺嘧啶银（SD-Ag，烧伤宁）最好；泌尿道感染，首选乙酰化低的药物，如磺胺间甲氧嘧啶（SMM）。磺胺药钠盐水溶液呈强碱性，忌与酸性药（如维生素B、维生素C、青霉素、四环素类、氯化钙、盐酸麻黄素等）混合应用。

外用本类药物时，应彻底清除创面的脓汁、黏液和坏死组织等，以免影响疗效。幼畜禽、杂食或肉食动物使用磺胺类时，宜与碳酸氢钠同服，以碱化尿液，同时充分饮水，增加尿量，促进排出。蛋鸡产蛋期禁用；肝肾功能不全、少尿、脱水、酸中毒、休克的动物慎用或不用。

2. 抗菌增效剂　抗菌增效剂不仅自身具有抗菌作用，还能增强磺胺药和多种抗生素的疗效。国内常用甲氧苄氨嘧啶（TMP）和二甲氧苄氨嘧啶（DVD，即敌菌净）两种抗菌增效剂。抗菌谱广，对多种革兰氏阳性菌及阴性菌均有抗菌活性，其中较敏感的有溶血性链球菌、葡萄球菌、大肠杆菌、变形杆菌、巴氏杆菌和沙门氏菌等。TMP 内服、肌注，吸收迅速而完全；DVD 内服在胃肠道内的浓度较高，故用作肠道抗菌增效剂比 TMP 好。TMP 与磺胺异噁唑（SMD）、磺胺间甲氧嘧啶（SMM）、磺胺甲基异噁唑（SMZ）、磺胺嘧啶（SD）、磺胺二甲基嘧啶（SM2）、磺胺喹噁啉（SQ）等磺胺药按 1∶5 合用，或 TMP 与抗生素（如青霉素、红霉素、庆大霉素、四环素类、多黏菌素等）按 1∶4 合用，主要用于治疗敏感菌引起的呼吸道、泌尿道感染及蜂窝织炎、腹膜炎、乳腺炎、创伤感染等，亦用于治疗幼畜肠道感染、猪萎缩性鼻炎、猪传染性胸膜肺炎、禽大肠杆菌病、鸡白痢、鸡传染性鼻炎等。DVD 常与 SQ 等合用（商品名复方敌菌净），主要防治禽、兔球虫病及畜禽肠道感染等。

3. 喹诺酮类

（1）恩诺沙星。动物专用广谱杀菌药，对支原体有特效。对大肠杆菌、沙门氏菌、巴氏杆菌、克雷伯菌、变形杆菌、铜绿假单胞杆菌、嗜血杆菌、波氏杆菌、丹毒杆菌、金黄色葡萄球菌、链球菌、化脓棒状杆菌等均敏感。对耐泰乐菌素的支原体亦有效。主要用于治疗细菌与细菌的混合感染、严重感染、细菌与支原体的混合感染、病毒病的继发感染等，尤其用于各种动物的支原体病及乳腺炎的治疗。内服，一次量，家畜每千克体重 2.5～5mg，禽每千克体重 5～7.5mg，2 次/d，连用 3～5d；肌内注射，一次量，牛、羊、猪每千克体重 2.5mg，犬、猫、兔每千克体重 2.5～5mg，1～2 次/d，连用 2～3d。

（2）环丙沙星。广谱杀菌药。对革兰氏阴性菌、阳性菌的抗菌活性均较强。此外，对厌氧菌、支原体、铜绿假单胞菌亦有较强的抗菌作用。主要用于全身各系统的感染，对消化道、呼吸道、泌尿生殖道、皮肤软组织感染及支原体感染等均有良效。内服，一次量，家畜每千克体重 5～15mg，2 次/d；混饮，禽每升水 25～50mg；肌内注射，一次量，家畜每千克体重 2.5mg，禽每千克体重 5mg，2 次/d。

（3）达氟沙星。又名单诺沙星，广谱杀菌药。对犊牛溶血性巴氏杆菌和多杀性巴氏杆菌、支原体、猪胸膜肺炎放线杆菌和猪肺炎支原体、鸡大肠杆菌、多杀性巴氏杆菌、鸡毒支原体等均有较强的作用。主要用于治疗牛巴氏杆菌病、猪传染性胸膜肺炎、猪支原体肺炎、禽大肠杆菌病、禽霍乱、鸡毒支原体感染等。混饮，禽每升水 25～150mg；肌内注射，一次量，家畜每千克体重 1.25～2.5mg，1 次/d。

4. 硝基咪唑类

（1）甲硝唑。商品名灭滴灵，对大多数专性厌氧菌具有较强的作用，包括拟杆菌属、梭状芽孢杆菌属、产气荚膜梭菌、粪链球菌等；还有抗滴虫和阿米巴原虫的作用。主要用于治疗外科手术后厌氧菌感染、肠道和全身的厌氧菌感染、猪痢疾、阿米巴痢疾、毛滴虫病等。本品易进入中枢神经系统，为脑部厌氧菌感染的首选药物。混饮，禽每升水 500mg，连用 7d；内服，一次量，家畜每千克体重 60mg，犬每千克体重 25mg，1～2 次/d；静脉注射，一次量，牛每千克体重 10mg，1 次/d，连用 3d。

（2）二甲硝咪唑。商品名地美硝唑，具有广谱抗菌和抗原虫作用，不仅能抗厌氧菌、链球菌、葡萄球菌和密螺旋体，且能抗组织滴虫、纤毛虫、阿米巴原虫等。主要用于治疗猪痢疾、禽组织滴虫病、肠道和全身的厌氧菌感染等。混饲，禽每千克饲料 80～500mg，猪每千克饲料 200～500mg。产蛋鸡禁用。

（三）抗病毒药

目前临床使用的抗病毒药主要有吗啉胍与干扰素等。许多中草药，如茵陈、板蓝根、大青叶等也可用于某些病毒感染性疾病的防治。

（1）吗啉胍。商品名病毒灵，广谱抗病毒药。主要用于鸡传染性支气管炎、鸡传染性喉气管炎、鸡痘、禽流感等的防治。混饮，每升水 100mg，连用 3d。

（2）干扰素。如猪白细胞干扰素，可用于防治禽类传染性支气管炎、传染性喉气管炎、鸭瘟、鸭病毒性肝炎、小鹅瘟、传染性法氏囊病等病毒性疾病。混饮或注射，按产品说明书使用。

四、给药剂量与疗程

1. 给药剂量 群体给药时药物剂量计算一般按百分比、万分比浓度计算。百分比浓度表示将饲料或饮水质量作为 100，所用药物占的比例。万分比浓度即将饲料或饮水质量作为10 000，所用药物占的比例。个体给药时，通常按体重给药，即按每千克体重用药量为单位，乘以动物体重（以 kg 为单位），计算出每头动物的一次用药量。

2. 给药疗程　适当的给药时间及给药间隔是保证防治效果、维持血药浓度稳定、避免药物毒害的必要条件。预防或治疗时用药量要足，疗程要够，一般 3～5d 为一疗程，最长不超过 7d。疗程的长短应视病情而定，应根据规定疗程给药。另外，疗程长短还应根据药物毒性大小而定。

第三节　驱虫技术

一、驱虫方案的制订

首先要根据当地寄生虫的流行特点和感染途径选择有效驱虫时间。注意驱虫时要统一对同群所有畜禽（吃奶的除外）同时投药，新购进畜禽先隔离观察一段时间后进行一次驱虫再合群。一般在 11～12 月进行一次驱虫，这期间牛羊体质好，抵抗力强，驱虫后感染机会少。在 4～5 月再进行一次驱虫，这时牧草已返青，驱虫后牛羊精神好，贪吃，利于抓膘，且牛羊毛已剪掉，可有效驱除体内外寄生虫。

驱虫前要先做小群驱虫试验，肯定药效和安全性后再进行驱虫。对包虫，最好用手术摘除。驱除线虫，以敌百虫为佳；驱除肝片吸虫、肺丝虫以抗蠕敏为佳；驱除疥螨等体外寄生虫以螨净为佳。要同时驱除胃肠道线虫、蛔虫、肺丝虫和体外寄生虫，阿维菌素为首选（要彻底杀灭体外寄生虫，需间隔 7d 再次投药，也可在首次用阿维菌素后用螨净淋浴）。

驱虫药物要定期更换，以防寄生虫产生耐药性，一般每 2 年更换一次。驱虫后对畜禽应加强护理和观察，防止中毒和驱虫引起的其他并发症，及时对症治疗。

二、驱虫药物的选择

1. 驱线虫药

（1）伊维菌素。高效、广谱的大环内酯类抗寄生虫药，对线虫、昆虫和螨均有驱杀作用。用于防治马、牛、羊、猪、犬、鸡消化道和呼吸道线虫，犬、猫钩口线虫，犬恶丝虫，牛、羊、猪、犬、猫、兔螨病等。此外，对蜱、虱、蝇类及蝇类蚴等也有好的驱杀效果。皮下注射，一次量，猪每千克体重 0.3mg，牛、羊每千克体重 0.2mg，用 1 次。

（2）阿维菌素。作用、应用、用法与用量基本同伊维菌素。

（3）左旋咪唑。又名左咪唑，广谱、高效、低毒的驱线虫药，主要用于牛、羊、猪、禽、犬、猫胃肠道线虫和肺线虫病的治疗。此外，左旋咪唑还具有免

疫调节功能。内服、皮下和肌内注射，一次量，牛、羊、猪每千克体重 7.5mg，犬、猫每千克体重 10mg，禽每千克体重 25mg，可间隔 7～10d 再用 1 次。

（4）阿苯达唑。又名丙硫咪唑，商品名肠虫清，对线虫、绦虫和吸虫均有驱除作用。用于防治各种畜禽的线虫病，如各种畜禽的蛔虫病、鸡异刺线虫病、血矛线虫病、肺线虫病、肾虫病等；绦虫病，如猪囊尾蚴、猪细颈囊尾蚴病、鸡赖利绦虫病等；各种吸虫病，如牛羊肝片吸虫病、猪姜片吸虫病、血吸虫病等；也可用于防治猪旋毛虫病。内服，一次量，牛、羊每千克体重 10～15mg，猪每千克体重 5～10mg，犬每千克体重 25～50mg，禽每千克体重10～20mg，用 1 次。

2. 驱绦虫药

（1）吡喹酮。广谱驱绦虫药、抗血吸虫药和驱吸虫药，对多数成虫、幼虫都有效。主要用于防治血吸虫病，也用于绦虫病和囊尾蚴病。内服，一次量，牛、羊、猪每千克体重 10～35mg，犬、猫每千克体重 2.5～5mg，禽每千克体重 10～20mg，用 1 次。

（2）氯硝柳胺。商品名灭绦灵，氯硝柳胺驱绦虫范围广，对马裸头绦虫、牛羊莫尼茨绦虫、鸡绦虫以及反刍动物前后盘吸虫等均有高效，对犬、猫绦虫也有明显驱杀作用。此外，氯硝柳胺还能杀死钉螺（血吸虫中间宿主）。内服，一次量，牛每千克体重 40～60mg，羊每千克体重 60～70mg，犬、猫每千克体重 80～100mg，禽每千克体重 50～60mg，用 1 次。

3. 驱吸虫药

（1）硝氯酚。又名拜耳 9015，是牛、羊肝片吸虫较理想的驱虫药，具有高效低毒、用量小的特点，对前后盘未成熟的虫体也有较强的杀灭作用。内服，一次量，黄牛每千克体重 3～7mg，水牛每千克体重 1～3mg，羊每千克体重 3～4mg，猪每千克体重 3～6mg，用 1 次。深层肌内注射，一次量，牛、羊每千克体重 0.5～1mg，用 1 次。

（2）硝硫氰胺。我国于 1975 年合成，故代号 7505，本品对各型血吸虫都有强烈的杀虫作用。内服，一次量，牛每千克体重 60mg。

（3）硝硫氰醚。新型广谱驱虫药，主要用于治疗血吸虫病、肝片吸虫病、弓首蛔虫病、猪姜片吸虫病、各种带绦虫病等。内服，一次量，牛每千克体重 30～40mg，猪每千克体重 15～20mg，犬、猫每千克体重 50mg，禽每千克体重 50～70mg，用 1 次。牛瓣胃注射，一次量，每千克体重 15～20mg。

4. 抗球虫药

（1）马杜拉霉素。商品名加福、抗球王等，抗球虫谱广，对柔嫩艾美耳球虫、毒害艾美耳球虫效果较好。主要用于预防鸡球虫病。混饲，鸡每千克饲料5mg，休药期5～7d。

（2）莫能霉素。又名牧宁霉素、瘤胃素，抗球虫谱广，对柔嫩艾美耳球虫、毒害艾美耳球虫等常见鸡球虫效果较好。主要用于预防鸡球虫病。混饲，每千克饲料90～110mg，鸡休药期5d。

（3）盐霉素。能杀灭多种鸡球虫，但对巨型艾美耳球虫和布氏艾美耳球虫作用弱。主要用于预防禽球虫病。混饲，禽每千克饲料5mg，休药期5d。

（4）海南霉素。对鸡球虫疗效好，对革兰氏阳性菌也有较好效果，并能提高饲料利用率。混饲，禽每千克饲料5～10mg。

（5）二硝托胺。商品名球痢灵，对多种球虫有抑制作用。主要用于预防和治疗畜禽球虫病。混饲，每千克饲料中，预防用125mg，治疗用250mg。

（6）氨丙啉。对各种鸡球虫有效，对柔嫩艾美耳球虫和堆型艾美耳球虫效果最好。主要用于治疗鸡球虫病。混饲，每千克饲料中，治疗用250mg，连用3～5d。

（7）氯羟吡啶。此药物对各种鸡球虫有效，对柔嫩艾美耳球虫效果最好。主要用于预防禽球虫病。混饲，每千克饲料中，预防用125mg。

（8）地克珠利。属三嗪类广谱抗球虫药，高效、低毒。对各种禽球虫有效，临床上用于预防和治疗畜禽各种球虫病。混饲，禽每千克饲料1mg；混饮，禽每升水0.5～1mg。

（9）托曲珠利。属三嗪类广谱抗球虫药，高效、低毒。对各种禽球虫有效。临床上用于预防和治疗禽各种球虫病。混饲，禽每千克饲料50mg；混饮，禽每升水25mg，连用3～5d。

（10）磺胺喹噁啉（SQ）。对各种禽球虫有效。与氨丙啉或TMP有协同作用，临床上主要用于治疗禽各种球虫病。SQ＋TMP：混饮，治疗按每升水300～500mg，连用3d，休药期10d。

（11）磺胺氯吡嗪。对各种球虫有效。临床上主要用于治疗鸡、兔球虫病。混饮，治疗鸡球虫按每升水300～500mg，连用3d；内服，治疗兔球虫按每千克体重5mg，1次/d，连用10d。

（12）常山酮。又名卤夫酮，广谱抗球虫药，对各种球虫有效。作用于第1代和第2代裂殖体，与其他抗球虫药无交叉耐药性。临床上主要用于预防和治疗鸡、兔球虫病。混饲，每千克饲料中，预防用3mg，治疗用6mg。

5. 抗梨形虫药（抗焦虫药）

（1）三氮脒。又名贝尼尔、血虫净，对锥虫、梨形虫、附红细胞体均有效。临床上主要用于治疗家畜巴贝斯虫病、泰勒虫病、伊氏锥虫病、附红细胞体病等。肌内注射，一次量，马每千克体重3～4mg，牛、羊、猪每千克体重3～5mg，犬每千克体重3.5mg，1次/d，连用3d。

（2）双脒苯脲。新型防治梨形虫的药物，对家畜巴贝斯虫病和泰勒虫病均有预防和治疗作用。毒性较小，但部分动物会出现类似抗胆碱酯酶作用的不良反应，小剂量阿托品可缓解。肌内注射，一次量，马每千克体重2.2～5mg，牛、羊每千克体重1～2mg，犬每千克体重6mg，14d后再用1次。

6. 抗锥虫药

（1）萘磺苯酰脲。又名那加诺、苏拉明，对马、牛、骆驼的伊氏锥虫有效。静脉、皮下、肌内注射，一次量，马每千克体重10～15mg，牛每千克体重15～20mg，骆驼每千克体重8.5～17mg，7d后再用1次。

（2）安锥赛。又名喹嘧胺，抗锥虫谱广，对伊氏锥虫和马媾疫锥虫最有效。主要用于治疗马媾疫，马、牛、骆驼的伊氏锥虫病。皮下、肌内注射，一次量，马、牛、骆驼每千克体重4～5mg。

7. 杀虫药

（1）二嗪农。新型有机磷杀虫、杀螨剂，有触毒、胃毒，无内吸毒作用。外用效果佳，可杀虱、螨、蜱。羊药浴，配成0.025%的溶液；牛药浴，配成0.062 5%的溶液；牛、羊喷淋，配成0.06%的溶液；猪喷淋，配成0.025%的溶液。

（2）倍硫磷。是一种速效、高效、低毒、广谱的杀虫药。是防治牛皮蝇蛆的首选药物。可配成0.25%溶液喷淋。

（3）溴氰菊酯。商品名敌杀死，本品对虫体有触毒、胃毒，无内吸毒作用。外用可杀虱、螨、蚊蝇；药浴，配成0.001 5%的溶液；喷淋，配成0.003%的溶液。

（4）双甲脒。为合成广谱杀虫药，具有毒性小、高效、作用慢、妊娠及泌乳动物可用等特点。对蜱、螨、虱、蝇都有杀灭作用。配成0.025%～0.05%的溶液，进行药浴、喷淋或涂擦。

三、驱虫方法

1. 驱虫前检查 检查并记录动物的感染情况，包括临诊症状，检测体内寄生虫（卵）数。根据动物种类和寄生虫种类不同，选择并确定驱虫药的种类及用量。

2. 药物配制 多数驱虫药不溶于水，一般需配成混悬液，或加入淀粉、面粉或细玉米面调成糊状后给药。

3. 给药方法 家禽多为群体给药（饮水或喂饲），如用喂饲法给药时，先按群体体重计算好总药量，将总量驱虫药混于少量半湿料中，然后均匀地与日粮混合，拌于饲槽中饲喂。

四、驱虫效果检查

动物驱虫效果既可以通过对比驱虫前后的发病率与死亡率、营养状况、临诊表现、生产能力等进行效果评定，也可通过计算虫卵减少率与转阴率、驱虫率等评定驱虫效果。

1. 虫卵减少率 虫卵减少率为动物服药后粪便内某种虫卵数与服药前的虫卵数相比所下降的百分率。其公式为：

$$\text{虫卵减少率}=\frac{\text{投药前 1g 粪便内含某种蠕虫虫卵数}-\text{投药后虫卵数}}{\text{投药前 1g 粪便内含某种蠕虫虫卵数}}\times 100\%$$

2. 虫卵转阴率 虫卵转阴率为投药后动物的某种蠕虫感染率较之投药前感染率下降的百分率。公式如下：

$$\text{虫卵转阴率}=\frac{\text{投药前某种蠕虫感染率}-\text{投药后该蠕虫感染率}}{\text{投药前某种蠕虫感染率}}\times 100\%$$

为了比较准确地评定驱虫效果，驱虫前后粪便检查所用器具、粪样数量以及操作方法要完全一致，同时驱虫后粪便检查时间不宜过早（一般为 10～15d），以避免出现人为的误差。通常应在驱虫前后各检 3 次。

3. 粗计驱虫率 粗计驱虫率也称为驱净率，是投药后驱净某种蠕虫的动物头数与驱虫前感染动物头数相比的百分率。公式如下：

$$\text{粗计驱虫率}=\frac{\text{投药前动物感染头数}-\text{投药后动物感染头数}}{\text{投药前动物感染头数}}\times 100\%$$

4. 精计驱虫率（驱虫率） 精计驱虫率也称为驱虫率，是实验动物投药后驱除某种蠕虫平均数与对照动物体内平均虫数相比的百分率。公式如下：

$$\text{精计驱虫率}=\frac{\text{对照动物体内平均虫数}-\text{实验动物投药后体内平均虫数}}{\text{对照动物体内平均虫数}}\times 100\%$$

为准确评定药效，在投药前应进行粪便检查，根据粪便检查结果（感染强度大小）搭配分组，使对照组与试验组的感染强度相接近。

第四节 养殖场化验室生物安全

随着养殖业的发展，规模化和集约化程度有了进一步提高，同时疾病也随

之变得越来越复杂，预防和诊疗难度进一步提高。根据临床经验很难对发病动物做出及时准确的诊断，必须借助兽医化验室的精确检测，才能对疫病进行确诊。大型养殖场建立自己的化验室，有助于监控畜禽健康状况，做到防患于未然，对一般疾病做出初步甚至最终诊断，是非常必要和重要的。养殖场自建的化验室虽然对审批和计量资质认证不做过多要求，但在建设和运营过程中必须确保检测人员与检测操作防护和对环境无害化的生物安全。

一、化验室建设生物安全要求

1. 化验室场地选址要求　养殖场化验室，选址应在非生产区的下风方向，处于排污设施的下游，要尽量减少对周围环境的影响，建立在一个相对独立（建有屏障或缓冲区）或封闭的区域。确保化验室的污水、废弃物中可能存在的病原微生物、寄生虫不会造成对养殖场的二次污染。同时，化验室必须保证持续的电力和水的供应，以保证化验室仪器设施、设备正常启动和运转。

2. 化验室的布局要求　化验室基本的建筑设施必须包括准备室、解剖室、病原检测室、血清学实验室、样品保存室、无菌室、档案室等，有条件的可以增加分子生物学室、仪器室等。染病动物首先在解剖室剖检，采集组织病料、血样及微生物样品后，到病原检测室、血清学实验室进行病原诊断或者血清学检测；暂未检测或已经检测完成的样品，可以标识后分区存放于样品室；需要进行无害化高温消毒处理的样品或者器械，在准备室操作；采样工具或实验器械消毒和洗涤也在准备室完成；无菌室主要进行微生物或病毒的检测及培养。

3. 化验室的建造要求　化验室的门宜带锁；各室入口及功能区要求有明显标识，如有危险区域（高温高压或病菌）则在明显位置设立警告标识；每个功能室均设置洗手池，宜设置在靠近出口处；各功能室要求地面平整、防滑、易清洁、不渗水，墙面光滑，实验台面耐化学品的腐蚀和防水，门窗密闭性良好；应设置实施各种消毒方法的设施，如高压灭菌锅、化学消毒装置等对废弃物进行处理；应有专门放置生物废弃物的容器；必要时应设置洗眼装置；安装生物安全柜时，注意房间的通风和排风，不会导致生物安全柜超出正常参数运行。生物安全柜应远离门，远离能打开的窗，远离行走区，远离其他可能引起风压混乱的设备，保证生物安全柜气流参数在有效范围内。

二、化验室生物安全防护

1. 化验室安全设备及人员防护

（1）化验室应配备必要的生物安全柜或其他物理抑制设备并正确使用，以二级以上（含二级）生物安全柜为宜。

（2）当必须在生物安全柜外处理微生物时，需采取面部保护措施如眼镜、口罩、面罩或其他防溅装置。

（3）在化验室内工作必须使用专用的防护性外衣或制服。人员到非化验室区域（如休息室、门房）时，防护服必须留在实验室。防护服可以在实验室内处理，也可以在洗衣房中洗涤。

（4）可能接触潜在传染源、被污染的实验台表面或设备时，需戴手套。当检测工作结束时或手套破损时，应摘除手套。一次性手套不用清洗、不能重复使用。脱掉手套后，要洗手。

（5）可能产生致病微生物气溶胶或出现溅出的操作包括离心、剧烈震荡或混匀、开启装有传染源的容器（容器内部的压力可能与大气压不一致）均应在生物安全柜或其他物理抑制设备中进行，并使用个体防护设备。若选用真空采血管或带安全罩的离心杯，则离心可在开放室内进行，而采血管或离心杯须在生物安全柜中打开或在离心机中静置 30min 后打开。

2. 化验室安全制度建设和操作规程

（1）化验室入口须贴上生物危险标志，注明生物安全级别、负责人姓名和电话、进入化验室的特殊要求及离开化验室的程序。

（2）生物安全程序由化验室负责人专门保管及监督执行，工作人员在进入化验室之前要阅读规范并按照规范要求操作。

（3）进入化验室，应穿不露脚趾的鞋，长发束起。选用适合的安全防护设施，选择、佩戴适合的手套及保护衣服。

（4）工作过程中禁止非工作人员进入实验室。禁止在工作区饮食、吸烟、处理隐形眼镜、化妆及储存食物。

（5）以移液器吸取液体，禁止口吸。接触微生物或含有微生物的物品后，脱掉手套后和离开化验室前要洗手。

（6）应当假设所有处理的样本都带有传染性病原体并采取最谨慎的防护措施，处理标本漏出及打开瓶盖时，须佩戴口罩或眼罩，以免样本溅进口、鼻、眼内及面部。

（7）操作可产生生物危害气溶胶的步骤时，尽量要在生物安全柜中进行；操作具有强酸、强碱、腐蚀性、挥发性、爆炸性的化学危险品时，尽量在化学通风橱中进行。

（8）尖锐器具安全操作，禁止用手处理破碎的玻璃器具，使用塑料器材代替玻璃器材，用过的针头禁止折弯、剪断、折断、重新盖帽，禁止用手直接从注射器取下，用过的针头必须直接放入防穿透的容器中，非一次性利器必须放入厚壁容器中并运送到特定区域消毒，最好进行高压消毒。

（9）按照化验室安全规程操作，采用密闭容器装标本，降低标本的溅出和气溶胶的产生。

（10）所有培养物、具有潜在危险性废弃物在运出化验室之前必须在防漏的容器中储存、运输、消毒、灭菌。

（11）工作人员要接受有关的潜在危险知识的培训，掌握预防暴露以及暴露后的处理程序。

（12）每天至少消毒一次工作台面，活性物质溅出后要随时消毒。

（13）离开化验室需要关闭水、电源、开关、加热装置、压缩气体装置等。

三、化验室废弃物、危险品及菌毒种处置管理

1. 化验室废弃物处置 化验室检测产生的废弃物主要包括病原体培养基、标本及被标本污染的手套、口罩、棉球、棉签及纸巾等感染性废弃物；载玻片、玻璃试管、玻璃安瓿、注射器等损伤性废弃物；含氯消毒剂、染色废液等化学性废弃物。上述废弃物应严格按照分类分别置于黄色有警示标识的防渗漏、防破裂、防穿孔的专用垃圾袋/盒中，并贴好标签填写相应废弃垃圾收集处置登记本，再由指定的人员转运至垃圾储存处。微生物培养基、鉴定药敏卡、菌毒株等感染性垃圾移交前需进行预处理（高压灭菌）。血液、血清以及分泌排泄物等标本移交前需用含有效氯2 000mg/L的消毒液浸泡 30min 以上；针头、玻片等损伤性垃圾要放入黄色锐器盒中；化学废物中批量的废弃化学试剂、废弃消毒剂应当交由专门机构处置。

2. 危险品保存和管理

（1）化验室对强酸、强碱、易燃品必须进行专人管理、专室存放、专册登记，保证危险品的使用安全。

（2）存放强酸、强碱、易燃品的仓库，必须做到双人双锁，规范管理，防止非法盗用、挪用。

（3）化验室负责人必须每年组织人员对仓库保存的强酸、强碱、易燃品数量和品种进行一次大点验，对点验情况登记造册，保证库存数量和种类准确、清晰。

（4）化验室工作人员须了解强酸、强碱、易燃品的危害性，在使用时必须做到用多少领多少，在使用完成后必须将剩余物质交还管理员，不得私自扣留。

（5）对已过期或无保存必要地强酸、强碱、易燃品物质，管理人员向实验室负责人提出报废申请，实验室负责人批准后，指定两名以上人员协助并监督管理人员对物品进行销毁，销毁物品必须详细记录数量、品种、销毁时间以及经办人，并由经办人手写签名确认。

（6）强酸、强碱、易燃品的销毁，必须依照国家的有关法律法规，不得随意丢弃或掩埋。销毁时必须注意个人安全，方法科学，以免误伤工作人员。

3. 菌毒种保存和管理

（1）化验室需指定专人负责菌种的保存和生物安全管理工作。根据不同的菌种选择不同的菌种保存方法。试管贴好标签、标记，并建立所保藏的菌（毒）种和生物样本名录清单。保藏的菌（毒）种和生物样本应设立专册（卡），详细记录名称、编号、来源、传代次数等。

（2）对菌种、毒株的操作必须在生物安全柜中进行，要严格按照标准操作规程进行接种。取菌前应做好各项准备工作，取出后要做到人、菌同室，保证安全，接种后立即密封，置于上锁的低温冰箱存放。

（3）一旦发现污染或可能污染必须立即进行消毒处理，并报告上级。

（4）化验室不对毒株进行保存，若发现毒株要连同标本一律高压灭菌后焚烧处理。

（5）化验室须建立菌（毒）种和生物样本的销毁制度，销毁保存的菌（毒）种和生物样本应经化验室负责人批准，并在专册（卡）上注销并注明原因、时间、方法、数量、经办人等。

第六章　畜禽养殖场疫情应急处置

第一节　动物疫情报告

动物疫情指动物疫病发生、流行的情况。动物疫情涉及家畜家禽以及人工饲养、合法捕获的其他动物的饲养、屠宰、经营、隔离、运输等活动。重大动物疫情是指高致病性禽流感等发病率或者死亡率高的动物疫病突然发生，迅速传播，给养殖业生产安全造成严重威胁、危害，以及可能对公众身体健康与生命安全造成危害的情形，包括特别重大动物疫情。新发动物疫病指由已知病原体演变或变异而引起的动物疫病，或者由未知病原体引发的动物疫病，或者国家已经宣布消灭的动物疫病。外来动物疫病指境外存在但境内尚未发现的动物疫病。为规范动物疫情报告、通报和公布工作，加强动物疫情管理，提升动物疫病防控工作水平，农业农村部根据《中华人民共和国动物防疫法》《重大动物疫情应急条例》等法律法规规定，于 2018 年 6 月发布了《关于做好动物疫情报告等有关工作的通知》，对我国动物疫情报告、通报和公布工作做了明确要求。

一、疫情报告责任人

《中华人民共和国动物防疫法》第二十六条规定：从事动物疫情监测、检验检疫、疫病研究与诊疗以及动物饲养、屠宰、经营、隔离、运输等活动的单位和个人，发现动物染疫或者疑似染疫的，应当立即向当地兽医主管部门、动物卫生监督机构或者动物疫病预防控制机构报告，并采取隔离等控制措施，防止动物疫情扩散。其他单位和个人发现动物染疫或者疑似染疫的，应当及时报告。接到动物疫情报告的单位，应当及时采取必要的控制处理措施，并按照国家规定的程序上报。

二、职责分工

农业农村部主管全国动物疫情报告、通报和公布工作。县级以上地方人民政府兽医主管部门主管本行政区域内的动物疫情报告和通报工作。中国动物疫病预防控制中心及县级以上地方人民政府建立的动物疫病预防控制机构，承担动物疫情信息的收集、分析预警和报告工作。中国动物卫生与流行病学中心负责收集境外动物疫情信息，开展动物疫病预警分析工作。国家兽医参考实验室和专业实验室承担相关动物疫病确诊、分析和报告等工作。

三、疫情报告

动物疫情报告实行快报、月报和年报。

1. 快报　有下列情形之一，应当进行快报：

（1）发生口蹄疫、高致病性禽流感、小反刍兽疫等重大动物疫情。

（2）发生新发动物疫病或新传入动物疫病。

（3）无规定动物疫病区、无规定动物疫病小区发生规定动物疫病。

（4）二、三类动物疫病呈暴发流行。

（5）动物疫病的寄主范围、致病性以及病原学特征等发生重大变化。

（6）动物发生不明原因急性发病、大量死亡。

（7）农业农村部规定需要快报的其他情形。

符合快报规定情形，县级动物疫病预防控制机构应当在 2h 内将情况逐级报至省级动物疫病预防控制机构，并同时报所在地人民政府兽医主管部门。省级动物疫病预防控制机构应当在接到报告后 1h 内，报本级人民政府兽医主管部门确认后报至中国动物疫病预防控制中心。中国动物疫病预防控制中心应当在接到报告后 1h 内报至农业农村部畜牧兽医局。

快报应当包括基础信息、疫情概况、疫点情况、疫区及受威胁区情况、流行病学信息、控制措施、诊断方法及结果、疫点位置及经纬度、疫情处置进展以及其他需要说明的信息等内容。

进行快报后，县级动物疫病预防控制机构应当每周进行后续报告；疫情被排除或解除封锁、撤销疫区，应当进行最终报告。后续报告和最终报告按快报程序上报。

2. 月报和年报　县级以上地方动物疫病预防控制机构应当每月对本行政区域内动物疫情进行汇总，经同级人民政府兽医主管部门审核后，在次月 5 日前通过动物疫情信息管理系统将上月汇总的动物疫情逐级上报至中国动物疫病预防控制中心。中国动物疫病预防控制中心应当在每月 15 日前将上月汇总分析结果报农业农村部畜牧兽医局。中国动物疫病预防控制中心应当于 2 月 15 日前将上年度汇总分析结果报农业农村部畜牧兽医局。

月报、年报包括动物种类、疫病名称、疫情县数、疫点数、疫区内易感动物存栏数、发病数、病死数、扑杀与无害化处理数、急宰数、紧急免疫数、治疗数等内容。

四、疫病确诊与疫情认定

疑似发生口蹄疫、高致病性禽流感和小反刍兽疫等重大动物疫情的，由县级动物疫病预防控制机构负责采集或接收病料及其相关样品，并按要求将病料样品送至省级动物疫病预防控制机构。省级动物疫病预防控制机构应当按有关防治技术规范进行诊断，无法确诊的，应当将病料样品送相关国家兽医参考实验室进行确诊；能够确诊的，应当将病料样品送相关国家兽医参考实验室作进一步病原分析和研究。

疑似发生新发动物疫病或新传入动物疫病，动物发生不明原因急性发病、大量死亡，省级动物疫病预防控制机构无法确诊的，送中国动物疫病预防控制中心进行确诊，或者由中国动物疫病预防控制中心组织相关兽医实验室进行确诊。

动物疫情由县级以上人民政府兽医主管部门认定，其中重大动物疫情由省级人民政府兽医主管部门认定。新发动物疫病、新传入动物疫病疫情以及省级人民政府兽医主管部门无法认定的动物疫情，由农业农村部认定。

五、疫情通报与公布

发生口蹄疫、高致病性禽流感、小反刍兽疫、新发动物疫病和新传入动物疫病疫情，农业农村部将及时向国务院有关部门和军队有关部门以及省级人民政府兽医主管部门通报疫情的发生和处理情况；依照我国缔结或参加的条约、协定，向世界动物卫生组织、联合国粮食及农业组织等国际组织及有关贸易方通报动物疫情发生和处理情况。

发生人畜共患传染病疫情，县级以上人民政府兽医主管部门应当按照《中华人民共和国动物防疫法》要求，与同级卫生主管部门及时相互通报。

农业农村部负责向社会公布全国动物疫情，省级人民政府兽医主管部门可以根据农业农村部授权公布本行政区域内的动物疫情。

六、疫情举报和核查

县级以上地方人民政府兽医主管部门应当向社会公布动物疫情举报电话，并由专门机构受理动物疫情举报。农业农村部在中国动物疫病预防控制中心设立重大动物疫情举报电话，负责受理全国重大动物疫情举报。动物疫情举报受理机构接到举报，应及时向举报人核实其基本信息和举报内容，包括举报人真实姓名、联系电话及详细地址，举报的疑似发病动物种类、发病情况和养殖场（户）基本信息等；核实举报信息后，应当及时组织有关单位进行核查和处置；核查处置完成后，有关单位应当及时按要求进行疫情报告并向举报受理部门反馈核查结果。

七、其他规定

中国动物卫生与流行病学中心应当定期将境外动物疫情的汇总分析结果报农业农村部兽医局。国家兽医参考实验室和专业实验室在监测、病原研究等活动中，发现符合快报情形的，应当及时报至中国动物疫病预防控制中心，并抄送样品来源省份的省级动物疫病预防控制机构；国家兽医参考实验室、专业实验室和有关单位应当做好国内外期刊、相关数据库中有关我国动物疫情信息的收集、分析预警，发现符合快报情形的，应当及时报至中国动物疫病预防控制中心。中国动物疫病预防控制中心接到上述报告后，应当在 1h 内报至农业农村部兽医局。

第二节　动物疫情调查与分析

通过对动物疫情流行病学调查与分析，以及临诊观察等动物疫情巡查技术的应用，查明病因线索及危害因素，确定疫情可能扩散范围，预测疫情暴发或流行趋势，提出疫情控制措施和建议，并评价其控制措施效果，以达到控制动物疫病的目的，为畜禽安全、健康、生态饲养提供可靠的防控保障。

一、流行病学调查种类

根据流行病学调查对象和目的的不同，一般分为个例调查、流行（或暴发）调查、专题调查。

1. 个例调查　个例调查是指疫病发生以后，对每个疫源地所进行的调查。目的是查出传染源、传播途径和传播因素，以便及时采取措施，防止疫病蔓延。个例调查是流行病学调查与分析的基础。

2. 流行（或暴发）调查　流行调查是指对某一单位或一定地区在短期内突然发生某种疫病很多病例所进行的调查。流行时，由于病畜禽数量较多、疫情紧急，当地动物防疫监督机构接到疫情报告后，应尽快派人赶赴现场，及时进行调查。

3. 专题调查 在流行病学调查中，有时为了阐明某一个流行病学专题，需要进行深入调查，以做出明确的结论。如常见病、多发病和自然疫源性疾病的调查、某病带菌率的调查、血清学调查等，均属于专题调查。流行病学调查的方法近来被广泛应用于一些病因未明的非传染病的病因研究，这类调查具有更为明显的科学研究的性质，因此事先要有严密的科研设计。

二、流行病学调查方法及步骤

调查前，工作人员必须熟悉所要调查的疫病的临床症状和流行病学特征以及预防措施，明确调查的目的，根据调查目的决定调查方法、拟订调查计划，根据计划要求设计合理的调查表。调查的方法与步骤如下：

1. 询问座谈 询问是流行病学调查的一种最简单而又基本的方法，必要时可组织座谈。调查对象主要是畜主。调查结果按照统一的规定和要求记录在调查表上。询问时要耐心细致，态度亲切，边提问边分析，但不要按主观意图作暗示性提问，力求使调查的结果客观真实。询问时要着重问清：疫病从何处传来，怎样传来，病畜是否有可能传染给了其他健畜。

2. 现场调查 现场调查就是对病畜禽周围环境进行实地调查。了解病畜禽发病当时周围环境的卫生状况，以便分析发病原因和传播方式。查看的内容应根据不同疫病的传播途径特点来确定。如当调查肠道疫病时，应着重查看畜禽舍、水源、饲料等场所的卫生状况，以及防蝇灭蝇措施等；调查呼吸道疫病时，应着重查看畜禽舍的卫生条件及接触的密切程度（是否拥挤）；调查虫媒疫病时，应着重查看媒介昆虫的种类、密度、滋生场所以及防虫灭虫措施等，并分析这些因素对发病的影响。

3. 实验室检查 调查中为了查明可疑的传染源和传播途径，确定病畜禽周围环境的污染情况及接触畜禽的感染情况等，有条件时可对有关标本作细菌培养、病毒分离及血清学检查等。

4. 收集有关流行病学资料 包括以下几方面的资料：①本地区、本单位历年或近几年本病的逐年、逐月发病率；②疫情报告表、门诊登记以及过去防治经验总结等；③本单位周围的畜禽发病情况、卫生习惯、环境卫生状况等；④当地的地理、气候及野生动物、昆虫等。

5. 确定调查范围

（1）普查。即某地区或某单位发生疫病流行时，对其畜禽群（包括病畜禽及健康动物）普遍进行调查。如果流行范围不大，普查是较为理想的方法，获得资料比较全面。

（2）抽样调查。即从畜禽群中抽取部分畜禽进行调查。通过对部分畜禽的调查了解某病在全群中的发病情况，以部分估计总体。此法节省人力和时间，运用合适，可以得出较准确的结果。抽样调查的原则是：一要保证样本足够大；二要保证样本的代表性，使每个对象都具有同等被抽到的机会，不带任何主观选择性，这样才能使样本具有充分的代表性。其方法是用随机抽样法。最简单的随机抽样法就是抽签或将全体畜禽群按顺序编号，或抽双数或抽单数，或每隔一定数字抽取一个等方法。若为了了解疫病在各种畜禽群中的发病特点，可用分层抽样，即将全群畜禽按不同的标志，如年龄、性别、使役或放牧等分成不同的组别，再在各组畜禽中进行随机抽样。分层抽样调查所获得的结果比较正确，可以相互比较研究各组发病率差异的原因。

6. 拟定流行病学调查表　流行病学调查表是进行流行病学分析的原始资料，必须有统一的格式及内容。表格的项目应根据调查的目的和疫病种类而定。要有重点，不宜烦琐，但必要的内容不可遗漏。项目的内容要明确具体，不致因调查者理解不同造成记录混乱而无法归类整理。流行病学调查表通常包括以下内容：①一般项目：单位、年龄、性别、使役或放牧、引入时间等；②发病日期、症状、剖检变化、化验、诊断等；③既往病史和预防接种史；④传染源及传播途径；⑤接触者及其他可能受感染者（包括人在内）；⑥疫源地卫生状况；⑦已采取的防疫措施。

三、流行病学调查资料整理

首先将调查所获得的资料做全面检查，看是否完整、准确。若有遗漏项目尽可能予以补查。对一些没有价值的或错误的材料予以剔除，以保证分析结果不致出现偏差。然后根据所分析的目的，将资料按不同的性质进行分组，如畜禽群可按年龄、性别、使役或放牧、免疫情况等进行分组，时间可按日、周、旬、月、年进行分组；地区可按农区、牧区、多林山区、半农半牧区或单位分组。分组后，计算各组发病率，并制成统计表或统计图进行对比，综合分析。流行病学分析中常用的几种统计指标如下。

1. 发病率　发病率指在一定时间内新发生的某种动物疫病病例数与同期该种动物总头数之比，常以百分率表示。“动物总头数”是对该种疫病具有易感性的动物种的头数，特指者例外。“平均”是指特定期内（如 1 月或 1 周）存养均数。

$$发病率=\frac{新发病例数}{同期平均动物总头数}\times 100\%$$

2. 感染率 感染率指在特定时间内，某疫病感染动物的总数在被调查（检查）动物群样本中所占的比例。感染率能比较深入地反映出流行过程，特别是在发生某些慢性传染病，如猪支原体肺炎、结核病、布鲁氏菌病、鸡白痢、鼻疽等时，进行感染率的统计分析，具有重要的实践意义。

$$\text{（某疫病）感染率}=\frac{\text{（调查当时）感染动物数}}{\text{被调（检）查动物总数}}\times 100\%$$

3. 患病率 患病率又称现患率，表示特定时间内，某地动物群体中存在某病新老病例的频率。

$$\text{（某病）患病率}=\frac{\text{（特定时间某病）（新老）患病例数}}{\text{（同期）暴露（受检）动物头数}}\times 100\%$$

4. 死亡率 死亡率指某动物群体在一定时间死亡总数与该群同期动物平均总数之比值，常以百分率表示。

$$\text{死亡率}=\frac{\text{（一定时间内）动物死亡总数}}{\text{该群体动物的平均总数}}\times 100\%$$

5. 病死率 病死率指一定时间内因某病死亡的动物头数与同期确诊为该病的动物总数之比，以百分率表示。

$$\text{病死率}=\frac{\text{某病致死动物头数}}{\text{同期确诊为该病的动物总数}}\times 100\%$$

6. 流行率 调查时，流行率指特定地区某病（新老）感染头数占调查头数的百分率。

$$\text{流行率}=\frac{\text{某病（新老）感染头数}}{\text{被调查动物数}}\times 100\%$$

四、流行病学调查资料分析

（一）分析的方法

1. 综合分析 动物疫病的流行过程受社会因素和自然因素多方面的影响，因此其过程的表现复杂多样。有必然现象，也有偶然现象；有真相，也有假象。所以分析时，应以调查的客观资料为依据，进行全面的综合分析，不能单凭个别现象就片面地得出流行病学结论。

2. 对比分析 对比分析是流行病学分析中常用的重要方法。即对比不同单位、不同时间、不同畜禽群等之间发病率的差别，找出差别的原因，从而找出流行的主要因素。

3. 逐个排除 逐个排除类似于临床上的鉴别诊断。即结合流行特征的分析，先提出引起流行的各种可能因素，再对其逐个深入调查与分析，即可得出结论。

（二）分析的内容

1. 流行特征的分析 主要对发病率、发病时间、发病地区分布和发病畜禽群分布等四个方面进行分析。

（1）发病率的分析。发病率是流行强度的指标。通过对发病率的分析，可以了解流行水平、流行趋势，评价防疫措施的效果和明确防疫工作的重点。如对某畜牧场近几年几种主要传染病的年度发病率的升降曲线进行分析，可以看出在当前几种传染病中，对畜禽群威胁最大的是哪一种，防疫工作的重点应放在哪里。又如分析某传染病历年发病率变动情况，可以看出该传染病发病趋势，是继续上升，还是趋于下降或稳定状态，以此判断历年所采取的防疫措施的效果，有助于总结经验。

（2）发病时间的分析。通常是将发病时间按小时或日、周、旬或月、季（年度分析时）为单位进行分组，排列在横坐标上，将发病数、发病率或百分比排列在纵坐标上，制成流行曲线图，以一目了然地看出流行的起始时间、升降趋势及流行强度，从而推测流行的原因。一般从以下几个方面进行分析：若短时间内突然有大批病畜禽发生，时间都集中在该病的潜伏期范围以内，说明所有病畜禽可能是在同一个时间内，由共同因素所感染。对围绕感染日期进行调查，可以查明流行或暴发的原因。即使共同的传播因素已被消除，但相互接触传播仍可能存在。所以通常有流行的“拖尾”现象，而食物中毒则无，因病例之间不会相互传播。若一个共同因素（如饲料或水）隔一定时间发生两次污染，则发病曲线可出现两个高峰（双峰型），如钩端螺旋体病的流行，即出现两个高峰，这两个高峰与两次降雨时间是一致的，因大雨将含有钩端螺旋体的鼠（或猪）尿冲刷到雨水中，耕畜到稻田耕地而受到感染。若病畜禽陆续出现，发病时间不集中，流行持续时间较久，超过一个潜伏期，病畜禽之间有较为明显的相互传播关系，则通常不是由共同原因引起的，可能畜禽群在日常接触中传播，其发病曲线多呈不规则型。

（3）发病地区分布的分析。将病畜禽按地区、单位、畜禽舍等分别进行统计，比较发病率的差别，并绘制点状分布图（图上可标出病畜发病日期）。根据分布的特点（集中或分散），分析发病与周围环境的关系。若病畜在图上呈散在性分布，找不到相互联系的关系，说明可能有多种传播因素同时存在；如果病畜禽呈集中分布，局限在一定范围内，说明该地区可能存在一个共同传播因素。

(4) 发病畜禽群分布的分析。按病畜禽的年龄、性别、役别、匹（头）数等，分析某病发病率，可以阐明该病的易感动物和主要患病对象，从而可以确定该病的主要防疫对象。同时结合病畜禽发病前的使役情况及饲养管理条件可以判断传播途径和流行因素。如某单位在一次钩端螺旋体病的流行中，发病的畜群均在3周前有下稻田使役的经历，而未下稻田的畜群中，无一动物发病，说明接触稻田疫水可能是传播途径。

2. 流行因素的分析 将可疑的流行因素，如畜禽群的饲养管理、卫生条件、使役情况、气象因素（温度、湿度、雨量）、媒介昆虫的消长等，与病畜禽的发病曲线结合制成曲线图，进行综合分析，可提示两者之间的因果关系，找出流行的因素。

3. 防疫效果的分析 防疫措施的效果，主要表现在发病率和流行规律的变化上。一般来说，若措施有效，发病率应在采取措施后，经过一个潜伏期的时间就开始下降，或表现为流行季节性的消失，流行高峰的削平。如果发病率在采取措施前已开始下降，或措施一开始发病立即下降，则不能说明这是措施的效果。在评价防疫效果时，还要分析以下几点：①对传染源的措施，包括诊断的正确性与及时性、病畜禽隔离的早晚、继发病例的多少等；②对传播途径的措施，包括对疫源地消毒、杀虫的时间、方法和效果的评价；③对预防接种效果的分析，可对比接种组与未接种组的发病率，或测定接种前后体内抗体的水平（免疫监测）。通过对防疫措施效果的分析，总结经验，可以找出薄弱环节，不断改进。

五、临诊观察的基本程序

利用问、视、触、叩、听、嗅等临床诊断方法，对畜禽进行直接观察和系统检查，根据检查结果和收集到的症状、资料，综合判断其健康状况和疾病的性质。该法是疫病诊断中最基本、最简便易行的方法，也是疫病监测临诊观察的重要方法。

临诊观察的基本程序包括病畜禽登记、问诊及发病情况调查、流行病学调查、临床检查、一般辅助或特殊检查。

对于某些具有特征性症状的典型病例，通过临诊观察一般可以确诊。但应当指出，临诊观察具有一定的局限性，如对发病初期特征性症状尚不明显的病例和非典型病例，则临诊观察难以确诊，只能提出可疑疫病的大致范围，必须配合其他方法进行诊断。在临诊观察时，要收集发病动物群表现的所有症状，进行综合分析判断，不能单凭少数病例的症状轻易下结论，并要注意与类症鉴别。

1. 登记病畜禽基本情况　病畜禽登记的内容包括：畜主的姓名、住址，动物的种类、品种、用途、性别、年龄、毛色等。通过登记，一方面可了解病畜禽的个体特征，另一方面对疫病的诊断也可提供帮助。因为动物的种类、品种、用途、性别、年龄、毛色不同，对疾病的抵抗力、易感性、耐受性等都有较大差异。

2. 问诊及发病情况调查

（1）询问发病时间。据此可推断是急性或慢性病，是否继发其他病。

（2）了解发病的主要表现。如采食、饮水、排粪情况，有无腹痛、腹泻、咳嗽等，现在有何变化，借以弄清楚疾病的发展情况。

（3）调查本病是否已经治疗。如果已经治疗，询问用的是什么药，剂量如何，处置方法怎么样，效果如何。借此可弄清是否因用药不当使病情复杂化，同时可对再用药提供参考。

3. 流行病学调查

（1）调查是否属于传染病。调查过去是否患过同样的病，附近畜禽有无同样的病，有无新引进畜禽，发病率和死亡率如何，据此可了解是否属于传染病。

（2）调查卫生防疫情况。是否因卫生较差、防疫不当或失败而造成疾病的流行。

（3）调查其他情况。了解饲养管理、使役情况，以及繁育方式和配种制度等。

4. 临床检查　临床检查包括以下几方面内容。

（1）一般检查。包括全身状况观察（包括精神状态、营养状况、体格发育、姿势和运步等）、三项指标测定（包括体温测定、呼吸数测定、脉搏数测定等）、被毛和皮肤检查（包括被毛、羽毛、皮肤等性状的检查）、可视黏膜检查（主要检查可视黏膜色泽等）、体表淋巴结检查（主要检查体表淋巴结有无肿大）。

（2）系统检查。包括消化系统、呼吸系统、心血管系统、泌尿生殖系统以及神经系统等检查。

5. 一般辅助或特殊检查　主要包括实验室检查（血液、粪便、尿液的常规化验，肝功能化验等）、心电图检查、超声探查、同位素检查、直肠检查、组织器官穿刺液检查等。

第三节　动物尸体剖检及病料采集、包装与送检

通过对发病畜禽或尸体的病理剖检，监测其病理变化，为疫病的临床诊断提供技术支撑，同时，通过对发病畜禽或尸体的病料采集及运送，为疫病的实验室诊断提供可靠的材料保障。

一、畜禽尸体剖检

（一）尸体剖检的准备

1. 剖检的时间　尸体剖检除特殊情况下，最好在白天进行，以正确地反映脏器固有的颜色；剖检尸体越早越好。

2. 剖检场地的选择　剖检场地应坚实、平整、不渗透，便于清洗、消毒，防止病原扩散。最好在有一定设备条件的室内进行剖检。如在野外剖检，要选择比较偏僻的，远离居民点、动物饲养场、水源、畜禽群、草地、交通要道的干燥地方，挖一个深坑，深度视尸体大小而定，坑边铺上干草或塑料布等垫物，把尸体放在上面剖检。剖检完后，将尸体连同垫物推入坑中掩埋或焚烧。

3. 剖检器械　剖检常用器械有剥皮刀、解剖刀、外科刀、镊子、斧子、锯子等。

4. 消毒液　剖检常用消毒液有0.1%新洁尔灭溶液或3%来苏儿溶液、4%氢氧化钠溶液、2%碘酊、75%酒精等。

5. 尸体的运送　搬运尸体时，应防止其排泄物、分泌物泄漏地面，要用不透水的密闭容器运送。对传染病尸体应用浸有消毒液的棉花或纱布等将尸体天然孔及穿透创进行堵塞或包扎，并用消毒药液喷洒尸体体表。使用后的运送工具要严密消毒或掩埋。

6. 剖检人员的防护准备　剖检人员应准备好工作服、橡皮手套、胶靴、口罩、护目镜等；在手臂上涂上凡士林油以保护皮肤，防止感染；剖检中如术者手或其他部位不慎损伤时，应立即消毒或包扎；如有血液或渗出物溅入眼或口内，应用2%硼酸水冲洗。

（二）畜禽尸体剖检术式

首先，进行外部检查，检查和记录尸体来源、病史、症状、治疗经过，检

查尸体体表特征，可视黏膜有无出血、充血、瘀血、溃疡、外伤等，尸体姿势、尸冷、尸僵、尸斑、尸腐，腹部有无臌气，天然孔有无异物，分泌物和排泄物的性质等。对怀疑死于炭疽的病尸，禁止解剖。

其次，进行内部检查，通常包括剥皮、皮下检查、体腔剖开、内脏器官摘出及器官检查四个步骤。

1. 猪的剖检术式　猪的剖检一般不剥皮，通常采取背卧（仰卧）式。

（1）打开腹腔。

①第一刀自剑状软骨后方沿腹壁正中线向后直切至耻骨联合的前缘。

②第二、三刀分别从剑状软骨沿左右肋软骨弓后缘至腰椎横突，作弧形切线，两线均切透，至此，腹腔即打开。

（2）摘出腹腔脏器。

①首先检查腹腔脏器位置、腹水量、颜色等。

②接着在横膈膜处双重结扎并切断食管、血管。

③在骨盆腔处双重结扎并切断直肠。

④将整个腹腔脏器一并取出，边取边切断脊椎下的肠系膜韧带。

⑤分离并做双重结扎，分别取下胃、十二指肠、回肠、空肠、盲肠和结肠、肝脏等。

⑥于腰部脊柱下取出肾脏。

⑦观察骨盆腔脏器的位置及有无异常变化。

⑧锯开耻骨和坐骨，一并取出骨盆腔脏器、肛门和公畜阴茎。

（3）打开胸腔及摘出胸腔脏器。

①先切除胸廓两侧的肌肉，用刀或剪沿左右两侧肋软骨和肋骨结合处切断或剪断，切断胸肌和胸膜。

②切断肋骨与胸椎的连接，打开胸腔。

③切开下颌皮肤和皮下脂肪，向后剥离颌下及颈下部肌肉组织，暴露出支气管、食管。

④切断胸腔内的韧带，并切断舌骨，将舌、咽、喉、气管等连同心、肺一起取出。

（4）内脏器官的检查。

①由表及里用眼观、手触及刀割等方法，有系统地、重点进行检查。

②观察各脏器及附近的淋巴结的大小、形状、色泽、硬度。

③分段全面观察胃、肠、膀胱有无病理变化。

④寄生虫检查材料应在检查脏器时收集。

2. 鸡的尸体剖检术式 一般登记和体表检查与猪基本相同。

（1）先将羽毛用水或消毒水浸湿，以免绒毛及尘土扬起。未死的病鸡可采用心脏注射空气的方法致死。

（2）尸体取背卧位，将两侧大腿与腹壁相连处的皮肤与疏松结缔组织切开，用力按压两大腿，使之脱臼，使背卧位更平稳，便于操作。

（3）打开胸、腹腔。横切胸骨末端后方皮肤，与两侧大腿的竖切口连接，剥离皮肤，充分暴露整个胸腹的皮下组织和肌肉，剪断肋骨和乌喙骨，把胸骨向前外翻，露出胸、腹腔。

（4）观察脏器位置、胸水和腹水的状况等。

（5）切断食管，将腺胃、肌胃、肝、脾、肠管及肛门一同取出。

（6）从口腔下剪，剪开一侧喙角及颈部皮肤肌肉，打开口腔，切断舌骨，将舌、喉、食管、嗉囊、气管等从颈部剥离下来。

（7）用刀柄进行钝性分离，把肾、肺、心脏取出，将卵巢和输卵管或睾丸一起取出。

（8）用骨剪剪开鼻腔，检查鼻腔及其内容物。

（9）剪开头部皮肤，打开头骨，检查脑部。

（10）脏器检查的一般方法与其他动物脏器的检查基本相同。

3. 牛的尸体剖检术式 牛的躯体重而大，有大容量的瘤胃，故剖检牛尸体时，应取左侧卧位。

（1）剥皮。由下颌角开始沿腹正中线纵切开皮肤，直至脐部，分成两切线绕开生殖器或乳房，再吻合于尾根下。沿四肢内侧中线切开四肢皮肤，至系（跗）关节下作环形切线，沿上述各线剥下全身皮肤，边剥边观察皮下组织的变化。

（2）截肢。沿肩胛骨环形切线，切断所有的肌肉、血管和神经，最后将前肢向背侧牵引，即可取下前肢。沿股骨大转子环行切割其肌肉和韧带，当大转子周围的肌肉被大部切除后，将后肢向背侧牵引，切脱关节即可取下后肢。

（3）胸、腹、骨盆腔脏器的摘出。牛胸、腹、骨盆腔打开的切线、脏器摘出和观察与猪的基本相同，在脏器摘出时，先由胃开始，找到十二指肠进行双重结扎，在其中间切断，将整个胃取出。然后再以双重结扎，分离取出全部肠管及其他脏器。

二、畜禽脏器的常见病理变化

（一）出血

破裂性出血时，如流出的血液蓄积于组织间隙或器官的被膜下，形成肿块并压挤周围组织，称为血肿；如血液流入体腔，则称为腔出血或腔积血（如胸腔积血、心包积血等）。渗出性出血时，常因发生的原因和部位不同而有所差异。常见有以下几种形态：

1. 点状出血　多呈粟粒大至高粱米大，弥漫性散布，见于浆膜、黏膜及肝、肾等器官的表面。如马传染性贫血病马舌下点状出血、鸡新城疫病鸡腺胃出血（彩图 6-1）等。

2. 斑状出血　形成绿豆大、黄豆大或更大的密集血斑。如鸭病毒性肝炎肝脏出血（彩图 6-2）。

3. 出血性浸润　血液弥漫浸透于组织间隙，出血局部呈整片暗红色，在肾脏、膀胱发生渗出性出血时，有时见到血尿。当机体有全身性渗出性出血倾向时，称为出血性素质。如最急性型猪肺疫咽喉部出血性浆液性浸润。

（二）梗死

1. 贫血性梗死　主要是动脉阻塞的结果，常发生于脾、肾、心、脑等处。由于梗死区缺血，加上梗死区的细胞蛋白凝固等，故梗死区呈苍白色。由于肾、脾的血管呈树枝状分布，因而梗死灶位于脏器的边缘时，切面上多呈三角形或楔形，尖端指向被阻塞的血管，梗死灶与周围分界清楚，常有充血、出血带包围。

2. 出血性梗死　常见于脾、肺、肠，梗死灶因有出血而呈暗红色。肠系膜血管有丰富的吻合支，肺内动脉不仅吻合支多且有支气管动脉的双重支配，因而个别动脉阻塞并不引起梗死。只有在动脉阻塞的同时，又伴有严重的静脉瘀血时，由于局部静脉压升高可阻止动脉吻合支的血流，并妨碍侧支循环的建立，从而发生梗死，进而淤积在静脉和毛细血管内的血液亦随血液的自溶而泛滥于梗死区内，形成出血性梗死。如猪瘟脾脏的出血性梗死。

（三）坏死

局部组织或细胞的死亡称为坏死，是一种不可恢复的病理过程。如禽霍乱的肝脏有灰白色坏死灶，但并不是所有的坏死都是病理现象，有的是生理现象，如表皮的死亡脱落，白细胞的不断破坏等。

（四）结石

凡在排泄或分泌器官的管腔或囊腔内，有机成分或无机盐类由溶解状态变为固体物质的过程称为结石形成，所形成的固体物称为结石。结石多见于胃、肠、胰腺排泄管、胆囊、胆管、肾盂、膀胱和尿道中。如鸡传染性法氏囊病、鸡肾型传染性支气管炎的肾结石、牛胆结石、马肠结石等。

（五）黄疸

由于胆红素形成过多或排泄障碍导致大量胆红素蓄积在体内，使皮肤、黏膜、浆膜及实质器官等染成黄色，称为黄疸。如梨形虫病、钩端螺旋体病、马传染性贫血、附红细胞体病、胆道蛔虫等均可引起皮肤、黏膜、浆膜等黄染。

（六）水肿

1. 体积增大 水肿器官组织由于组织内滞留多量水肿液，致使体积增大，结构致密的组织体积肿胀多不明显。

2. 紧张度的改变 发生水肿的组织，紧张度增加，弹性减少，因而指压留有压痕，而且压痕消失很慢，这种表现以皮肤浮肿时最为明显。

3. 颜色的改变 发生水肿的组织，由于组织内积聚大量的无色液体，并压迫血管，故组织多贫血而呈苍白色。

4. 切面的改变 切开水肿组织时，切面高度湿润，往往有透明感，有透明无色或淡黄色液体自切口流出，用手挤压流出的液体增多，组织疏松，间质增宽。

三、病料样品的种类

病料样品指取自动物或环境、拟通过检验反映动物个体、群体或环境有关状况的材料或物品。病料样品的种类繁多，主要包括血液样品、脏器样品、分泌物及排泄物样品等。

1. 血液样品 血液样品分两类，一类是添加抗凝剂，制备的血液样品为全血；另一类是不添加抗凝剂，制备的血液样品为血清。

2. 脏器样品 脏器样品包括心、肝、脾、肺、肾、淋巴结、扁桃体、皮肤、肠管、脑、脊髓等。

3. 分泌物及排泄物样品 这类样品包括泄殖腔拭子、咽喉拭子、鼻腔拭子、胆汁、唾液、乳汁、粪便、水疱液、眼分泌物、尿液、胸水、腹水、心包液和关节囊液等。

4. 其他样品 包括骨骼、胎儿、生殖道样品（胎儿、胎盘、阴道分泌物、阴道冲洗液、阴茎包皮冲洗液、精液、受精卵）、胃肠内容物等。

四、采样前的准备

采样指按照规定的程序和要求，从动物或环境取得一定量的样本并经过适当的处理，留作待检样品的过程。做好采样前的各项准备工作是采样成功的基础。

1. 采样人员　采样人员应熟悉动物防疫的有关法律规定，具备一定的专业技术知识，熟练掌握采样工作程序和采样操作技术。采样前，应做好个人安全防护准备（穿戴手套、口罩、一次性防护服、鞋套等，必要时戴护目镜或口罩）。

2. 采样工具和器械　应根据所采集样品种类和数量的需要，选择不同的采样工具、器械及容器等，并进行适量包装。采样工具和盛样器具应洁净、干燥，且应做灭菌处理：刀、剪、镊子、穿刺针等用具应经高压蒸汽（103.43kPa）或煮沸灭菌 30min 或经 160℃干烤 2h 灭菌；或置于 1%～2%碳酸氢钠水溶液中煮沸 10～15min 后，再用灭菌纱布擦干，无菌保存备用。注射器和针头应放于清洁水中煮沸 30min，无菌保存备用；也可使用一次性针头和注射器。

3. 保存液　应根据所采集样品的种类和要求，准备不同类型并分装成适量的保存液，如 PBS 缓冲液、30%甘油磷酸盐缓冲液、灭菌肉汤（pH7.2～7.4）和运输培养基等。

4. 记录用品　记录用品有不干胶标签、签字笔、圆珠笔、记号笔、采样单、记录本等。

五、采样应遵循的一般原则

1. 先排除后采样　凡发现急性死亡的动物，怀疑患有炭疽时，不得解剖，应先针刺死畜鼻腔或尾根部静脉抽取血液，进行血液抹片镜检，在确定不是炭疽后，方可解剖采样。

2. 合理选择采样方法　应根据采样的目的、内容和要求合理选择样品采集的种类、数量、部位与抽样方法。样品数量应满足流行病学调查和生物统计学的要求。诊断或被动监测时，应选择症状典型或病变明显或有患病征兆的畜禽、疑似污染物；在无法确定病因时，采样种类应尽量全面。主动监测时，应根据畜禽日龄、季节、周边疫情情况估计其流行率，确定抽样单元。在抽样单元内，应遵循随机采样原则。

3. 采样时限　采集病死动物的病料，应于动物死亡后 2h 内采集。无法完成时，夏天不得超过 6h，冬天不得超过 24h。

4. 无菌操作 采样过程应注意无菌操作，刀、剪、镊子、器皿、注射器、针头等采样用具应事先严格灭菌，每种样品应单独采集。

5. 尽量减少应激和损害 活体动物采样时，应避免过度刺激或损害动物，也应避免对采样者造成危害。

6. 生物安全防护 采样人员应加强个人防护，严格遵守生物安全操作的相关规定，严防人兽共患病感染；同时，应做好环境消毒以及动物或组织的无害化处理，避免污染环境，防止疫病传播。

六、血液样品的采集

（一）采血方法

1. 耳静脉采血 适合猪、兔等动物，同时样品要求量比较小的检验项目。操作步骤：①将猪、兔站立或横卧保定，或用保定器具保定。②耳静脉局部按常规消毒处理。③一人用手指捏压耳根部静脉血管处，使静脉充盈、怒张（或用酒精棉反复局部涂擦以引起其充血）。④术者用左手把持耳朵，将其托平并使采血部位稍高。⑤右手持连接针头的采血器，沿静脉管使针头与皮肤呈 15°角，由远心端向近心端刺入血管，见有血液回流后放松按压，缓慢抽取血液或接入真空采血管。图 6-1 为猪耳静脉采血示意图，图 6-2 为兔耳静脉采血示意图。

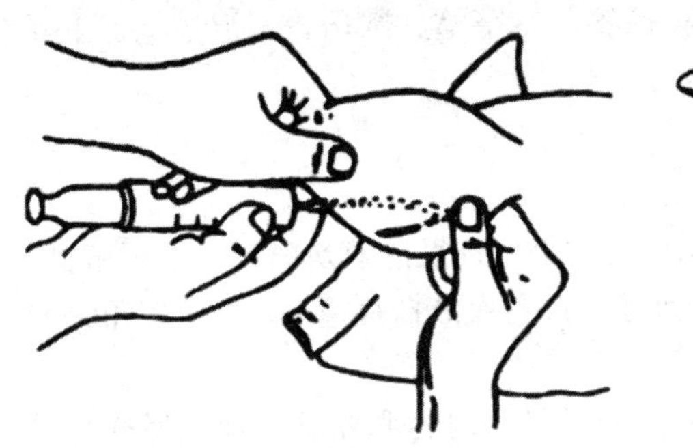

图 6-1　猪耳静脉采血示意

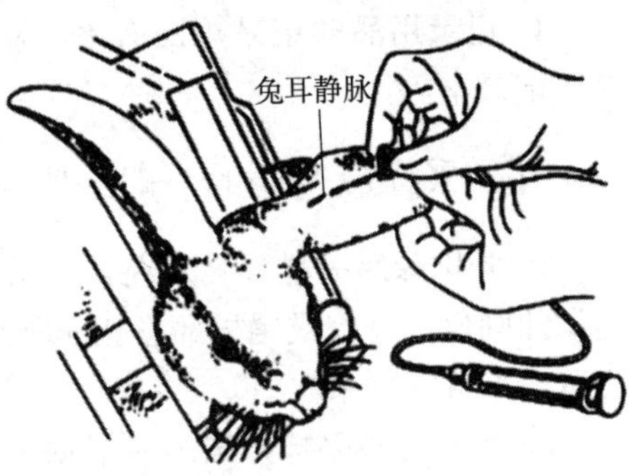

图 6-2　兔耳静脉才学示意

2. 颈静脉采血 适合马、牛、羊等大家畜。能满足常见的检测项目的要求。

（1）操作步骤。①保定好动物，使其头部稍前伸并稍偏向对侧。②对颈静脉局部进行剪毛、消毒。③看清颈静脉后，术者用左手拇指在采血部位稍下方（近心端）压迫静脉血管，使之充盈、怒张。④右手持采血针头，沿颈静脉沟与皮肤呈 45°角，由下向上方迅速刺入血管，如见回血，即证明已刺入；使针头后端靠近皮肤，以减小其间的角度，近似平行地将针头再伸入血管内 1～2cm。⑤撤开压迫脉管的左手，让血液流入采血容器。采完后，以酒精棉球压迫局部并拔出针头，再以 5%碘酊进行局部消毒。彩图 6-3 为羊颈静脉采血。彩图 6-4 为马颈静脉采血。

（2）注意事项。①采血完毕，立即用酒精棉球压迫采血部位止血。酒精棉球压迫前要挤净酒精，防止酒精刺激引起流血过多。②牛、水牛的皮肤较厚，颈静脉采血刺入时应用力并瞬时刺入，见有血液流出后，将针头送入采血管中，即可流出血液。

3. 牛尾静脉采血　将牛尾上提，在离尾根 10cm 左右中点凹陷处（彩图 6-5），将采血器针头垂直刺入约 1cm，见有血液回流时，即把针芯向外拉使血液流入采血器或接入真空采血管。

4. 前腔静脉采血　多用于猪只的采血，适合于大量采血用。操作步骤：①仰卧保定，把前肢向后方拉直（彩图 6-6、彩图 6-7）。②选取胸骨端与耳基部的连线上胸骨端旁 2cm 的凹陷处，消毒。③用装有 20 号针头的注射器刺入消毒部位，针刺方向为向后内方与地面呈 60°角刺入 2～3cm，当进入约 2cm 时可一边刺入一边回抽针管内芯；刺入血管时即可见血液进入管内，采血完毕，局部消毒。大猪一般采用前肢立式保定，拴系猪的上颚，保定人向上提拉保定绳，使猪头颈上扬与水平面呈 30°以上角度，偏向一侧，充分暴露前腔静脉区（彩图 6-8、彩图 6-9），选择颈部最低凹处，使针头偏向气管约 15°方向进针，见有血液回流时，即把针芯向外拉使血液流入采血器或接入真空采血管。

5. 心脏采血　适合禽类、家兔等个体比较小的动物的采血。

（1）家兔心脏采血操作步骤。①确定心脏的生理部位。家兔的心脏部位约在胸前由下向上数第三与第四肋骨间。②选择用手触摸心脏搏动最强的部位，去毛消毒。③将稍微后拉栓塞的注射器针头由剑状软骨左侧呈 30°～45°刺入心脏，当家兔略有颤动时，表明针头已穿入心脏，然后轻轻地抽取，如有回血，表明已插入心腔内，即可抽血；如无回血，可将针头退回一些，重新插入心腔内，若有回血，则顺心脏压力缓慢抽取所需血量。

（2）禽类心脏采血操作步骤。雏鸡和成年禽类的心脏采血步骤略有差异。

①雏鸡心脏采血。左手抓鸡，右手手持采血针，平行颈椎从胸腔前口插入，回抽见有回血时，即把针芯向外拉使血液流入采血器。

②成年禽类心脏采血。成年禽类采血可取侧卧或仰卧保定。

侧卧保定采血。助手抓住禽两翅及两腿，右侧卧保定，在触及心脏搏动明显处，或胸骨脊前端至背部下凹处连线的 1/2 处消毒，垂直或稍向前方刺入 2～3cm，回抽见有回血时，即把针芯向外拉，使血液流入采血器。

仰卧保定采血。胸骨朝上，用手指压离嗉囊，露出胸前口，用装有长针头的注射器，将针头沿其锁骨俯角刺入，顺着体中线方向水平穿行，直到刺入心脏。

（3）注意事项。①确定心脏部位，切忌将针头刺入肺脏；②顺着心脏的跳动频率抽取血液，切忌抽血过快。

6. 翅静脉采血 适合禽类等有翅膀的动物，多用于家禽、水禽、鹌鹑等的采血。采血量少时多采用该法。注意采血完毕及时压迫采血处止血，避免形成血块。

操作步骤：①侧卧保定禽只，展开翅膀，露出腋窝部，拔掉羽毛，在翅下静脉处消毒；②拇指压迫近心端，待血管怒张后，用装有细针头的注射器，由翼根向翅方向平行刺入静脉，放松对近心端的按压，缓慢抽取血液。或者，从无血管处向翅静脉丛刺入，见有血液回流，即把针芯向外拉使血液流入采血针（彩图 6-10）。

（二）血样的处理

1. 全血样品 样品容器中应加 0.1%肝素钠、阿氏液（1 份血液加 2 份阿氏液）、3.8%～4%枸橼酸钠（1mL 血液添加 0.1mL）或乙二胺四乙酸（EDTA，PCR 检测血样的首选抗凝剂）等抗凝剂，采血后充分混合。

2. 脱纤血样品 应将血液置入装有玻璃珠的容器内，反复震荡，注意防止红细胞破裂。待纤维蛋白凝固后，即可制成脱纤血样品，封存后以冷藏状态立即送至实验室。

3. 血清样品 应将血样室温下倾斜 30°静置 2～4h，待血液凝固有血清析出时，无菌剥离血凝块，然后置 4℃冰箱过夜，待大部分血清析出后即可取出血清，必要时可低速离心（1 000r/min 离心 10～15min）分离出血清，在不影响检测要求原则下，可以根据需要加入适宜的防腐剂，做病毒中和试验的血清和抗体检测的血清均应避免使用化学防腐剂（如叠氮钠、硼酸、硫柳汞等），若需长时间保存，应将血清置－20℃以下保存，且应避免反复冻融。

采集双份血清用于比较抗体效价变化的，第一份血清采于疫病初期并做冷冻保存，第二份血清采于第一份血清后 3～4 周，双份血清同时送至实验室。

4. 血浆样品 应在样品容器内加入抗凝剂，采血后充分混合，然后静止，待红细胞自然下沉或离心沉淀后，取上层液体即为血浆。

七、畜禽活体样品的采集

1. 猪扁桃体样品　固定猪只，用开口器开口（彩图 6-11），可以看到突起的扁桃体，把采样枪枪头钩在扁桃体上，扣动扳机取出扁桃体置于灭菌离心管中，冷藏送检。

2. 猪鼻腔拭子和家禽咽喉拭子样品　取无菌棉签（图 6-3），插入猪鼻腔 2～3cm 或家禽口腔至咽的后部直达喉气管（彩图 6-12），轻轻擦拭并慢慢旋转 2～3 圈，蘸取鼻腔分泌物或气管分泌物取出后，立即将拭子浸入保存液或半固体培养基中，密封低温保存。常用的保存液有 pH7.2～7.4 的灭菌肉汤或 30%甘油磷酸盐缓冲液或 PBS 缓冲液。如准备将待检标本接种组织培养，则保存于含 0.5%乳蛋白水解物的 Hank's 液中，一般每支拭子需保存 5mL。

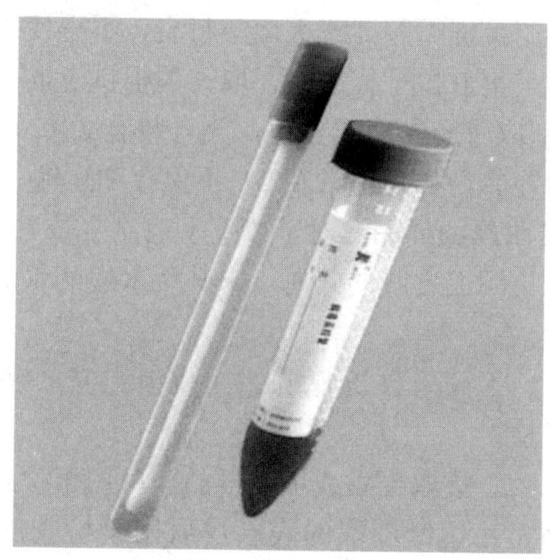

图 6-3　采集管及棉拭子

3. 牛、羊食管-咽部分泌物（O-P 液）采集

①被检动物在采样前禁食（可饮水）12h，以免反刍胃内容物严重污染 O-P 液。采样特制探杯在使用前放入装有 0.2%柠檬酸或 2%氢氧化钠溶液的塑料桶中浸泡 5min，再用自来水冲洗。每采完一头动物，探杯都要进行反复消毒和清洗。

②观察被检动物的吞咽动作。将消毒过的采样探杯用与动物体温一致的清水冲洗。

③采样时动物站立保定，操作者左手打开动物口腔，右手握探杯，随吞咽动作将探杯送入食管上部 10～15cm 处，轻轻来回抽动 2～3 次，然后将探杯拉出。如采集的 O-P 液被反刍内容物严重污染，要用生理盐水或自来水冲洗

口腔后重新采样。在采样现场将采集到的 8～10mL O-P 液，倒入盛有 8～10mL 细胞培养维持液或 0.04mol/L PBS（pH7.4）的灭菌容器中，充分混匀后置于装有冰袋的冷藏箱内，送往实验室或转往－60℃冰箱保存。

4. 胃液及瘤胃内容物样品采集

①胃液样品。胃液可用多孔的胃管抽取。将胃管送入胃内，其外露端接在吸引器的负压瓶上，加负压后，胃液即可自动流出。

②瘤胃内容物样品。反刍动物在反刍时，当食团从食管进入口腔时，立即开口拉住舌头，另一只手深入口腔即可取出少量的瘤胃内容物。

5. 粪便和肛拭子样品

①粪便样品。应选新鲜粪便至少 10g，做寄生虫检查的粪便应装入容器，在 24h 内送达实验室。如运输时间超过 24h 则应进行冷冻，以防寄生虫卵孵化。运送粪便样品可用带螺帽容器或灭菌塑料袋，不得使用带皮塞的试管。

②肛拭子样品。采集肛拭子样品时，取无菌棉拭子插入畜禽肛门或泄殖腔中，旋转 2～3 圈，刮取直肠黏液或粪便，放入装有 30%甘油磷酸盐缓冲液或半固体培养基中送检，粪便样品通常在 4℃下保存和运输。

6. 皮肤组织及其附属物样品 对于产生水疱病变或其他皮肤病变的疾病，应直接从病变部位采集病变皮肤的碎屑，未破裂水疱的水疱液、水疱皮等作为样品。

①皮肤组织样品。无菌采取 2g 感染的上皮组织或水疱皮置于 5mL 30%甘油磷酸盐缓冲液中送检。

②毛发或绒毛样品。拔取毛发或绒毛样品，可用于检查体表的螨虫、跳蚤和真菌感染。用解剖刀片边缘刮取的表层皮屑用于检查皮肤真菌，深层皮屑（刮至轻微出血）可用于检查疥螨。对于禽类，当怀疑为马立克氏病时，可采集羽毛根进行病毒抗原检测。

③水疱液样品。水疱液应取自尚未破裂的水疱。可用灭菌注射器或其他器具吸取水疱液，置于灭菌容器中送检。

7. 生殖道分泌物和精液样品

①生殖道冲洗样品。采集阴道或包皮冲洗液，将消毒好的特制吸管插入子宫颈口或阴道内，向内注射少量营养液或生理盐水，用吸球反复抽吸几次后吸出液体，注入培养液中。用软胶管插入公畜的包皮内，向内注射少量的营养液或生理盐水并多次揉搓，使液体充分冲洗包皮内壁，收集冲洗液注入无菌容器中。

②生殖道拭子样品。采用合适的拭子采取阴道或包皮内分泌物，有时也可

采集宫颈或尿道拭子。

③精液样品。精液样品最好用假阴道挤压阴茎或人工刺激的方法采集。精液样品精子含量要多，不要加入防腐剂，且应避免抗菌冲洗液污染。

8. 脑脊液样品　从颈椎穿刺时，穿刺部位为寰枢孔，动物实施站立保定或横卧保定，使其头部向前下方屈曲，术部经剪毛消毒，穿刺针与皮肤面呈垂直缓缓刺入。将针体刺入蛛网膜下腔，立即拔出针芯，脑脊液自动流出或点滴状流出，盛入消毒容器内。大型动物颈部穿刺一次采集量为35～70mL；从腰椎穿刺时，穿刺部位为腰荐孔，动物实施站立保定，术部剪毛消毒后，用专用的穿刺针刺入，当刺入蛛网膜下腔时，即有脊髓液滴状流出或用消毒注射器抽取，盛入消毒容器内，大型动物腰椎穿刺一次采集量为15～30mL。

9. 乳汁样品　乳房应先用消毒药水洗净，并把乳房附近的毛刷湿，将最初所挤3～4把乳汁弃去，然后再采集10mL左右乳汁于灭菌试管中。进行血清学检验的乳汁不应冻结、加热或强烈震动。

10. 尿液样品　在动物排尿时，用洁净的容器直接接取；也可使用塑料袋，固定在雌畜外阴部或雄畜的阴茎下接取尿液。采取尿液，宜早晨进行。

11. 鼻液（唾液）**样品**　可用棉花或棉纱拭子采取。采样前，最好用运输培养基浸泡拭子。拭子先与分泌物接触1min，然后置入该运输培养基，在4℃条件下立即送往实验室。应用长柄、防护式鼻咽拭子采集某些疑似病毒感染的样品。

八、病死（屠宰）畜禽样品及环境和饲料样品的采集

采取病料时，应根据生前发病情况或对疾病的初步诊断印象，有选择地采取相应病变最严重的脏器或最典型的病变内容物。如分不清病的性质或种类时，可全面采取病料。

1. 一般组织样品　应使用常规解剖器械剥离动物的皮肤，体腔应用消毒器械剥开，所需病料应按无菌操作方法从新鲜尸体中采集，剖开腹腔时，注意不要损坏肠道。

（1）病原分离样品。所采组织样品应新鲜，应尽可能地减少污染，且应避免其接触消毒剂及抗菌、抗病毒等药物。应用无菌器械采取做病原分离用组织块，每个组织块应单独置于无菌容器内或接种于适宜的培养基上，且应注明动物和组织名称以及采样日期等。

（2）组织病理学检查样品。处死或病死动物应立刻采样，以保证样品新鲜。应选典型、明显的病变部位，采集包括病灶及邻近正常组织的组织块，立

即放入不低于10倍于组织块体积的10%中性缓冲福尔马林溶液中固定，固定时间一般为16～24h。切取的组织块大小一般厚度不超过0.5cm，长宽不超过1.5cm×1.5cm，固定3～4h后进行修块，修切为厚度为0.2cm、长宽为1cm×1cm大小（检查狂犬病则需要较大的组织块）后，更换新的固定液继续固定。组织块切忌挤压、刮摸和用水洗。如做冷冻切片用，则应将组织块放在0～4℃容器中，送往实验室检验。福尔马林固定组织不能冷冻，固定后可以弃去固定液，应保持组织湿润，送往实验室。

2. 肠道组织、肠内容物样品

（1）肠道组织样品。应选择病变最明显的肠道部分，弃去内容物并用灭菌生理盐水冲洗，无菌截取肠道组织，置于灭菌容器或塑料袋送检。

（2）肠内容物样品。取肠内容物时，应烧烙肠壁表面，用吸管扎穿肠壁，从肠腔内吸取内容物放入盛有灭菌的30%甘油磷酸盐缓冲液或半固体培养基容器中送检，或将带有粪便的肠管两端结扎，从两端结扎处外侧剪断送检。

3. 脑组织样品 应将采集的脑组织样品浸入30%甘油磷酸盐缓冲液中或将整个头部割下，置于适宜容器内送检。

（1）牛羊脑组织样品。从延脑腹侧将采样勺插入枕骨大孔中5～7cm（采羊脑时插入深度约为4cm），将采样勺手柄向上扳，同时往外取出延脑组织。

（2）犬脑组织样品。取内径0.5cm的塑料吸管，沿枕骨大孔向一只眼的方向插入，边插边轻轻旋转至不能深入为止，捏紧吸管后端并拔出，将含脑组织部分的吸管用剪刀剪下。

4. 眼部组织和分泌物样品 眼结膜表面用拭子轻轻擦拭后，置于灭菌的30%甘油磷酸盐缓冲液（病毒检测加双抗）或运输培养基中送检。

5. 胚胎和胎儿样品 选取无腐败的胚胎、胎儿或胎儿的实质器官，装入适宜容器内立即送检，如果在24h内不能将样品送达实验室，应冷冻运送。

6. 小家畜及家禽样品 将整个尸体包入不透水塑料薄膜、油纸或油布中，装入结实、不透水和防泄漏的容器内，送往实验室。

7. 液体病料样品 采集胆汁、脓、黏液或关节液等样品时，应采用烫烙法消毒采样部位，用灭菌吸管、毛细吸管或注射器经烫烙部位插入，吸取内部液体病料，然后将病料注入灭菌的试管中，塞好棉塞送检。也可将接种环经消毒的部位插入，蘸取病料直接接种在培养基上。

供显微镜检查的脓、血液及黏液抹片的制备方法：先将材料置玻片上，再用一灭菌玻棒均匀涂抹或另用一玻片推抹。用组织块做触片时，持小镊子将组织块的游离面在玻片上轻轻涂抹即可。

8. 环境和饲料样品　环境样品通常采集垃圾、垫草或排泄的粪便或尿液。可用拭子在通风道、饲料槽和下水处采样。这种采样在有特殊设备的孵化场、人工授精中心和屠宰场尤其重要。样品也可在食槽或大容器的动物饲料中采集。水样样品可从饲槽、饮水器、水箱或天然及人工供应水源中采集。

九、采样与剖检的无害化处理

活畜禽、病死畜禽组织样品采集或尸体剖检前后，应做好样品外包装和环境消毒，病死畜禽及其产品、无法达到检测要求的样品做无害化处理。

一般选择在密闭的实验室中进行，如果在野外，剖检与采样前先挖好大而深的坑，一般填入尸体后深度仍不低于1.5m。剖检与采样在坑边进行，检查或采样完的内脏器官随手丢弃坑内，剖检与采样后将尸体和尸垫一起投入坑内，在尸体上撒生石灰或其他消毒药，铲净污染的表层土壤投入坑内，埋好后，对地表进行消毒。

剖检与采样中所用衣物和器材最好直接放入煮锅或手提高压锅内，经灭菌后，方可清洗和处理；解剖器械也可直接放入消毒液内浸泡消毒后，再清洗处理。橡胶手套消毒后，用清水洗净，擦干，撒上滑石粉。金属器械消毒清洁后擦干，涂抹凡士林，以免生锈。

剖检与采样搬运尸体前，须用浸有消毒液的脱脂棉或破布堵塞尸体天然孔，以防液体流出污染环境。对搬运尸体用过的车辆、用具及死畜禽生前接触过的环境进行全面、彻底的消毒。

剖检与采样场地要进行彻底消毒，以防污染周围环境。如遇特殊情况（如高致病性禽流感），检验工作在现场进行，当撤离检验工作点时，要做终末消毒，以保证继用者的安全。

十、病料样品的记录与包装

（一）采样单及标签等的填写

采样时，应清晰标识每份样品，同时在采样记录表上清晰记录采样的相关信息。

采样记录应包括以下内容：疫病发生的地点（如可能记录所处的经度和纬度）、畜（禽）场的地址和畜主的姓名、地址、电话及传真；采样者的姓名、通信地址、邮编、E-mail地址、电话及传真；畜（禽）场里饲养的动物品种及其数量；疑似病种及检测要求；采样动物畜种、品种、年龄和性别及标识号；首发病例及继发病例的日期及造成的损失；感染动物在畜群中的分布情况；农场的存栏数、死亡动物数、出现临床症状的动物数量及其日龄；临床症状及其持续时间，包括口腔、眼睛和腿部情况，产奶或产蛋的记录，死亡时间等；受检动物清单、说明及尸检发现；饲养类型和标准，包括饲料种类；送检样品清单和说明，包括病料的种类、保存方法等；记录动物的免疫和用药情况；采样及送检日期。

采样单应用钢笔或签字笔逐项填写（一式三份），样品标签和封条应用圆珠笔填写，保温容器外封条应用钢笔或签字笔填写，小塑料离心管上可用记号笔做标记。应将采样单和病史资料装在塑料包装袋中，随样品一起送到实验室。

采样单样式见表 6-1。

表 6-1　采样单样式

场　名				级　别	□原种□祖代□父母代□商品代 □散养户□畜禽交易市场		
通信地址					邮　编		
联系人					电　话		
栋　号	畜（禽）名	品　种	日　龄	规　模	采样数量	样品名称	编　号
免疫情况	（免疫程序、时间、疫苗种类、疫苗生产厂家、批号、免疫剂量等）						
临床表现							
既往病史							
其他							
被检单位盖章或签名 年　月　日				采样单位盖章或签名 年　月　日			

（二）包装要求

每个组织样品应仔细分别包装。在样品袋或平皿外贴上标签，标签注明样品名、样品编号和采样日期等，再将各个样品放到塑料包装袋中。拭子样品的小塑料离心管应放在规定离心管塑料盒内。血清样品装于小瓶时应用铝盒盛放，盒内加填塞物避免小瓶晃动。若装于小塑料离心管中，则应置于离心管塑料盒内。包装袋外、塑料盒及铝盒应贴封条，封条上应有采样人的签章，并应注明贴封日期，标注放置方向。对于重大动物疫病如新城疫、口蹄疫、高致病性禽流感、猪瘟和高致病性猪蓝耳病，样品包装应符合我国《高致病性动物病原微生物菌（毒）种或者样本运输包装规范》的要求。

十一、病料样品的保存与运送

1. 样品保存　采集的样品在无法于 24h 内送检的情况下，应根据不同的检验要求，将样品按所需温度分类保存于冰箱、冰柜中。血清应放于－20℃保存，全血应放于 4℃冰箱中保存。供细菌检验的样品应于 4℃保存，或用灭菌后浓度为 30%～50%的甘油生理盐水 4℃保存。供病毒检验的样品应在 0℃以下低温保存，也可用浓度为 30%～50%的灭菌甘油生理盐水 0℃以下低温保存，长时间－20℃冻存不利于病毒分离。

2. 样品运输　所采集的样品以最快最直接的途径送往实验室。如果样品能在采集后 24h 内送抵实验室，则可放在 4℃左右的容器中冷藏运送。对于不能在 24h 内送往实验室但不影响检验结果的样品，应以冷冻状态运送。图 6-4 为一款冷链运输用冷藏采样箱。

图 6-4　冷藏采样箱

要避免样品泄漏。制成的涂片、触片、玻片上应注名编号。玻片应放入专门的病理切片盒中，在保证不被压碎的条件下运送。所有运输包装均应贴上详细标签，并做好记录。运送高致病性病原微生物样品，应按照我国《病原微生物实验室生物安全管理条例》的规定执行。

十二、常用组织样品保存剂的配制

1. 30%甘油生理盐水配制　30 份纯净甘油（一级或二级）、70 份生理盐水，混合后，经高压蒸汽灭菌备用。

2. 50%甘油生理盐水配制 50份纯净甘油、50份生理盐水，混合后，经高压蒸汽灭菌备用。

3. 50%甘油磷酸盐缓冲液配制 纯净甘油50份、磷酸盐缓冲液50份，混合后，经高压蒸汽灭菌备用。

4. 30%甘油缓冲溶液配制 纯净甘油30mL、氯化钠0.5g、磷酸氢二钠1g、0.02%酚红1.5mL、中性蒸馏水100mL，混合后，高压蒸汽灭菌备用。

5. pH7.4的等渗磷酸盐缓冲液（0.01mol/mL，pH7.4，PBS）**配制** 取氯化钠8g、磷酸二氢钾0.2g、磷酸氢二钠2.9g、氯化钾0.2g，按次序加入容器中，加适量蒸馏水溶解后，再定容至1 000mL，调pH至7.4，高压蒸汽灭菌20min，冷却后，保存于4℃冰箱中备用。

6. 棉拭子用抗生素PBS（病毒保存液）**的配制** 取上述PBS液，按要求加入下列抗生素：喉气管拭子所用的PBS液中加入青霉素（2 000IU）、链霉素（2mg）、丁胺卡那霉素（1 000IU）、制霉菌素（1 000IU）。粪便和泄殖腔拭子所用的PBS中抗生素浓度应提高5倍。加入抗生素后应调pH至7.4。在采样前分装小塑料离心管，每管中加这种PBS1.0～1.3mL。采粪便时，在青霉素瓶中加PBS 1.0～1.5mL，采样前冷冻保存。

7. 饱和食盐水溶液 取蒸馏水100mL，加入氯化钠38～39g，充分搅拌溶解后，然后用滤纸过滤，高压蒸汽灭菌备用。

8. 福尔马林溶液 取福尔马林（40%甲醛溶液）10mL加入蒸馏水90mL。常用于保存病理组织学材料。

第四节 患病动物隔离与处理

隔离是控制传染源，防止动物疫病扩散的重要措施之一。将病畜和可疑感染的病畜与健康家畜分别隔离管理，可以防止病原扩散传播，以便将疫情控制在最小范围内加以就地扑灭。发现疑似一类疫病动物时，首先采取隔离措施，不仅要将疑似患病动物进行隔离，而且也要将其同群的动物进行隔离。然后及时进行诊断，采取控制扑灭措施。隔离场所的废弃物，应进行无害化处理，同时，密切注意观察和监测，加强保护措施。

一、隔离的对象和方法

1. 隔离的对象 根据诊断检疫的结果，可将全部受检动物分为患病动物、可疑感染动物和假定健康动物三类，应分别对待。

（1）患病动物。包括有典型症状或类似症状，或其他特殊检查呈阳性的动物。它们是危险性最大的传染源，应选择不易散播病原体、消毒处理方便的场所或房舍进行隔离。如患病动物数量较多，可集中隔离在原来的圈舍里。特别注意严密消毒，加强卫生和护理工作，需有专人看管，并及时进行治疗。隔离场所禁止闲杂人畜出入和接近。工作人员出入应遵守消毒制度。隔离区内的用具、饲料、粪便等，未经彻底消毒处理，不得运出，没有治疗价值的动物，由兽医根据国家有关规定进行处理。

（2）可疑感染动物。指未发现任何症状，但与患病动物及其污染的环境有过明显的接触，如同群、同圈、同槽、同牧，使用共同的水源、用具等的动物。这类动物有可能处在潜伏期，并有排菌（毒）的危险，应在消毒后另选地方将其隔离、看管，限制其活动，详加观察，出现症状的则按患病动物处理。有条件时应立即进行紧急免疫接种或预防性治疗。隔离观察时间的长短，根据该种传染病的潜伏期长短而定，经一定时间不发病者，可取消其限制。

（3）假定健康动物。除上述两类外，疫区内其他易感动物都属于此类。应与上述两类严格隔离饲养，加强防疫消毒和相应的保护措施，立即进行紧急免疫接种，必要时可根据实际情况分散喂养或转移至偏僻牧地。

2. 隔离的方法 在养殖生产中，患病动物隔离可分为临时性隔离和长期性隔离两种。

（1）临时性隔离。临时性隔离在实际工作中应用较为普遍，一般隔离的时间较短。主要用于一些患急性传染病的动物，或是暂时没有得出诊断结论的患病动物及其同群体动物的隔离。在采取扑杀、治疗、消毒等措施扑灭疫情之后一般即可解除隔离。

（2）长期性隔离。长期隔离主要用于慢性传染病的动物。此类患病动物由于所患传染病病程长，一时难以治愈，并因多种原因难以采取扑杀、销毁等措施予以扑灭。因而需要选择适当的地点进行长期隔离，以保证其他动物的安全。

二、隔离检疫场管理

1. 隔离场管理 动物隔离场应有完善的隔离、消毒、检疫、值班等工作制度，管理人员无人兽共患传染病。动物隔离场禁止参观，人员、车辆及物品等未经许可不得进出。严禁非工作人员进入隔离区。工作人员、饲养人员进出隔离区（图 6-5），应更衣、换鞋，经消毒池、消毒通道进出。动物隔离结束后，使用单位应在动物隔离场管理人员指导监督下清洗消毒使用过的隔离舍、场地、用具等。动物隔离场应当保持隔离舍及场内环境清洁卫生，做好灭鼠、防蚊、防蝇、防火、防盗等工作。动物隔离场使用前后，应彻底消毒3次，每次间隔3d，并做好消毒效果的检测；同一隔离舍内，不得同时隔离两批（含）以上的动物；隔离舍两次使用间隔时间至少15d。

图6-5　隔离区

2. 入场动物管理　使用单位应在动物入场前，派人到动物隔离场，在管理人员指导监督下彻底清洗、消毒隔离舍、场地及有关设备、用具等。动物入场运输所使用的车辆、饲料、垫料、排泄物及其他被污染物料等，应在动物运抵隔离场后，在动物隔离场管理人员指导监督下进行清洗、消毒和无害化处理。隔离动物应在管理人员指定分配的隔离舍饲养，未经许可不得擅自调换。发现疑似患病或死亡的动物，应及时报告当地动物卫生监督机构，将患病动物与其他动物进行隔离观察。对患病动物停留过的地方和污染的用具、物品进行消毒。

3. 驻场人员管理　使用单位应当选派畜牧兽医专业人员驻场，负责动物隔离期间的饲养管理等相关工作。驻场人员入场前应做健康检查，无人兽共患传染病。驻场人员应在管理人员指导监督下负责隔离动物的饲养管理，定期清扫、清洗、消毒，保持动物、隔离舍内外和周边环境清洁卫生，并协助采样及其他有关检疫、监测工作。驻场人员不得擅自离开动物隔离场，不得任意进出其他隔离舍，未经管理人员批准不得中途换人。

4. 物料管理　隔离动物所需饲料、牧草、垫料、药物、疫苗及器物等及驻场人员所使用的日常生活用品，不得来自其他饲养场。严禁将肉类、骨、皮、毛等动物产品带入动物隔离场内，未经动物隔离场管理人员同意不得携带任何物品出入。隔离动物的排泄物、垫料及污水须经无害化处理后方可排出动物隔离场外。

5. 隔离检疫　根据不同疫病的潜伏期，实施一定时间的隔离。隔离期满，经检疫合格的隔离动物登记其畜禽标识，凭动物卫生监督机构签发的检疫合格证明放行。检疫不合格的动物按照国家有关规定处理。

6. 隔离记录和报告　检疫人员在动物隔离期间做好隔离观察记录，建立完整的隔离观察记录档案。隔离观察记录包括进场时间、货主姓名、动物种类及数量、畜禽标识编码、持证情况、隔离观察情况、处理情况、采样检测情况等。动物隔离场应定期将工作情况及统计报表上报当地和省级动物卫生监督机构。

第五节　病害动物扑杀与无害化处理

患病动物扑杀以及尸体和相关病害动物产品的无害化处理是快速扑灭重大动物疫情的强制性措施。无论动物的扑杀还是尸体和相关病害动物产品的处理均要防止疫情扩散以及工作人员的感染和环境的污染。

一、扑杀的定义

扑杀是扑灭动物疫病的一项经常运用的强制性措施。其基本的做法是将患有疫病动物，有的甚至包括患病动物的同群动物人为地致死，并予以销毁，以防止疫病扩散，把损失限制在最小的范围内。决定扑杀措施的主体是当地县级以上地方人民政府。扑杀费用由当事人承担，国家另有规定的除外。

二、扑杀与运送前的准备

扑杀前准备是顺利完成扑杀工作的保证。当重大动物疫病呈暴发流行时，往往会因准备不周，导致扑杀过程中缺少物资或人力而耽误扑杀工作的进行。完整的扑杀准备工作应考虑扑杀文件的起草、公布，主要包括应急预案的启动、扑杀令、封锁令等。此外还要考虑扑杀方法、扑杀地点、扑杀顺序、需要的人力和设施、器具、资金。

三、扑杀工作的人力要求

扑杀染疫动物应由动物防疫专业技术人员和能熟练扑杀动物的人员来进行。他们一方面能够鉴别染疫动物，另一方面还熟练掌握扑杀技术。同时还要清楚扑杀会给有关人员带来的影响。扑杀人员的防护要求：一是穿防护服；二是戴可消毒的橡胶手套；三是戴标准口罩；四是戴护目镜；五是穿可消毒的胶鞋；六是扑杀人员在操作完毕后，要严格消毒；七是离开隔离带前将防护衣消毒后销毁。

此外，最好还要请当地政府领导帮助个别畜主及其家人解决因扑杀而产生的心理和精神上的问题，同时还要避免某些养殖户拒绝扑杀、阻挠扑杀工作进行的事件发生。

四、扑杀场地的选择

选择扑杀场地遵循因地制宜原则。重点应考虑下列因素：现场可利用的设施；需要的附属设施和器具；易于接近尸体处理的场地，防止运输过程中染疫动物及其产品的污物流出或病菌经空气散播，导致道路及其周围污染；人身安全；畜主可接受程度；财产损失的可能性；避免公众和媒体的注意。特别是在农村散养户发生疫情需要扑杀时，虽然范围广，但是每户平均后数量少，可以采取就近原则，由养殖户自己挖坑，专业人员鉴定、扑杀并指导无害化处理。

五、扑杀方法的选择

为了“早、快、严”扑灭动物疫情，控制动物疫病的流行和蔓延，促进养殖业发展和保护人们身体健康，采取科学合理、方便快捷、经济实用的扑杀方法，是彻底消灭传染源、切断传播途径最有效的手段。根据动物的大小主要有以下几种方法：

1. 大中型动物的扑杀方法选择

（1）毒药法。可以杀死病畜又可以杀灭病菌，但适用的药物毒性较大，要固定专人保管。

（2）注射法。保定比较困难，要由专业的人员操作。

（3）电击法。比较经济适用，特别是对保定困难的大动物，但该方法具有危险性，需要操作人员注意自身保护。

（4）轻武器击毙法。具有潜在危险，不适用于现场人多的情况。在实际工作中，根据具体情况具体对待。

2. 小型动物的扑杀方法选择

（1）扭颈法。扑杀量较小时采用。根据禽只大小，一只手握住头部，另一只手握住体部，朝相反方向扭转拉抻。

（2）空气致死法。向拟致死的禽只心脏注入一定量空气将其致死，适用于个别禽只的扑杀。

（3）窒息法（二氧化碳法）。二氧化碳致死疫禽是世界动物卫生组织推荐的人道扑杀方法，先将待扑杀禽装入袋中，置入密封车或其他密封容器，通入二氧化碳窒息致死；或将禽装入密封袋中，通入二氧化碳窒息致死，具有安全、无二次污染、劳动量小、成本低廉等特点，在禽流感防控工作中是非常有效的方法。

六、动物尸体和相关动物产品的收集运输

1. 包装要求　包装材料应符合密闭、防水、防渗、防破损、耐腐蚀等要求。包装材料的容积、尺寸和数量应与需处理病死及病害动物和相关动物产品的体积、数量相匹配。包装后应进行密封。使用后，一次性包装材料应作销毁处理，可循环使用的包装材料应进行清洗消毒。

2. 暂存要求　可采用冷冻或冷藏方式进行暂存，防止无害化处理前病死及病害动物和相关动物产品腐败。暂存场所应能防水、防渗、防鼠、防盗，易于清洗和消毒。暂存场所应设置明显警示标识。应定期对暂存场所及周边环境进行清洗消毒。

3. 运输要求　选择专用的运输车辆或封闭厢式运载工具（图 6-6），车厢四壁及底部应使用耐腐蚀材料，并采取防渗措施。运输车辆应加施明显标识，并加装车载定位系统，记录转运时间和路径等信息，驶离暂存、养殖等场所前，应对车轮及车厢外部进行消毒。运输车辆应尽量避免进入人口密集区。若运输途中发生渗漏，应重新包装、消毒后运输。卸载后，应对运输车辆及相关工具等进行彻底清洗、消毒。

图 6-6　病死动物专用收运车

4. 人员防护要求　病死及病害动物和相关动物产品的收集、暂存、装运、无害化处理操作的工作人员应经过专门培训，掌握相应的动物防疫知识。工作人员在操作过程中应穿戴防护服（图 6-7）、口罩、护目镜、胶鞋及手套等防护用具。工作人员应使用专用的收集工具、包装用品、运载工具、清洗工具、消

毒器材等。工作完毕后，应对一次性防护用品作销毁处理，对循环使用的防护用品消毒处理。

5. 记录要求 病死及病害动物和相关动物产品的收集、暂存、装运、无害化处理等环节应建有台账和记录。有条件的地方应保存运输车辆行车信息和相关环节视频记录。暂存环节的接收台账和记录应包括病死及病害动物和相关动物产品来源场（户）、种类、数量、动物标识号、死亡原因、消毒方法、收集时间、经办人员等，运出台账和记录应包括运输人员、联系方式、运输时间、车牌号、病死及病害动物和相关动物产品种类、数量、动物标识号、消毒方法、运输目的地以及经办人员等；处理环节的接收台账和记录应包括病死及病害动物和相关动物产品来源、种类、数量、动物标识号、运输人员、联系方式、车牌号、接收时间及经手人员等。处理台账和记录应包括处理时间、处理方式、处理数量及操作人员等。涉及病死及病害动物和相关动物产品无害化处理的台账和记录至少要保存两年。

图 6-7 穿着防护服的工作人员

七、病死及病害动物尸体无害化处理

为彻底消灭病死及病害动物尸体所携带的病原体，防止动物疫病传播扩散，保障动物产品质量安全，凡是国家规定的染疫动物及其产品、病死或者死因不明的动物尸体，屠宰前确认的病害动物、屠宰过程中经检疫或肉品品质检验确认为不可食用的动物产品，以及其他应当进行无害化处理的动物及动物产品，均应严格按照国家《病死及病害动物无害化处理技术规范》的规定将病死及病害动物尸体通过一系列技术方法进行无害化处理。

所谓无害化处理，是指用物理、化学等方法处理病死及病害动物和相关动物产品，消灭其所携带的病原体，消除危害的过程。无害化处理方法主要包括焚烧法、化制法、高温法、深埋法及化学处理法五种。

（一）焚烧法

焚烧法是指在焚烧容器（图 6-8）内，使病死及病害动物和相关动物产品在富氧或无氧条件下进行氧化反应或热解反应的方法。适用对象为国家规定的染疫动物及其产品、病死或者死因不明的动物尸体，屠宰前确认的病害动物、屠宰过程中经检疫或肉品品质检验确认为不可食用的动物产品，以及其他应当进行无害化处理的动物及动物产品。

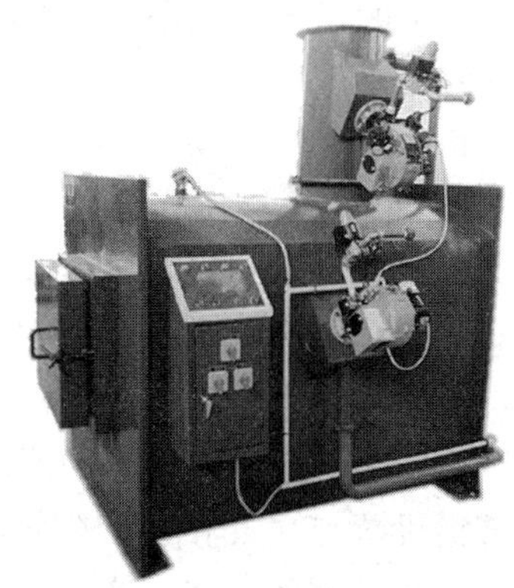

图 6-8　两款养殖场用动物尸体焚化炉

1. 直接焚烧法

（1）技术工艺。

①可视情况对病死及病害动物和相关动物产品进行破碎等预处理。

②将病死及病害动物和相关动物产品或破碎产物，投至焚烧炉本体燃烧室，经充分氧化、热解，产生的高温烟气进入二次燃烧室继续燃烧，产生的炉渣经出渣机排出。

③燃烧室温度应≥850℃。燃烧所产生的烟气从最后的助燃空气喷射口或燃烧器出口到换热面或烟道冷风引射口之间的停留时间应≥2s。焚烧炉出口烟气中氧含量应为6%～10%（以干气计）。

④二次燃烧室出口烟气经余热利用系统、烟气净化系统处理，达到要求后排放。

⑤焚烧炉渣与除尘设备收集的焚烧飞灰应分别收集、贮存和运输。焚烧炉渣按一般固体废物处理或作资源化利用；焚烧飞灰和其他尾气净化装置收集的固体废物需按有关要求作危险废物鉴定，如属于危险废物，则按有关要求处理。

（2）操作注意事项。严格控制焚烧进料频率和重量，使病死及病害动物和相关动物产品能够充分与空气接触，保证完全燃烧。燃烧室内应保持负压状态，避免焚烧过程中发生烟气泄露。二次燃烧室顶部设紧急排放烟囱，应急时开启。烟气净化系统，包括急冷塔、引风机等设施。

2. 炭化焚烧法

（1）技术工艺。

①病死及病害动物和相关动物产品投至热解炭化室，在无氧情况下经充分热解，产生的热解烟气进入二次燃烧室继续燃烧，产生的固体炭化物残渣经热解炭化室排出。

②热解温度应≥600℃，二次燃烧室温度≥850℃，焚烧后烟气在850℃以上停留时间≥2s。

③烟气经过热解炭化室热能回收后，降至600℃左右，经烟气净化系统处理，达到GB16297《大气污染物综合排放标准》要求后排放。

（2）操作注意事项。应检查热解炭化系统的炉门密封性，以保证热解炭化室的隔氧状态。应定期检查和清理热解气输出管道，以免发生阻塞。热解炭化室顶部需设置与大气相连的防爆口，热解炭化室内压力过大时可自动开启泄压。应根据处理物种类、体积等严格控制热解的温度、升温速度及物料在热解炭化室里的停留时间。

（二）化制法

化制法是指在密闭的高压容器内（图6-9），通过向容器夹层或容器内通入高温饱和蒸汽，在干热、压力或蒸汽、压力的作用下，处理病死及病害动物和相关动物产品的方法。本法除不得用于患有炭疽等芽孢杆菌类疫病，以及牛海绵状脑病、痒病的染疫动物及产品、组织的处理外，其他适用对象同焚烧法。

图6-9 动物尸体湿化机

1. 干化法

（1）技术工艺。

①可视情况对病死及病害动物和相关动物产品进行破碎等预处理。

②病死及病害动物和相关动物产品或破碎产物输送入高温高压灭菌容器。

③处理物中心温度≥140℃，压力≥0.5MPa（绝对压力），时间≥4h（具体处理时间随处理物种类和体积大小而设定）。

④加热烘干产生的热蒸汽经废气处理系统后排出。

⑤加热烘干产生的动物尸体残渣传输至压榨系统处理。

（2）操作注意事项。搅拌系统的工作时间应以烘干剩余物基本不含水分为宜，根据处理物量的多少，适当延长或缩短搅拌时间。应使用合理的污水处理系统，有效去除有机物、氨氮，达到排放要求。应使用合理的废气处理系统，有效吸收处理过程中动物尸体腐败产生的恶臭气体，达到要求后排放。高温高压灭菌容器操作人员应符合相关专业要求，持证上岗。处理结束后，需对墙面、地面及其相关工具进行彻底清洗消毒。

2. 湿化法

（1）技术工艺。

①可视情况对病死及病害动物和相关动物产品进行破碎预处理。

②将病死及病害动物和相关动物产品或破碎产物送入高温高压容器，总质量不得超过容器总承受力的4/5。

③处理物中心温度≥135℃，压力≥0.3MPa（绝对压力），处理时间≥30min（具体处理时间随处理物种类和体积大小而设定）。

④高温高压结束后，对处理产物进行初次固液分离。

⑤固体物经破碎处理后，送入烘干系统；液体部分送入油水分离系统处理。

（2）操作注意事项。高温高压容器操作人员应符合相关专业要求，持证上岗。处理结束后，需对墙面、地面及其相关工具进行彻底清洗消毒。冷凝排放水应冷却后排放，产生的废水应经污水处理系统处理，达到规定要求。处理车间废气应通过安装自动喷淋消毒系统、排风系统和高效微粒空气过滤器（HEPA过滤器）等进行处理，达到规定要求后排放。

（三）高温法

高温法是指常压状态下，在封闭系统内利用高温处理病死及病害动物和相关动物产品的方法。适用对象同化制法。

1. 技术工艺

①可视情况对病死及病害动物和相关动物产品进行破碎等预处理。处理物或破碎产物体积（长×宽×高）≤125cm^3（5cm×5cm×5cm）。

②向容器内输入油脂，容器夹层经导热油或其他介质加热。

③将病死及病害动物和相关动物产品或破碎产物输送入容器内，与油脂混合。常压状态下，维持容器内部温度≥180℃，持续时间≥2.5h（具体处理时间随处理动物种类和体积大小而设定）。

④加热产生的热蒸汽经废气处理系统后排出。

⑤加热产生的动物尸体残渣传输至压榨系统处理。

2. 操作注意事项 同干化法。

（四）深埋法

深埋法是指按照相关规定，将病死及病害动物和相关动物产品投入深埋坑中并覆盖、消毒，处理病死及病害动物和相关动物产品的方法。适用于发生动物疫情或自然灾害等突发事件时病死及病害动物的应急处理，以及边远和交通不便地区零星病死畜禽的处理。不得用于患有炭疽等芽孢杆菌类疫病，以及牛海绵状脑病、痒病的染疫动物及产品、组织的处理。

1. 选址要求 应选择地势高燥，处于下风向的地点。应远离学校、公共场所、居民住宅区、村庄、动物饲养和屠宰场所、饮用水源地、河流等地区。

2. 技术工艺 深埋坑的容积根据实际处理动物尸体及相关动物产品数量确定。深埋坑底应高出地下水位 1.5m 以上，要防渗、防漏。坑底撒一层厚度为 2～5cm 的生石灰或漂白粉等消毒药。将动物尸体及相关动物产品投入坑内，最上层距离地表 1.5m 以上。然后用生石灰或漂白粉等消毒药消毒，消毒后填土覆盖，覆土应高出地表 20～30cm。

3. 操作注意事项 深埋覆土不要太实，以免腐败产气造成气泡冒出和液体渗漏。深埋后，在深埋处设置警示标识。深埋后第一周内应每日巡查 1 次，第二周起应每周巡查 1 次，连续巡查 3 个月，深埋坑塌陷处应及时加盖覆土。深埋后立即用氯制剂、漂白粉或生石灰等消毒药对深埋场所进行 1 次彻底消毒。第一周内应每日消毒 1 次，第二周起应每周消毒 1 次，连续消毒 3 周以上。

（五）化学处理法

1. 硫酸分解法 指在密闭的容器内，将病死及病害动物和相关动物产品用硫酸在一定条件下进行分解的方法。适用对象同化制法。

（1）技术工艺。

①可视情况对病死及病害动物和相关动物产品进行破碎等预处理。

②将病死及病害动物和相关动物产品或破碎产物，投至耐酸的水解罐中，按1 000kg 处理物加入水 150～300kg，然后加入 98%的浓硫酸 300～400kg（具体加入水和浓硫酸量随处理物的含水量而设定）。

③密闭水解罐，加热使水解罐内升至 100～108℃，维持压力≥0.15MPa，

反应时间≥4h，至罐体内的病死及病害动物和相关动物产品完全分解为液态。

（2）操作注意事项。处理中使用的强酸应按国家危险化学品安全管理、易制毒化学品管理有关规定执行，操作人员应做好个人防护。水解过程中要先将水加到耐酸的水解罐中，然后加入浓硫酸。控制处理物总体积不得超过容器容量的70%。酸解反应的容器及储存酸解液的容器均要求耐强酸。

2. 化学消毒法　适用于被病原微生物污染或可疑被污染的动物皮毛消毒。

（1）盐酸食盐溶液消毒法。先用2.5%盐酸溶液和15%食盐水溶液等量混合，将皮张浸泡在此溶液中，并使溶液温度保持在30℃左右，浸泡40h，$1m^2$的皮张用10L消毒液（或按100mL 25%食盐水溶液中加入盐酸1mL配制消毒液，在室温15℃条件下浸泡48h，皮张与消毒液之比为1∶4）。浸泡后捞出沥干，放入2%（或1%）氢氧化钠溶液中，以中和皮张上的酸，再用水冲洗后晾干。

（2）过氧乙酸消毒法。将皮毛放入新鲜配制的2%过氧乙酸溶液中浸泡30min。然后将皮毛捞出，用水冲洗后晾干。

（3）碱盐液浸泡消毒法。先将皮毛浸入5%碱盐液（饱和盐水内加5%氢氧化钠）中，室温（18～25℃）浸泡24h，并不停搅拌。然后取出皮毛挂起，待碱盐液流净，放入5%盐酸液内浸泡，使皮上的酸碱中和。最后将皮毛捞出，用水冲洗后晾干。

第七章　畜禽养殖场的疫病监测与净化

第一节　养殖场的日常疫病监测

组织开展畜禽养殖场动物疫病监测是各级动物疫病预防控制机构掌握动物疫病分布状况，分析疫病流行趋势，掌握群体免疫状况，科学研判防控形势，为防控决策提供科学依据的重要手段。动物疫病监测通常由各省级动物疫病预防控制机构组织实施，监测的疫病对象主要是非洲猪瘟、口蹄疫、高致病性禽流感、布鲁氏菌病、小反刍兽疫、马鼻疽、马传染性贫血、高致病性猪蓝耳病、猪瘟、新城疫等优先防治病种和重点外来动物疫病以及血吸虫病、包虫病、牛结核病、狂犬病等人兽共患病。动物疫病监测工作的原则是主动监测与被动监测相结合、病原监测与抗体监测相结合、常规监测与紧急监测相结合及疫病监测与净化评估相结合四个方面。集团化、规模化畜禽养殖场一般拥有较强的兽医技术力量和功能较好的兽医室，可以根据生物安全需要组织临床巡查以及病原监测与抗体监测，而一般的养殖场（户）不具备这样的条件，平时可以进行临床巡查，及时发现患病动物并给予科学防治，按照当地动物疫病预防控制机构的监测安排，配合做好病原监测与抗体监测，并根据监测结果做好动物群体免疫与综合防控。

一、动物临床巡查

1. 从精神状态上区分　健康畜禽头耳灵活，两眼有神，行动灵活协调，对外界刺激反应迅速敏捷。毛、羽平顺且富有光泽。患病动物常表现为精神沉郁、低头闭眼、反应迟钝、离群独处等，患禽还会出现羽毛蓬松、垂头缩颈、两羽下垂。也有的表现为精神亢奋、骚动不安，甚至狂奔乱跑等。

2. 从食欲上区分　健康畜禽食欲旺盛，饲喂时表现为争抢采食，采食过程中不断饮水。患病动物食欲减少或废绝，对饲喂饲料反应淡漠，或勉强采食几口后离群独处，有发热或拉稀表现的病畜可能饮水量增加或喜饮脏水。病情严重的病畜可能饮食废绝。

3. 从姿势上区分　各种畜禽都有特有的姿势，看站立的姿势是否有异常。

健康猪贪吃好睡，仔猪灵活好动，不时摇尾；健康牛喜欢卧地，常有间歇性反刍及舌舔鼻镜和被毛的动作。患病动物常出现姿势异常，如破伤风病畜常见鼻孔开张，两耳直立，头颈伸直，后肢僵直，尾竖起，步态僵硬，牙关紧闭，口含黏涎等；家畜便秘常见病畜拱背翘尾，不断努责，两后肢向外展开站立；马患肠梗阻时，常见时起时卧，用蹄刨地，卧下时常回视腹部，有时甚至打滚；羊患肠套叠时，有明显的拉弓姿势。

4. 从动物机体营养状况上区分　根据肌肉、皮下脂肪及被毛光泽等情况，判定畜禽营养状况的好坏。一般可分为良好、中等和不良3种。健康畜禽营养良好。患病畜禽营养不良，可由各种慢性传染性疾病或寄生虫病引起；短期内很快消瘦，多由于急性高热性疾病、肠炎腹泻或采食和吞咽困难等病症引起。

5. 从粪便检查上区分

（1）粪便的形状及硬度。正常牛粪较稀薄，落地后呈轮层状的粪堆；马粪为球状，深绿色，表面有光泽，落地能滚动；猪粪黏稠，软而成形，有时干硬，呈节状，有时稀软呈粥状。在疾病过程中，粪便比正常坚硬，常为便秘；比正常稀薄呈水样则为腹泻。

（2）粪便颜色。正常动物不同种类的粪便略有不同，常为黄褐色或黄绿色，略带饲料或饲草的颜色。深部肠道出血时粪呈黑褐色；后部肠道出血时，可见血液附于粪便表面呈红色或鲜红色。

（3）粪便的气味。正常动物的粪便有发酵的臭味，有时略带饲料或饲草的味道。患肠炎时，粪便散发酸败臭味；粪便混有脓汁及血液时，呈腐败腥臭味。

（4）粪便中的混杂物。正常动物的粪便里无杂物，有时含有未消化完全的饲料和饲草。肠炎时常混有黏液及脱落的黏膜上皮，有时混有脓汁、血液等；有异食癖的畜禽，粪内常混有异物如木柴、砂、毛等；有寄生虫时混有虫体或虫卵。

6. 从皮肤变化上区分

（1）被毛。健康畜禽的被毛平滑，富有光泽，且不易脱落（春秋两季换毛季节除外）。患病时，被毛逆立蓬松粗乱，失去光泽、易脱落或换毛季节推迟；慢性疾病或长期消化不良时，换毛迟缓；患有疥癣及湿疹时，被毛容易脱落，并露出有鳞屑或痂皮覆盖的皮肤。

（2）皮温。全身皮温增高，多见于热性病、疝痛等；全身皮温降低，四肢发凉，多见于久病衰弱；皮温不整，表示血液循环、神经支配紊乱；某一部位皮温增高，多见于局部性疾病。

(3) 皮肤湿度。剧痛性疾病如骨折、疝痛等，全身皮肤出汗；心力衰竭、虚脱、大出血等，常出冷汗；皮肤干燥，多见于老龄家畜的营养不良、大量失水等；局部出汗，多与外周神经创伤性损伤有关；牛鼻镜、猪鼻面干燥，表示已发生疾病。

(4) 皮肤颜色。多在皮肤无色素部位检查。出血性潮红，是皮肤或皮下组织内溢血的结果，用手指按压时不褪色，常见于猪瘟等；充血性潮红，是皮肤毛细血管扩张、血管内积聚大量血液引起，用手指按压时颜色容易消失，可见于猪丹毒等；皮肤苍白，多见于大失血、内出血、贫血等；皮肤黄染，是黄疸症的特征，常见于马十二指肠卡他、梨形虫病等。但被毛和皮肤有色的动物，其充血或出血病变不明显。

(5) 皮肤弹性。如果皱襞迅速消失，则表示皮肤弹性正常。严重肠炎脱水、大出血、虚脱、皮肤病、寄生虫病、营养不良等均可使皮肤弹性减退或消失，以致皱襞消失很慢或完全不消失。

(6) 皮肤肿胀。皮肤肿胀包括皮下气肿、水肿、脓肿、血肿及其他病理的皮肤容积增大。

①皮下气肿。即皮下组织积有多量的气体，按压时有捻发音，叩诊时有鼓音。多见于疏松组织部位，一般无热痛。如气肿疽、甘薯黑斑病中毒后期等可发生皮下气肿。

②皮下水肿。是由于皮下积聚液体而引起，触诊呈捏粉状，指压痕消失很慢。炎性水肿多发生在压伤或挫伤之后，发红、有热痛；非炎性水肿不发红、无热痛。

③脓肿和血肿。发生于皮下化脓或皮下出血，触诊有波动感。针刺穿孔或自溃后，脓肿流出脓液，血肿流出血液。

(7) 皮肤气味。各种家畜都有其特有的气味，当患有某些疾病时，可出现病理的特异气味，如尿毒症的尿臭味、酮血症的醋酮味、皮肤坏疽的尸臭味等。

7. 从动物的黏膜变化上区分 一般检查黏膜颜色，是以眼结膜、口黏膜及舌等为主。健康家畜眼结膜均为淡粉红色并有光泽，但马的略带黄色，牛眼结膜颜色略淡。患病时则有如下表现：

①苍白。血液中血红蛋白减少，各可视黏膜都呈现苍白色，这是贫血的典型病变。发生较缓慢的，常因体内寄生虫病、贫血性疾病及营养不良所引起；大量出血以后或内出血时，结膜马上变苍白，而且皮温显著下降。

②潮红。表示充血。如呈树枝状的血管性充血，见于脑充血及脑膜炎、肺

炎、热性病初期以及心脏疾患所引起的循环障碍。结膜呈弥漫性暗红色，见于高度呼吸困难、胃肠炎后期、炭疽等。

③发绀。黏膜呈紫蓝色，无光泽，也可表现在鼻、唇黏膜，是心力不足、大循环瘀血、血内氧含量不足、病情严重的象征。可见于出血性败血症、创伤性心包炎、中毒病，及引起心力衰竭和呼吸障碍的疾病等。

④黄染。可视黏膜呈黄色，是黄疸的一个特征，见于血液寄生虫病、肝脏疾病以及胆石症、十二指肠炎、磷中毒等。

⑤眼结膜肿胀。炎性肿胀，常见于某些传染病，如猪瘟、结膜炎、流感、犬瘟热等。水肿性肿胀，结膜具有玻璃样光泽，多见于体内寄生虫病或衰竭性疾病等。

二、动物疫病病原学监测

动物疫病病原学监测主要包括细菌学检测技术、病毒学检测技术和寄生虫学检测技术。

（一）细菌学检测技术

1. 显微镜检查

（1）病料处理。将病料涂成薄而均匀的涂片，室温下自然干燥。细菌培养物涂片用火焰固定，血液和组织涂片多用甲醇固定。然后根据检查目的选择染色液和染色方法。

常用的染色方法有革兰氏染色法、美蓝染色法、瑞氏染色法和姬姆萨染色法等。有些细菌则需采用特殊染色方法，如结核分枝杆菌和副结核分枝杆菌用萋-尼氏抗酸性染色法、布鲁氏菌用柯氏鉴别染色法、钩端螺旋体用镀银染色法，有时为观察细菌特殊构造，也需要特殊染色如用荚膜染色法观察细菌的荚膜。

（2）显微镜检查。经染色水洗后的涂片标本，用吸水纸吸干（切勿摩擦）。也可在酒精灯火焰的远端烘干，滴加香柏油，用油镜观察细菌的形态结构和染色特性。

2. 培养性状检查 各种细菌在培养基上培养时，表现出一定的生长特征，可作为鉴别细菌种属的重要依据。

（1）固体培养基上菌落性状的检查。细菌在固体培养基上培养，长出肉眼可见的细菌菌落。其菌落大小、形状、边缘特征、色泽、表面性状和透明度等因不同菌种而异。因此，菌落特征是鉴别细菌的重要依据。

（2）液体培养基性状观察。细菌在液体培养基中生长可使液体出现浑浊、沉淀、液面形成菌膜以及液体变色、产气等现象。在普通肉汤中，大肠杆菌生长旺盛使培养基均匀混浊，培养基表面形成菌膜，管底有黏液性沉淀，并常有特殊粪臭气味；而巴氏杆菌则使肉汤轻度浑浊，管底有黏稠沉淀，形成菌环；绿脓杆菌生长旺盛，肉汤呈草绿色浑浊，液面形成很厚的菌膜。

3. 生化试验 生化试验是利用生物化学的方法，检测细菌在人工培养繁殖过程中所产生的某种新陈代谢产物是否存在，是一种定性检测。不同的细菌，新陈代谢产物各异，表现出不同的生化性状，这些性状对细菌种属鉴别有重要价值。生化试验的项目很多，可根据监测目的适当选择。常用的生化反应有糖发酵试验、靛基质试验、V－P 试验、甲基红试验、硫化氢试验等。

4. 动物试验 通过动物试验可以分离并鉴定细菌。最常用的实验动物有：小鼠、大鼠、豚鼠和家兔。实验动物在试验前应编号分组，以便对照。实验动物接种方法有：皮下接种法、腹腔接种法、肌肉接种法、静脉注射法。动物接种以后应立即隔离饲养，每天从静态、动态和摄食饮水诸方面进行观察，做好记录。对发病和死亡的实验动物及时剖检，观察病理变化，并采取病料接种培养基，分离病原体。

5. 药敏试验 药敏试验可以相对快速有效地检测病原菌对各种抗菌药的敏感性。临床常用的药敏试验方法主要有扩散法和稀释法。其中扩散法是通过测试药物纸片在固体培养基上的抑菌圈的大小，判断细菌对该种药物是否敏感。稀释法包括试管稀释法和微量稀释法，通过测试细菌在含不同浓度药物培养基内的生长情况，判断其最低抑菌浓度（MIC）。

（二）病毒学检测技术

畜禽病毒性疫病是危害最严重的一类疫病，给畜牧业带来的经济损失最大。除少数如绵羊痘等可以根据临床症状、流行病学、病变做出诊断外，大多数病毒性传染病的监测，必须在临床诊断的基础上进行实验室诊断，以确定病毒的存在或检出特异性的抗体。常用的检测方法有：包涵体的检查、病毒的分离培养、病毒的血清学试验、动物接种试验、分子生物学方法等。

1. 病毒感染的快速诊断 病毒感染的快速诊断主要有形态学检查、病毒蛋白抗原检查和病毒核酸检测三种方法。

（1）形态学检查。可利用电镜和免疫电镜、普通光镜进行。有些病毒能在易感细胞中形成包涵体，将被检材料直接涂片、组织切片或冰冻切片，经特殊染色后，用普通光学显微镜检查，这种方法对能形成包涵体的病毒性传染病具有重要的诊断意义。能够产生包涵体的畜禽常见病毒有痘病毒、狂犬病病毒、伪狂犬病病毒等。

（2）病毒蛋白抗原检查。主要有免疫荧光技术、固相放射免疫测定、酶免疫技术等，在兽医临床上典型的应用是猪瘟荧光抗体染色法检测猪瘟病毒。将组织制成冰冻切片，经冷丙酮固定后，滴加猪瘟荧光抗体 37℃ 作用 30min，洗涤，干燥，置荧光显微镜下观察，以鉴定荧光的特异性。

（3）病毒核酸检测。主要是针对不同病原微生物具有的特异性核酸序列和结构进行检测。其特点是反应的灵敏度高、特异性强、检出率高。目前利用核酸杂交技术、核酸扩增技术和基因芯片技术等已经研制出多种商品化试剂盒，如口蹄疫病毒系列 RT-PCR 检测试剂盒、猪瘟病毒 RT-PCR 检测试剂盒、猪伪狂犬病病毒 PCR 检测试剂盒、禽流感病毒 RT-PCR 检测试剂盒等，用于病毒感染的快速检测。

2. 病毒的分离培养 将采集的病料接种动物、禽胚或组织细胞，可进行病毒的分离培养。供接种或培养的病料应作除菌处理。除菌的方法有滤器除菌、高速离心除菌和利用抗生素处理三种。如口蹄疫的水疱皮病料进行病毒分离培养时，将送检的水疱皮置平皿内。以灭菌的磷酸盐缓冲液洗涤数次，并用灭菌滤纸吸干、称重，剪碎、研制成 1∶5 悬液，为防止细菌污染，每毫升加青霉素1 000IU，链霉素1 000μg，置 2～4℃ 冰箱内 4～6h，然后用8 000～10 000r/min 速度离心沉淀 30min，吸取上清液备用。

病毒必须在活细胞内才能增殖。应根据病毒的不同，选用动物接种、鸡胚接种、细胞培养等方法来进行培养。动物接种在病毒毒力测定上应用广泛。病毒的鸡胚培养法主要有 4 种接种途径，即尿囊腔、绒毛尿囊膜、羊膜腔和卵黄囊，不同的病毒应选择各自适宜的接种途径，并根据接种途径确定鸡胚的孵育日龄。病毒细胞培养的类型有原代细胞培养、二倍体细胞培养和传代细胞系培养，细胞培养的方法有静置培养、旋转培养、悬浮培养和微载体培养等。

3. 病毒的血清学试验 血清学试验是诊断病毒感染和鉴定病毒的重要手段。血清学试验最常用的有中和试验、血凝及血凝抑制试验、免疫扩散试验等。中和试验是病毒型特异性反应，具有高度的特异性和敏感性，常用于口蹄疫、猪水疱病、蓝舌病、鸡传染性喉气管炎、鸭瘟、鸭病毒性肝炎等疫病的检测。血凝试验和血凝抑制试验为型特异性反应，临床上常用于新城疫和禽流感等疫病的监测。免疫扩散试验操作简便，特异性与敏感性均较高，常用于马立克氏病、传染性法氏囊病等的诊断。

(三) 寄生虫学检测技术

1. 虫卵检查

(1) 直接涂片镜检。用以检查蠕虫卵、原虫的包囊和滋养体。滴1滴生理盐水于洁净的载玻片，用棉签棍或牙签挑取绿豆大小的粪便块，在生理盐水中涂抹均匀；涂片的厚度以透过涂片约可辨认书上的字迹为宜。一般在低倍镜下检查，如用高倍镜观察，需加盖片。但在粪便中虫卵较少时，检出率不高。

(2) 集卵法检查。利用不同比重的液体对粪便进行处理，使粪中的虫卵下沉或上浮而被集中起来，再进行镜检，提高检出率。其方法有水洗沉淀法和饱和盐水漂浮法。

①水洗沉淀法。取5～10g被检粪便放入烧杯或其他容器，捣碎，加常水150mL搅拌，过滤，滤液静置沉淀30min，弃去上清液，保留沉渣。再加水，再沉淀，如此反复直到上清液透明，弃去上清液，取沉渣涂片镜检。此方法适合比重较大的吸虫卵和棘头虫卵的检查。

②饱和盐水漂浮法。取5～10g被检粪便捣碎，加饱和食盐水（1 000mL沸水中加入食盐400g，充分搅拌溶解，待冷却，过滤备用）100mL混合过滤，滤液静置45min后，取滤液表面的液膜镜检。此法适用于线虫卵和绦虫卵的检查。

2. 虫体检查

(1) 蠕虫虫体检查法。绝大多数蠕虫的成虫较大，肉眼可见，用肉眼观察其形态特征可做诊断。幼虫检查法主要用于非消化道寄生虫和通过虫卵不易鉴定的寄生虫的检查。肺线虫的幼虫用贝尔曼氏幼虫分离法（漏斗幼虫分离法）和平皿法。平皿法特别适合检查球形畜粪，取3～5个粪球放入小平皿，加少量40℃温水，静置15min，取出粪球，低倍镜下观察液体中活动的幼虫。

另外，丝状线虫的幼虫常采取血液制成压滴标本或涂片标本，显微镜检查；血吸虫的幼虫需用毛蚴孵化法来检查；旋毛虫、住肉孢子虫则需进行肌肉压片镜检。

(2) 节肢动物虫体检查法。通常采用煤油浸泡法，将病料置于载玻片上，滴加数滴煤油，上覆另一载玻片，用手搓动两玻片使皮屑粉碎，镜检。对于蜱等其他节肢动物，常采用肉眼检查法。

(3) 原虫虫体检查法。原虫大多为单细胞寄生虫，肉眼不可见，须借助于显微镜检查。

①血液原虫检查法。有血液涂片检查法（梨形虫的检查）、血液压滴标本

检查法（伊氏锥虫的检查）、淋巴结穿刺涂片检查法（牛环形泰勒虫的检查）。

②泌尿生殖器官原虫检查法。将采集的病料放于载玻片，并防止材料干燥，高倍镜、暗视野镜检，能发现活动的虫体。也可将病料涂片后甲醇固定，姬姆萨染色，镜检。

③球虫卵囊检查法。同蠕虫虫卵检查的方法，可直接涂片，也可用饱和盐水漂浮。若尸体剖检，家兔可取肝脏坏死病灶涂片，鸡可用盲肠黏膜涂片，染色后镜检。

④弓形虫虫体检查法。活体采样，可取腹水、血液或淋巴结穿刺液涂片，姬姆萨染液染色，镜检，观察细胞内外有无滋养体、包囊。尸体剖检，可取脑、肺、淋巴结等组织做触片，染色镜检，检查其中的包囊、滋养体。也常取死亡动物的肺、肝、淋巴结或急性病例的腹水、血液作为病料，于小白鼠腹腔接种，观察其临床表现并分离虫体。

三、动物疫病免疫学监测

免疫学监测是指用免疫学的方法检测动物疫病。它是疫病诊断和检疫中常用的重要方法，包括血清学试验、变态反应和免疫抗体监测三大类。

（一）血清学试验

就是利用抗原和抗体特异性结合的免疫学反应进行诊断。可用已知的抗原来测定被检动物血清中的特异性抗体，也可用已知的抗体（免疫血清）来测定被检材料中的抗原。血清学试验有中和试验、凝集试验、沉淀试验、补体结合试验、免疫荧光试验、免疫酶技术、放射免疫测定、单克隆抗体等。

（二）变态反应

动物患某些疫病（主要是慢性传染病）时，可对该病病原体或其产物（某种抗原物质）的再次进入机体产生强烈反应。能引起变态反应的物质（病原微生物、病原微生物产物或抽提物）称为变态原，如结核菌素、鼻疽菌素等，采用一定的方法将其注入患病动物时，可引起局部或全身反应。

（三）免疫抗体监测

1. 免疫抗体监测的概念　免疫抗体监测就是通过监测动物血清抗体水平，了解疫苗的免疫效果，掌握动物免疫后在畜禽群体内的抗体消长规律，发布免疫预警信息，科学指导养殖场（户）制订动物疫病免疫程序，正确把握动物免

疫时间，合理有效地开展动物免疫工作。因此，免疫抗体监测具有评价疫苗质量、评估免疫质量、预警重大疫病和认证动物重大疫病防控成效的作用。监测病种既包括国家规定强制免疫的病种如高致病性禽流感、新城疫、口蹄疫、猪瘟等疫病外，还包括各地特殊要求进行抗体监测的病种。

2. 免疫抗体监测的类型 免疫抗体监测分为集中监测和日常监测。

(1) 集中监测。指春防和秋防结束后，集中采集免疫21d以后的畜禽血清进行高致病性禽流感、新城疫、口蹄疫、猪瘟等国家强制性免疫的动物疫病的免疫抗体监测。

(2) 日常监测。指除集中监测外，每个月进行的强制性免疫的动物疫病和非强制性免疫的动物疫病的监测。

3. 免疫抗体监测的程序

(1) 采血。

①采血器材。防护服、无粉乳胶手套、防护口罩、灭菌剪刀、镊子、手术刀、注射器、针头、记号笔、签字笔、空白标签纸、胶布、抗凝剂、75%酒精棉球、碘酊棉球、15mL的离心管、1.5mL EP管、冰袋、冷藏容器、消毒药品、血清采样单和调查表等。

②采血时间及方法。免疫注射后21d的动物方可采血。对采血部位的皮肤先剃（拔）毛，碘酊消毒，75%的酒精消毒，待干燥后采血。采血方法：生猪站立式或仰卧式前腔静脉采血、牛羊站立式颈静脉采血、禽类翅静脉采血，采血过程严格无菌操作。

③采血数量。单一病种抗体监测的每头（只）采集2～3mL全血，多病种抗体检测的每头（只）采集5～10mL全血。

④全血保存。采集好的全血转入盛血试管，斜面存放，室温凝固后直接放在盛有冰块的保温箱，送实验室。从全血采出到血清分离出的时间不超过10h。血清样品装于小瓶时应用铝盒盛放，盒内加填塞物避免小瓶晃动，若装于小塑料离心管中，则应置于塑料盒内。

(2) 血清分离与保存。

①血清的分离、保存及运送。用作血清样品的血液中不加抗凝剂，血液在室温下静置2～4h（防止暴晒），待血液凝固，有血清析出时，用无菌剥离针剥离血凝块，然后置4℃冰箱过夜，待大部分血清析出后取出血清，必要时经低速离心分离出血清。在不影响检验要求原则下可因需要加入适宜的防腐剂。做病毒中和试验的血清避免使用化学防腐剂（如硼酸、硫柳汞等）。若需长时间保存，则将血清置－20℃以下保存，但要尽量防止或减少反复冻融。样品容

器上贴详细标签。

②血清编号及采样单填写。采血时应按《动物血清采样单》的内容详细填写采样单，动物血清采样单一式三份，一份由被采样单位保存，一份由送检单位保存，一份由检测单位保存。

动物血清采样单的内容一般包括样品编号、动物种类、用途（种、蛋用）、日龄（月龄）、耳标号、免疫情况（如疫苗种类、生产厂家、产品批号、免疫剂量、免疫时间等）、动物健康状况、采集地点（乡镇、村、养殖场、屠宰场、市场、畜主等）、抽样比例、市场样品来源地、备注等。

（3）抗体检测方法。常见动物疫病免疫抗体检测标准及方法，见表 7-1。

表 7-1　常见动物疫病免疫抗体检测标准及方法

分类	动物疫病种类	执行标准	检测方法
国家强制免疫的重大动物疫病	高致病性禽流感	GB/T 18936—2003	血凝-血凝抑制试验（HA-HI）和琼脂免疫扩散试验（AGP）
	新城疫	GB 16550—2008	血凝-血凝抑制试验（HA-HI）
	口蹄疫	GB/T 18935—2003 和 NY/SY 150—2000	正向间接血凝试验（IHA）和液相阻断酶联免疫吸附试验（LPB-ELISA）
	猪　瘟	GB/T 16551—2008	猪瘟抗体阻断 ELISA、猪瘟抗体间接 ELISA 或猪瘟抗体正向间接血凝试验
	高致病性猪蓝耳病	GB/T 18090—2008	间接免疫荧光试验（IFA）和间接酶联免疫吸附试验（间接 ELISA）
	小反刍兽疫	GB/T 27982—2011	竞争酶联免疫吸附试验（ELISA）

第二节　养殖场的生产性检疫

动物检疫是动物疫病防控的行政性技术手段，由官方兽医依照法定的检疫项目、标准和方法实施。对于畜禽养殖场来说，应熟悉国家有关动物检疫的相关规定，在畜禽养殖生产、销售、运输、交易及引进等环节按照要求配合做好动物检疫工作，防止动物疫情扩散蔓延，同时可以避免引入患病动物。

一、动物产地检疫对象与合格标准

（一）生猪及省内调运种猪的产地检疫

1. 检疫对象　口蹄疫、非洲猪瘟、猪瘟、高致病性猪蓝耳病、炭疽、猪

丹毒、猪肺疫。

2. 检疫合格标准

（1）来自非封锁区或未发生相关动物疫情的饲养场（养殖小区）、养殖户。

（2）按照国家规定进行了强制免疫，并在有效保护期内。

（3）养殖档案相关记录和畜禽标识符合规定。

（4）临床检查健康。

（5）按规定进行实验室疫病检测的，检测结果合格。

（6）省内调运的种猪须符合种用动物健康标准；省内调运精液、胚胎的，其供体动物须符合种用动物健康标准。

（二）牛、羊、鹿、骆驼（含省内调运种用、乳用）的产地检疫

1. 检疫对象

（1）牛。口蹄疫、布鲁氏菌病、牛结核病、炭疽、牛传染性胸膜肺炎。

（2）羊。口蹄疫、布鲁氏菌病、绵羊痘和山羊痘、小反刍兽疫、炭疽。

（3）鹿。口蹄疫、布鲁氏菌病、结核病。

（4）骆驼。口蹄疫、布鲁氏菌病、结核病。

2. 检疫合格标准

（1）来自非封锁区或未发生相关动物疫情的饲养场（养殖小区）、养殖户。

（2）按照国家规定进行强制免疫，并在有效保护期内。

（3）养殖档案相关记录和畜禽标识符合规定。

（4）临床检查健康。

（5）按规定需进行实验室疫病检测的，检测结果合格。

（6）省内调运的种用、乳用反刍动物须符合相应动物健康标准；省内调运种用、乳用反刍动物精液、胚胎的，其供体动物须符合相应动物健康标准。

（三）家禽（含省内调运种禽或种蛋）的产地检疫

1. 检疫对象 高致病性禽流感、新城疫、鸡传染性喉气管炎、鸡传染性支气管炎、鸡传染性法氏囊病、马立克氏病、禽痘、鸭瘟、小鹅瘟、鸡白痢、鸡球虫病。

2. 检疫合格标准

（1）来自非封锁区或未发生相关动物疫情的饲养场（养殖小区）、养殖户。

（2）按国家规定进行了强制免疫，并在有效保护期内。

（3）养殖档案相关记录符合规定。

（4）临床检查健康。

（5）按规定需进行实验室检测的，检测结果合格。

（6）省内调运的种禽须符合种用动物健康标准；省内调运种蛋的，其供体动物须符合种用动物健康标准。

（四）跨省（区、市）调运种鸡、种鸭、种鹅及种蛋的产地检疫

1. 检疫对象　高致病性禽流感、新城疫、鸡传染性喉气管炎、鸡传染性支气管炎、鸡传染性法氏囊病、马立克氏病、禽痘、鸭瘟、小鹅瘟、鸡白痢、鸡球虫病、鸡病毒性关节炎、禽白血病、禽脑脊髓炎、禽网状内皮组织增殖症。

2. 检疫合格标准

（1）来自非封锁区或未发生相关动物疫情的饲养场（养殖小区）、养殖户。

（2）按国家规定进行了强制免疫，并在有效保护期内。

（3）养殖档案相关记录符合规定。

（4）临床检查健康。

（5）符合农业农村部规定的种用动物健康标准。

（6）提供规定动物疫病（种鸡：高致病性禽流感、新城疫、禽白血病、禽网状内皮组织增殖症；种鸭：高致病性禽流感、鸭瘟；种鹅：高致病性禽流感、小鹅瘟）的实验室检测报告，检测结果合格。

（7）种蛋的收集、消毒记录完整，其供体动物符合《跨省调运种禽产地检疫规程》规定的标准。

（8）种用雏禽临床检查健康，孵化记录完整。

（五）跨省（区、市）调运种猪、种牛、奶牛、种羊、奶山羊及其精液和胚胎的产地检疫

1. 检疫对象

（1）猪。非洲猪瘟、口蹄疫、猪瘟、高致病性猪蓝耳病、炭疽、猪丹毒、猪肺疫、猪细小病毒病、猪伪狂犬病、猪支原体性肺炎、猪传染性萎缩性鼻炎。

（2）牛。口蹄疫、布鲁氏菌病、牛结核病、炭疽、牛传染性胸膜肺炎、牛白血病、奶牛乳房炎。

（3）羊。口蹄疫、布鲁氏菌病、绵羊痘和山羊痘、小反刍兽疫、炭疽。

(4) 鹿。口蹄疫、布鲁氏菌病、结核病。

(5) 骆驼。口蹄疫、布鲁氏菌病、结核病。

2. 检疫合格标准

(1) 符合我国《生猪产地检疫规程》《反刍动物产地检疫规程》要求。

(2) 符合农业农村部规定的种用、乳用动物健康标准。

(3) 提供规定动物疫病（种猪：非洲猪瘟、口蹄疫、猪瘟、高致病性猪蓝耳病、猪圆环病毒病、布鲁氏菌病；种牛：口蹄疫、布鲁氏菌病、牛结核病、副结核病、牛传染性鼻气管炎、牛病毒性腹泻/黏膜病；种羊：口蹄疫、布鲁氏菌病、蓝舌病、山羊关节炎脑炎；奶牛：口蹄疫、布鲁氏菌病、牛结核病、牛传染性鼻气管炎、牛病毒性腹泻/黏膜病；奶山羊：口蹄疫、布鲁氏菌病；精液和胚胎：检测其供体动物相关动物疫病）的实验室检测报告，检测结果合格。

(4) 精液和胚胎采集、销售、移植记录完整，其供体动物符合《跨省调运乳用、种用动物产地检疫规程》规定的标准。

二、动物检疫的申报与资料提供

(一) 动物检疫的申报

畜禽养殖场安排专人在动物卫生监督机构的指导下填写检疫申报单，并将填写规范、完整、无误的检疫申报单送至本地动物产地检疫报检点，如当地动物卫生监督机构或设置在村庄的报检点。动物卫生监督机构在接到检疫申报后，根据当地相关动物疫情情况，决定是否予以受理。受理的，会及时派出官方兽医到现场或到指定地点实施检疫；不予受理的，会说明不受理理由。对于跨省调运种禽及种用、乳用动物的，动物卫生监督机构接到检疫申报后，先确认《跨省引进乳用种用动物检疫审批表》是否有效，并根据当地相关动物疫情情况，决定是否予以受理。受理的，会及时派官方兽医到场实施检疫；不予受理的，会说明理由。

申报检疫的规定时限如下：

(1) 出售、运输动物产品和供屠宰、继续饲养的动物，应当提前3d申报检疫。

(2) 出售、运输乳用动物、种用动物及其精液、卵、胚胎、种蛋，以及参加展览、演出和比赛的动物，应当提前15d申报检疫。

(3) 向无规定动物疫病区输入相关易感动物、易感动物产品的，货主除按规定向输出地动物卫生监督机构申报检疫外，还应当在起运3d前向输入地省级动物卫生监督机构申报检疫。

（二）检疫查验的资料及畜禽标识

在产地检疫中，动物卫生监督机构官方兽医会查验饲养场（养殖小区）《动物防疫条件合格证》和养殖档案，了解生产、免疫、监测、诊疗、消毒、无害化处理等情况，确认饲养场（养殖小区）近期（一般6个月内）未发生相关动物疫病，确认动物已按国家规定进行免疫。对于散养户，官方兽医会查验防疫档案，了解免疫、诊疗情况，确认动物已按国家规定进行免疫，并在有效保护期内。猪、牛、羊、鹿、骆驼查验动物畜禽标识加施情况，确认所佩戴畜禽标识与相关档案记录相符。

在跨省调运种禽及种用、乳用动物检疫中，动物卫生监督机构官方兽医会查验饲养场的《种畜禽生产经营许可证》和《动物防疫条件合格证》，以及受检动物的养殖档案、畜禽标识及相关信息。调运精液和胚胎的，还会查验其采集、存贮、销售等记录，确认对应供体及其健康状况。调运种蛋的，还会查验其采集、消毒等记录，确认对应供体及其健康状况。

三、动物产地检疫的处理

1. 检疫合格动物的处理　出售或者运输的动物、动物产品经所在地县级动物卫生监督机构的官方兽医检疫合格，并取得《动物检疫合格证明》后，方可离开产地。

省境内进行交易的动物，出具《动物检疫合格证明（动物B）》；跨省境的动物，出具《动物检疫合格证明（动物A）》。

动物检疫合格证明的有效期，应根据动物种类、用途、运输距离等情况确定，省内为当日有效，跨省境的最长不得超过5d。

2. 检疫不合格动物的处理　对于检疫不合格的动物，动物卫生监督机构会出具《检疫处理通知单》，并按照有关规定处理。发现患有规定检疫对象以外动物疫病，影响动物健康的，需按规定采取相应防疫措施。发现不明原因死亡或怀疑为重大动物疫情的，应按照《动物防疫法》《重大动物疫情应急条例》《动物疫情报告管理办法》的有关规定处理。病死禽畜禽须在动物卫生监督机构监督下，由畜禽养殖场按照我国有关病死及病害动物无害化处理技术规范的规定处理。畜禽启运前，动物卫生监督机构会监督畜主或承运人对运载工具进行有效消毒。

四、国内引进动物的隔离检疫

1. 省内引进商品畜禽的检疫 畜禽场省内引进的商品畜禽应取得《动物检疫合格证明》，坚决不购买未取得《动物检疫合格证明》的畜禽。引进的畜禽运输到场后，应予隔离观察15～30d，如动物表现无异常方可混群饲养。如发现动物出现异常，应经兽医诊断和治疗或经动物卫生监督机构检疫，需要疫情报告的，应及时向当地动物疫病预防控制机构报告疫情。

2. 跨省、自治区、直辖市引进种畜禽到达目的地的检疫 跨省、自治区、直辖市引进的乳用、种用动物到达输入地后，应当在所在地动物卫生监督机构的监督下，在隔离场或饲养场（养殖小区）内的隔离舍进行隔离观察，大中型动物隔离期为45d，小型动物隔离期为30d。经隔离观察合格的方可混群饲养；不合格的，按照有关规定进行处理。隔离观察合格后需继续在省内运输的，货主应当申请更换动物检疫合格证明。跨省引进乳用、种用动物应当在《跨省引进乳用、种用动物检疫审批表》有效期内运输。逾期引进的，货主应当重新办理审批手续。

五、进境活动物的检疫

1. 检疫审批 输入动物应在贸易合同或协议签订之前，货主或其代理人向国家检验检疫机关提出申请，办理检疫审批手续。国家检验检疫机构根据对申请材料的审核及输出国家的动物疫情、我国有关检疫规定等情况，发给相关的《中华人民共和国动物进境检疫许可证》。

2. 报检 货主或其代理人应在大、中动物进境前30d，其他动物15d，向入境口岸和指运地检验检疫机构报检。报检时须出具有效的《中华人民共和国进境动物检疫许可证》等文件，并如实填写报检单。

无有效的进境动物检疫许可证，不得接受报检。如动物已抵达口岸，视情况作退回或销毁处理，并根据《中华人民共和国进出境动植物检疫法》的有关规定，进行处罚。

3. 现场检验检疫 输入动物、动物遗传物质抵达入境口岸时，动物检疫人员须进行现场检疫。

核查输出国官方检疫部门出具的有效动物检疫证书（正本），并查验证书所附有关检测结果报告是否与相关检疫条款一致，动物数量、品种是否与《中华人民共和国进境动物检疫许可证》相符。

查阅运行日志、货运单、贸易合同、发票、装箱单等，了解动物的启运时间、口岸、途经国家和地区，并与《中华人民共和国进境动物检疫许可证》的有关要求进行核对。

登机（轮、车）清点动物数量、品种，并逐头进行临诊检查。

对入境运输工具停泊的场地、所有装卸工具、中转运输工具进行消毒处理，上下运输工具或者接近动物的人员接受检验检疫机构实施的防疫消毒。

经现场检疫合格后的，签发《入境货物通关单》，同意卸离运输工具。派专人随车押运动物到指定的隔离检疫场。现场检疫发现动物发生死亡或有一般可疑传染病临诊症状时，应做好现场检疫记录，隔离有传染病临诊症状的动物，对铺垫材料、剩余饲料、排泄物等作无害化处理，对死亡动物进行剖检。根据需要采样送实验室进行诊断。

现场检疫时，发现进境动物有一类疫病临诊症状的，必须立即封锁现场，采取紧急防疫措施，通知货主或其代理人停止卸运，并以最快的速度报告海关总署和地方人民政府。

动物到港前或到港时，产地国家或地区突发动物疫情的，根据海关总署颁布的相关公告、禁令执行。

4. 隔离检疫　进境动物必须在入境口岸指定的地点进行隔离检疫。隔离检疫期为大、中动物 45d，小动物 30d，如需延长的，须报海关总署批准。

所有装载动物的器具、铺垫材料、废弃物均须经消毒或无害化处理后，方可进出隔离场。

动物在隔离期间，应进行详细的临诊检查，做好记录，并按相关要求进行实验室检疫。

5. 检疫后处理　隔离期满，且实验室检验工作完成后，对动物进行最后一次临诊检查，合格者由隔离场所在地检验检疫机构出具《入境货物检验检疫证明》，准予入境。

对检疫不合格的动物，出具《检验检疫处理通知书》，货主或其代理人应在检疫机关监督和指导下，按要求采取销毁措施或其他无害化处理。发现重大疫情的及时上报海关总署。

第三节　规模化畜禽养殖场动物疫病净化

疫病净化指有计划地在特定区域或场所对特定动物传染病通过监测、检验检疫、隔离、扑杀、销毁等一系列技术和管理措施，最终达到在该范围内动物个体不发病和无感染状态的根除消灭疫病病原的过程，从而达到并维持动物个体和群体健康。疫病净化以消灭和清除传染源为目的。这个“特定区域”是人为确定的一个固定范围，可以是一个养殖场、一个自然区域、一个行政区，也可以是一个国家。因此，动物疫病净化从狭义上来说，是指在一个养殖场，通过检测、监测发现患病动物或感染动物，通过淘汰这些动物根除某种动物疫病的过程，主要是针对种用动物或规模化养殖场进行疫病净化；从广义上来说，则是通过监测、检验检疫、隔离、淘汰、培育健康动物、强化生物安全等综合措施，在特定区域消灭某种动物疫病的过程。加强饲养管理，严格执行消毒、免疫、检疫、病害动物及产品的无害化处理等制度是动物疫病净化的重要基础，净化工作的核心是实施养殖生产、运输、屠宰的生物安全措施。实施疫病病原学及血清学的检测，及时隔离、淘汰患病动物和血清学阳性动物是疫病净化的根本措施。种用、乳用动物饲养单位和个人应当按照国家和各地制定的动物疫病监测、净化计划，实施动物疫病的监测、净化，达到国家和所在地规定的标准后方可向社会提供商品动物和动物产品。

一、动物疫病分类及重点净化病种

（一）动物疫病分类

1. 按病原体的种类分类 按病原体的种类可将动物疫病分为动物传染病和寄生虫病。其中动物传染病分为病毒病、细菌病、支原体病、衣原体病、螺旋体病、放线菌病、立克次氏体病和霉菌病等。动物传染病又分为病毒性传染病和细菌性传染病，由病毒引起的传染病称病毒性传染病，由其他病原体引起的动物疫病通常称为细菌性传染病。寄生虫病可分为吸虫病、原虫病、蜘蛛昆虫病等。

2. 按防控地位分类 按防控地位可将动物疫病分为一般动物疫病和重大动物疫病。《中华人民共和国动物防疫法》第四条规定，根据动物疫病对养殖业生产和人体健康的危害程度，规定管理的动物疫病分为三类。这种分类方法的主要意义是根据动物疫病的发生特点、传播媒介、危害程度、危害范围和危害对象，在众多的动物疫病中能够分清主次，明确动物疫病防治工作的重点，便于组织实施动物疫病的扑灭和净化计划。农业部第 1125 号公告〔2008〕公布了修订后的一、二、三类动物疫病病种名录。

（1）一类动物疫病。一类动物疫病是指对人与动物危害严重，需要采取紧急、严厉的强制预防、控制、扑灭等措施的动物疫病。《动物防疫法》规定，当发生一类疫病时，当地县级以上地方人民政府兽医主管部门应当立即派人到现场，划定疫点、疫区、受威胁区，调查疫源，及时报请本级人民政府对疫区实行封锁，或者由各有关行政区域的上一级人民政府共同对疫区实行封锁。必要时，上级人民政府可以责成下级人民政府对疫区实行封锁。县级以上地方人民政府应当立即组织有关部门和单位采取封锁、隔离、扑杀、销毁、消毒、无害化处理、紧急免疫接种等强制性措施，迅速扑灭疫病。在封锁期间，禁止染疫、疑似染疫和易感染的动物、动物产品流出疫区，禁止非疫区的易感染动物进入疫区，并根据扑灭动物疫病的需要对出入疫区的人员、运输工具及有关物品采取消毒和其他限制性措施。

（2）二类动物疫病。二类动物疫病是指可能造成重大经济损失，需要采取严格控制、扑灭等措施，防止扩散的动物疫病。《动物防疫法》规定，当发生二类动物疫病时，当地县级以上地方人民政府兽医主管部门应当划定疫点、疫区、受威胁区。县级以上地方人民政府根据需要组织有关部门和单位采取隔离、扑杀、销毁、消毒、无害化处理、紧急免疫接种、限制易感染的动物和动物产品及有关物品出入等控制、扑灭措施。二类动物疫病呈暴发性流行时，按照一类动物疫病处理。

（3）三类动物疫病。三类动物疫病是指常见多发、可能造成重大经济损失，需要控制和净化的动物疫病。《中华人民共和国动物防疫法》规定，发生三类动物疫病时，当地县级、乡级人民政府应当按照国务院兽医主管部门的规定组织防治和净化。三类动物疫病呈暴发性流行时，也要按照一类动物疫病处理。

（二）动物疫病重点净化病种

种用、乳用动物饲养单位和个人应当按照国家和各地制定的动物疫病监测、净化计划，实施动物疫病的监测、净化，达到国家和所在地规定的标准后方可向社会提供商品动物和动物产品。

《全国兽医卫生事业发展规划（2016—2020年）》要求，深入贯彻《国家中长期动物疫病防治规划（2012—2020年）》，按照分类指导的原则，根据生物学特点和流行病学规律，制定实施优先防治动物疫病的防治计划和指导意见。在口蹄疫和高致病性禽流感防治中，继续实施强制免疫、监测净化等综合防治措施。在布鲁氏菌病防治中，强化区域化管理，突出抓好免疫监测和风险评估工作，严格动物移动管理，推进养殖场和重点养殖区监测净化。在奶牛结核病防治中，采取风险评估、移动控制与检疫扑杀相结合的防治措施，强化奶牛健康管理。在狂犬病防治中，重点加强免疫和疫情监测，协调促进犬类登记管理。在血吸虫病防治中，以控制牲畜传染源为重点，实施农业综合治理。在包虫病防治中，落实驱虫、免疫等预防措施，加强检疫和屠宰管理。在高致病性猪蓝耳病、猪瘟、新城疫、沙门氏菌病、禽白血病、猪伪狂犬病和猪繁殖与呼吸综合征防治中，强化种源监测净化。维持马鼻疽全国无疫状态，到2020年力争全国消灭马传染性贫血。深入实施《全国小反刍兽疫消灭计划（2016—2020年）》，到2020年，除毗邻小反刍兽疫疫情国家的陆地边境县（团场）或沿边境线30km范围内的免疫隔离带以外，全国其他地区力争达到非免疫无疫区标准。

目前我国重点推动种畜禽场垂直传播性疫病及奶牛“两病”净化，畜禽养殖场可以根据本场生产实际及动物疫病防控需要在国家规定净化病种的基础上扩大净化病种。规模化奶牛场重点净化口蹄疫、布鲁氏菌病、牛结核病；规模化种鸡场重点净化禽流感、新城疫、鸡白痢和禽白血病；规模化种羊场重点净化口蹄疫、布鲁氏菌病、羊痘；规模化种猪场重点净化猪口蹄疫、猪瘟、猪繁殖与呼吸综合征、猪伪狂犬病。

二、动物疫病净化开展的条件和净化方式

（一）动物疫病净化开展的条件

开展某种动物疫病的净化需要具备一定的条件：第一，该病在理论上存在被净化的可能性，包括疫病本身的流行病学特征、宿主动物的范围、诊断难度、动物隐性带毒情况、是否存在能够有效区分感染动物和疫苗免疫动物的诊断检测方法、是否有能够有效控制该病流行的疫苗等。例如，猪伪狂犬病可以使用基因缺失疫苗进行防控，诊断技术可以对免疫抗体和感染抗体进行有效区分，具备开展净化的诊断技术基础。第二，国家对该病的净化有相应的措施和制度，包括完善的法律法规制度、有效的监测系统、严格的移动控制措施和检疫监督、合理的扑杀补贴措施、技术研究以及相应的财政支持等。第三，能够获得公众的支持和积极参与，具有有效易行的方法、公众对该病有较高的意识程度、净化的效益显著高于成本。例如，对于布鲁氏菌病和结核病等危害公共卫生安全的疫病，公众的关注度和支持度就会较高。

（二）动物疫病净化方式

从净化的方式来说，一般包括垂直净化和水平净化两种。垂直净化适用于金字塔形的养殖繁育体系，按照“核心群-繁殖群-生产群”的顺序开展种源正

向净化，从引种开始建立净化核心群，并逐级应用于扩繁场和商品场。每级动物需要应用净化疫病的各种配套技术手段，如生物安全措施、移动控制措施、监测措施、隔离淘汰措施等。垂直净化需要从种用动物开始，因为种用是动物养殖繁育的源头，一旦携带病原，就会使疫病传播呈指数级扩大态势，从种用动物扩散到生产动物。此外，通过引种，还可能会远距离、大面积地传播动物疫病。采用垂直净化的方式，抓住疫病传播的源头，用最小的代价发挥最大的作用。对于一些对畜牧业生产影响较大的垂直传播性疫病，如猪瘟、猪伪狂犬病、猪繁殖与呼吸综合征、鸡白痢、鸡白血病等，多采用这种方式进行净化。水平净化是以区域为单位开展，通过划定净化范围、设立屏障、流通管理、生产无疫动物等措施，实现对疫病的区域化管理。随着净化进程的推进，区域化管理的范围可以逐渐扩大，直至连成片成为更大的区域或整个国家，最终实现无疫状态。水平净化是一项涉及风险分析、监测、诊断、预防、检疫、隔离、可追溯管理、应急防控等措施以及兽医科研、能力建设和管理体制的系统工程。对于马鼻疽、牛白血病、牛结核病等传播慢、没有有效的疫苗或进行免疫根除疫病所需的时间长、成本高的慢性动物疫病，采取水平净化的方式更为有效。此外，对于一些已经使用疫苗等手段有效控制了疫情的烈性动物疫病，如马传染性贫血、牛肺疫、布鲁氏菌病等，也可以采用水平净化的方式，实施疫病的区域化管理。

三、规模化养殖场重点疫病净化技术路线

中国动物疫病预防控制中心制定的《规模化奶牛场主要动物疫病净化技术指南》《规模化种鸡场主要动物疫病净化技术指南》《规模化种羊场主要动物疫病净化技术指南》《规模化种猪场主要动物疫病净化技术指南》规定了规模化养殖场开展主要动物疫病净化的技术路线，即养殖场依据上述相关指南，针对不同疫病本底调查情况，一场一册制定相应净化方案。采取严格的生物安全措施、免疫预防措施、病原学检测、免疫抗体监测、野毒感染与疫苗免疫鉴别诊断监测，淘汰带毒动物，分群饲养，建立健康动物群。对假定阴性群加强综合防控措施，逐步扩大净化效果，最终建立净化场。同时加强人流、物流管控，降低疫病水平和传播风险；强化本场引种的检测，避免外来病原传入风险；建立完善的防疫和生产管理等制度，优化生产结构和建筑设计布局，构建持续有效的生物安全防护体系，确保净化效果持续、有效。本底调查指全面考察养殖场实际情况，包括基础设施条件、生产管理水平、防疫管理水平及兽医技术力量等，了解本场疫病感染情况，了解动物群健康状态和疫病带毒情况，评估净

化成本和人力物力投入。疫病净化的根本措施是实施疫病流行病学调查、病原学及血清学的检测，及时隔离、淘汰或扑杀患病动物和血清学阳性动物。

四、种畜禽场动物疫病净化技术

（一）种猪场疫病净化技术

1. 疫病净化前的准备

（1）淘汰隔离场的准备。为减少淘汰损失和防止交叉感染，必须有一个单独的、距离养猪场（站）500m以上的隔离场，以隔离阳性猪。

（2）人员及技术准备。种猪场（站）种猪基数大，采样及检测工作量大，需要有经验丰富的采样人员和检测人员。

（3）疫病抗原检测。通过采样检测种猪疫病抗原阳性率，预测需要隔离或淘汰的数量，计划场地及设施，评估经济效益，制定净化方案。

（4）了解种猪免疫状况。如净化猪伪狂犬病，种猪如果没有使用疫苗或使用了gE基因缺失的疫苗，则可着手净化；如果使用全基因疫苗（如常规灭活苗），则必须换成gE基因缺失的疫苗，半年后方可着手净化。

2. 种猪疫病净化的主要措施

（1）开展血清学检测。种猪场（站）要在2～3d内完成猪的采血并分离血清，所有的血清置于－20℃冰冻保存（3d内能测完的可放于2～8℃冷藏保存），采血过程及样品要防止污染并正规标记。对检测阳性猪进行扑杀或淘汰处理。

（2）加强仔猪选育。实行早期断奶技术，保育期间对留种用的仔猪做一次野毒感染检测，野毒感染抗体阴性的仔猪作种用，阳性仔猪则淘汰。

（3）加强种公猪和后备种母猪监测。为建立阴性、健康的种猪群，后备猪群混群前应严格检测，检疫合格后备猪才可进入猪场。每年定期检测，阳性猪扑杀或淘汰。

（4）对引种严格把关。引进的种猪必须来自非疫区猪场，要有《种畜禽生产合格证》和《动物检疫合格证明》，引进后隔离饲养30～60d，经检疫合格后才可混群饲养。

（5）做好疫苗免疫效果评价。种猪群分胎次、仔猪分周龄按一定比例抽样检测疫苗抗体，评价疫苗的免疫效果，若免疫合格率达不到要求时，应分析是疫苗原因还是生猪自身原因，若是疫苗质量问题可更换疫苗加强免疫一次，若是生猪自身原因，可加强免疫一次，仍不合格，淘汰免疫抗体阴性猪。

（6）重视环境卫生消毒。建立种猪场、生猪人工授精站和周边环境的消毒制度，减少环境中的致病微生物数量。种猪场、生猪人工授精站的粪尿要及时清理和处理，猪场的死胎、流产物、弱仔猪要高温处理，及时清除猪场（站）存在的传染源。

（7）制定寄生虫控制计划。选择高效、安全、广谱的抗寄生虫药。首次执行寄生虫控制程序的猪场，应首先对全场猪进行彻底的驱虫。对怀孕母猪于产前1～4周内用一次抗寄生虫药。对公猪每年至少用药2次。对外寄生虫感染严重的猪场，每年应用药4～6次。所有仔猪在转群时用药1次。后备母猪在配种前用药1次。新进的猪只驱虫两次（每次间隔10～14d），并隔离饲养至少30d才能和其他猪并群。

3. 种猪疫病净化的配套管理措施 在开展种猪疫病净化的同时，必须实行配套管理措施。一是建立严格的防疫体系。必须确保生猪得到有效的防疫和隔离，避免接触到传染源而发生再次感染，同时，种猪场（站）要对猪舍、栏圈定期消毒。二是实施早期断奶技术，降低或控制其他病原的早期感染，建立健康猪群。三是实施全进全出制度，生猪调入调出前后用不同的消毒药物彻底清洗消毒栏舍。四是对生猪实施部分清群。首先对能出售的生猪销售清空，其次对疫病多而复杂的生猪进行清群或分场管理，对濒临淘汰的生猪及早淘汰。对于上述清群后的猪舍进行清洗、消毒、空舍等处理。五是禁止在种猪场、生猪人工授精站内饲养其他动物，实施灭鼠措施。六是加强生猪的保健工作。净化措施会涉及频繁而且数量较多的转群，对转群前后生猪和产前产后母猪进行药物预防保健。

（二）种鸡场疫病净化技术

种鸡的疫病净化是指有些传染病如鸡白痢、支原体病和淋巴白血病等不仅能够经种蛋传递给下一代，这些病还会严重影响鸡的生长发育和产蛋，需要进行净化以消除危害。种鸡场疫病净化工作的关键措施有以下几点：

1. 做到合理布局、全进全出 种鸡场应建立在地势高燥、排水方便、水源充足、水质良好，离公路、河流、村镇（居民区）、工厂、学校和其他畜禽场至少500m以外的地方。特别是与畜禽屠宰场、肉类和畜禽产品加工厂、垃圾站等距离要更远一些。并做好场内合理布局，饲养时全进全出。

2. 重视饲料质量的控制和饮水的卫生消毒 鸡的饮水应清洁、无病原菌。种鸡场应定期对本场的水质进行检测，为保持鸡饮水的清洁卫生，可在鸡舍的进水管上安装消毒系统，按比例向水中加入消毒剂。用于水的消毒药常用的有次氯酸钠等。

3. 重视环境的治理 在重视外环境治理的同时，还应注意鸡舍内环境的控制。鸡舍的温度、湿度、光照、通风、粉尘及微生物的含量等都会影响鸡的生长发育和产蛋。特别是鸡舍的氨气超过限量，对鸡的生长发育甚至免疫都会产生不利影响，还容易诱发传染性鼻炎等呼吸道疾病。因此，应定期对鸡舍内环境进行监测，发现问题，及时采取措施解决。

4. 重视人工授精、种蛋和孵化过程中的消毒工作 为防止鸡白痢、支原体病、淋巴白血病、大肠杆菌病、葡萄球菌病等的传染，首先要保持产蛋箱的清洁卫生，定期消毒，减少种蛋的污染。窝外蛋、破蛋、脏蛋一律不得作为种蛋入孵，被选蛋放入种蛋消毒柜内用28mL/m^3的福尔马林熏蒸消毒30min，然后送入孵化厅（室）定期进行清洗消毒。兽医人员对种蛋和孵化过程中的每个环节定期采样监测消毒效果。采用人工授精的种鸡场要特别注意人工授精所用器具一定要严格消毒，输精时要做到一鸡一管，不能混用。

5. 做好种鸡群的免疫工作 种鸡和商品鸡在免疫方面有相同的地方，也有不同之处。种鸡的免疫不仅要通过免疫本场的种鸡得到保护，还要使下一代雏鸡对一些主要传染病具有高而整齐的母源抗体，使雏鸡对一些主要传染病有抵抗力，这对于提高雏鸡的成活率有重要意义。

（三）奶牛“两病”净化技术

奶牛“两病”是指奶牛布鲁氏菌病和奶牛结核病。这两种病都是人兽共患传染病，对人类健康危害较大。因此，做好奶牛“两病”净化工作意义重大。奶牛“两病”净化工作的关键措施有以下几点：

1. 加强监测、检疫工作 搞好“两病”净化工作，是一个非常漫长的过程，需要加大力度，加强“两病”的防疫检疫工作，才能逐渐达到“两病”净化的目的。每年5～6月对奶牛普遍进行一次布鲁氏菌病和结核病检疫，发现阳性牛要立即扑杀并进行无害化处理。“两病”的监测，成年牛净化每年最好春秋两季各监测1次。

2. 加强宣传，切断传播途径 加强“两病”净化工作的宣传，提高养牛户对“两病”的认识，对于搞好“两病”净化非常重要。可通过出板报、发传单、广播等多种形式，广泛宣传“两病”净化的意义。如可通过鲜奶收购点必须凭奶牛健康证明收购鲜奶等措施，调动养殖户对奶牛“两病”检疫的积极性。对饲养人员、从事“两病”净化工作的人员每年定期进行健康检查，发现患病者，应调离岗位并及时治疗。

3. 加强对外引奶牛的监管　可通过多种方式，如村级防疫员监督饲养户购入奶牛情况，并及时报告当地动物卫生监督管理部门，进行实验室检测、检疫，从而预防“两病”发生。外引奶牛须来自健康群、非疫区，并凭当地动物卫生监督机构出具的《动物检疫合格证明》，方可购入。购入后要隔离饲养45d，再经本地动物防疫监督机构检疫、监测，确认“两病”都为阴性时，方可解除隔离，混群饲养。

4. 严格实行隔离、扑杀、消毒制度　大批检疫时，无论布鲁氏菌病或结核病，对检出的阳性畜均应立即隔离饲养，待检疫结束后，统一扑杀并进行无害化处理。制定饲养户消毒制度，定期进行消毒，尤其对检出阳性牛的场户，更要加强消毒工作。对病牛分泌物、污染物及污染的环境进行彻底消毒。消毒剂可选用适当浓度的氢氧化钠、强力消毒灵等，对控制和净化“两病”都有一定作用。

5. 奶牛“两病”的净化标准　结核病的场群净化标准为：6周龄以上的奶牛每年抽样检测2次，连续2年个体阳性率小于0.1%，且阳性牛已扑杀。布鲁氏菌病的场群净化标准为：连续3年以上，牛布鲁氏菌病个体阳性率在0.2%以下，所有染疫牛均已扑杀，1年内无本地人间新发确诊病例，满足以上条件后，用试管凝集试验、补体结合试验、间接酶联免疫吸附试验（iELISA）或竞争酶联免疫吸附试验（cELISA）检测血清均为阴性，且场群连续2年无本病疫情及本地人间新发确诊病例。

附　　录

附录一　一、二、三类动物疫病病种名录

（2008 年 12 月农业部第 1125 号公告）

一类动物疫病（17 种）

口蹄疫、猪水疱病、猪瘟、非洲猪瘟、高致病性猪蓝耳病、非洲马瘟、牛瘟、牛传染性胸膜肺炎、牛海绵状脑病、痒病、蓝舌病、小反刍兽疫、绵羊痘和山羊痘、高致病性禽流感、新城疫、鲤春病毒血症、白斑综合征。

二类动物疫病（77 种）

多种动物共患病（9 种）：狂犬病、布鲁氏菌病、炭疽、伪狂犬病、魏氏梭菌病、副结核病、弓形虫病、棘球蚴病、钩端螺旋体病。

牛病（8 种）：牛结核病、牛传染性鼻气管炎、牛恶性卡他热、牛白血病、牛出血性败血病、牛梨形虫病（牛焦虫病）、牛锥虫病、日本血吸虫病。

绵羊和山羊病（2 种）：山羊关节炎脑炎、梅迪-维斯纳病。

猪病（12 种）：猪繁殖与呼吸综合征（经典猪蓝耳病）、猪乙型脑炎、猪细小病毒病、猪丹毒、猪肺疫、猪链球菌病、猪传染性萎缩性鼻炎、猪支原体肺炎、旋毛虫病、猪囊尾蚴病、猪圆环病毒病、副猪嗜血杆菌病。

马病（5 种）：马传染性贫血、马流行性淋巴管炎、马鼻疽、马巴贝斯虫病、伊氏锥虫病。

禽病（18 种）：鸡传染性喉气管炎、鸡传染性支气管炎、传染性法氏囊病、马立克氏病、产蛋下降综合征、禽白血病、禽痘、鸭瘟、鸭病毒性肝炎、鸭浆膜炎、小鹅瘟、禽霍乱、鸡白痢、禽伤寒、鸡败血支原体感染、鸡球虫病、低致病性禽流感、禽网状内皮组织增殖症。

兔病（4 种）：兔病毒性出血病、兔黏液瘤病、野兔热、兔球虫病。

蜜蜂病（2 种）：美洲幼虫腐臭病、欧洲幼虫腐臭病。

鱼类病（11 种）：草鱼出血病、传染性脾肾坏死病、锦鲤疱疹病毒病、刺激隐核虫病、淡水鱼细菌性败血症、病毒性神经坏死病、流行性造血器官坏死

病、斑点叉尾鮰病毒病、传染性造血器官坏死病、病毒性出血性败血症、流行性溃疡综合征。

甲壳类病（6 种）：桃拉综合征、黄头病、罗氏沼虾白尾病、对虾杆状病毒病、传染性皮下和造血器官坏死病、传染性肌肉坏死病。

三类动物疫病（63 种）

多种动物共患病（8 种）：大肠杆菌病、李氏杆菌病、类鼻疽、放线菌病、肝片吸虫病、丝虫病、附红细胞体病、Q 热。

牛病（5 种）：牛流行热、牛病毒性腹泻/黏膜病、牛生殖器弯曲杆菌病、毛滴虫病、牛皮蝇蛆病。

绵羊和山羊病（6 种）：肺腺瘤病、传染性脓疱、羊肠毒血症、干酪性淋巴结炎、绵羊疥癣、绵羊地方性流产。

马病（5 种）：马流行性感冒、马腺疫、马鼻腔肺炎、溃疡性淋巴管炎、马媾疫。

猪病（4 种）：猪传染性胃肠炎、猪流行性感冒、猪副伤寒、猪密螺旋体痢疾。

禽病（4 种）：鸡病毒性关节炎、禽传染性脑脊髓炎、传染性鼻炎、禽结核病。

蚕、蜂病（7 种）：蚕型多角体病、蚕白僵病、蜂螨病、瓦螨病、亮热厉螨病、蜜蜂孢子虫病、白垩病。

犬猫等动物病（7 种）：水貂阿留申病、水貂病毒性肠炎、犬瘟热、犬细小病毒病、犬传染性肝炎、猫泛白细胞减少症、利什曼病。

鱼类病（7 种）：鮰类肠败血症、迟缓爱德华氏菌病、小瓜虫病、黏孢子虫病、三代虫病、指环虫病、链球菌病。

甲壳类病（2 种）：河蟹颤抖病、斑节对虾杆状病毒病。

贝类病（6 种）：鲍脓疱病、鲍立克次氏体病、鲍病毒性死亡病、包纳米虫病、折光马尔太虫病、奥尔森派琴虫病。

两栖与爬行类病（2 种）：鳖腮腺炎病、蛙脑膜炎败血金黄杆菌病。

附录二　病死及病害动物无害化处理技术规范

为贯彻落实《中华人民共和国动物防疫法》《生猪屠宰管理条例》《畜禽规模养殖污染防治条例》等有关法律法规，防止动物疫病传播扩散，保障动物产品质量安全，规范病死及病害动物和相关动物产品无害化处理操作技术，制定本规范。

1　适用范围

本规范适用于国家规定的染疫动物及其产品、病死或者死因不明的动物尸体，屠宰前确认的病害动物、屠宰过程中经检疫或肉品品质检验确认为不可食用的动物产品，以及其他应当进行无害化处理的动物及动物产品。

本规范规定了病死及病害动物和相关动物产品无害化处理的技术工艺和操作注意事项，处理过程中病死及病害动物和相关动物产品的包装、暂存、转运、人员防护和记录等要求。

2　引用规范和标准

GB 19217　医疗废物转运车技术要求（试行）
GB 18484　危险废物焚烧污染控制标准
GB 18597　危险废物贮存污染控制标准
GB 16297　大气污染物综合排放标准
GB 14554　恶臭污染物排放标准
GB 8978　污水综合排放标准
GB 5085.3　危险废物鉴别标准
GB/T 16569　畜禽产品消毒规范
GB 19218　医疗废物焚烧炉技术要求（试行）
GB/T 19923　城市污水再生利用工业用水水质
当上述标准和文件被修订时，应使用其最新版本。

3　术语和定义

3.1　无害化处理

本规范所称无害化处理，是指用物理、化学等方法处理病死及病害动物和相关动物产品，消灭其所携带的病原体，消除危害的过程。

3.2 焚烧法

焚烧法是指在焚烧容器内，使病死及病害动物和相关动物产品在富氧或无氧条件下进行氧化反应或热解反应的方法。

3.3 化制法

化制法是指在密闭的高压容器内，通过向容器夹层或容器内通入高温饱和蒸汽，在干热、压力或蒸汽、压力的作用下，处理病死及病害动物和相关动物产品的方法。

3.4 高温法

高温法是指常压状态下，在封闭系统内利用高温处理病死及病害动物和相关动物产品的方法。

3.5 深埋法

深埋法是指按照相关规定，将病死及病害动物和相关动物产品投入深埋坑中并覆盖、消毒，处理病死及病害动物和相关动物产品的方法。

3.6 硫酸分解法

硫酸分解法是指在密闭的容器内，将病死及病害动物和相关动物产品用硫酸在一定条件下进行分解的方法。

4 病死及病害动物和相关动物产品的处理

4.1 焚烧法

4.1.1 适用对象

国家规定的染疫动物及其产品、病死或者死因不明的动物尸体，屠宰前确认的病害动物、屠宰过程中经检疫或肉品品质检验确认为不可食用的动物产品，以及其他应当进行无害化处理的动物及动物产品。

4.1.2 直接焚烧法

4.1.2.1 技术工艺

4.1.2.1.1 可视情况对病死及病害动物和相关动物产品进行破碎等预处理。

4.1.2.1.2 将病死及病害动物和相关动物产品或破碎产物，投至焚烧炉本体燃烧室，经充分氧化、热解，产生的高温烟气进入二次燃烧室继续燃烧，产生的炉渣经出渣机排出。

4.1.2.1.3 燃烧室温度应≥850℃。燃烧所产生的烟气从最后的助燃空气喷射口或燃烧器出口到换热面或烟道冷风引射口之间的停留时间应≥2s。焚烧炉出口烟气中氧含量应为6％～10％（干气）。

4.1.2.1.4　二次燃烧室出口烟气经余热利用系统、烟气净化系统处理，达到 GB 16297 要求后排放。

4.1.2.1.5　焚烧炉渣与除尘设备收集的焚烧飞灰应分别收集、贮存和运输。焚烧炉渣按一般固体废物处理或作资源化利用；焚烧飞灰和其他尾气净化装置收集的固体废物需按 GB 5085.3 要求作危险废物鉴定，如属于危险废物，则按 GB 18484 和 GB 18597 要求处理。

4.1.2.2　操作注意事项

4.1.2.2.1　严格控制焚烧进料频率和重量，使病死及病害动物和相关动物产品能够充分与空气接触，保证完全燃烧。

4.1.2.2.2　燃烧室内应保持负压状态，避免焚烧过程中发生烟气泄露。

4.1.2.2.3　二次燃烧室顶部设紧急排放烟囱，应急时开启。

4.1.2.2.4　烟气净化系统，包括急冷塔、引风机等设施。

4.1.3　炭化焚烧法

4.1.3.1　技术工艺

4.1.3.1.1　病死及病害动物和相关动物产品投至热解炭化室，在无氧情况下经充分热解，产生的热解烟气进入二次燃烧室继续燃烧，产生的固体炭化物残渣经热解炭化室排出。

4.1.3.1.2　热解温度应≥600℃，二次燃烧室温度≥850℃，焚烧后烟气在 850℃以上停留时间≥2s。

4.1.3.1.3　烟气经过热解炭化室热能回收后，降至 600℃左右，经烟气净化系统处理，达到 GB 16297 要求后排放。

4.1.3.2　操作注意事项

4.1.3.2.1　应检查热解炭化系统的炉门密封性，以保证热解炭化室的隔氧状态。

4.1.3.2.2　应定期检查和清理热解气输出管道，以免发生阻塞。

4.1.3.2.3　热解炭化室顶部需设置与大气相连的防爆口，热解炭化室内压力过大时可自动开启泄压。

4.1.3.2.4　应根据处理物种类、体积等严格控制热解的温度、升温速度及物料在热解炭化室里的停留时间。

4.2　化制法

4.2.1　适用对象

不得用于患有炭疽等芽孢杆菌类疫病，以及牛海绵状脑病、痒病的染疫动物及产品、组织的处理。其他适用对象同 4.1.1。

4.2.2　干化法

4.2.2.1　技术工艺

4.2.2.1.1　可视情况对病死及病害动物和相关动物产品进行破碎等预处理。

4.2.2.1.2　病死及病害动物和相关动物产品或破碎产物输送入高温高压灭菌容器。

4.2.2.1.3　处理物中心温度≥140℃，压力≥0.5MPa（绝对压力），时间≥4h（具体处理时间随处理物种类和体积大小而设定）。

4.2.2.1.4　加热烘干产生的热蒸汽经废气处理系统后排出。

4.2.2.1.5　加热烘干产生的动物尸体残渣传输至压榨系统处理。

4.2.2.2　操作注意事项

4.2.2.2.1　搅拌系统的工作时间应以烘干剩余物基本不含水分为宜，根据处理物量的多少，适当延长或缩短搅拌时间。

4.2.2.2.2　应使用合理的污水处理系统，有效去除有机物、氨氮，达到GB 8978要求。

4.2.2.2.3　应使用合理的废气处理系统，有效吸收处理过程中动物尸体腐败产生的恶臭气体，达到GB 16297要求后排放。

4.2.2.2.4　高温高压灭菌容器操作人员应符合相关专业要求，持证上岗。

4.2.2.2.5　处理结束后，需对墙面、地面及其相关工具进行彻底清洗消毒。

4.2.3　湿化法

4.2.3.1　技术工艺

4.2.3.1.1　可视情况对病死及病害动物和相关动物产品进行破碎预处理。

4.2.3.1.2　将病死及病害动物和相关动物产品或破碎产物送入高温高压容器，总质量不得超过容器总承受力的五分之四。

4.2.3.1.3　处理物中心温度≥135℃，压力≥0.3MPa（绝对压力），处理时间≥30min（具体处理时间随处理物种类和体积大小而设定）。

4.2.3.1.4　高温高压结束后，对处理产物进行初次固液分离。

4.2.3.1.5　固体物经破碎处理后，送入烘干系统；液体部分送入油水分离系统处理。

4.2.3.2　操作注意事项

4.2.3.2.1　高温高压容器操作人员应符合相关专业要求，持证上岗。

4.2.3.2.2　处理结束后，需对墙面、地面及其相关工具进行彻底清洗消毒。

4.2.3.2.3 冷凝排放水应冷却后排放，产生的废水应经污水处理系统处理，达到GB 8978要求。

4.2.3.2.4 处理车间废气应通过安装自动喷淋消毒系统、排风系统和高效微粒空气过滤器（HEPA过滤器）等进行处理，达到GB 16297要求后排放。

4.3 高温法

4.3.1 适用对象

同4.2.1。

4.3.2 技术工艺

4.3.2.1 可视情况对病死及病害动物和相关动物产品进行破碎等预处理。处理物或破碎产物体积（长×宽×高）≤125cm³（5cm×5cm×5cm）。

4.3.2.2 向容器内输入油脂，容器夹层经导热油或其他介质加热。

4.3.2.3 将病死及病害动物和相关动物产品或破碎产物输送入容器内，与油脂混合。常压状态下，维持容器内部温度≥180℃，持续时间≥2.5h（具体处理时间随处理物种类和体积大小而设定）。

4.3.2.4 加热产生的热蒸汽经废气处理系统后排出。

4.3.2.5 加热产生的动物尸体残渣传输至压榨系统处理。

4.3.3 操作注意事项

同4.2.2.2。

4.4 深埋法

4.4.1 适用对象

发生动物疫情或自然灾害等突发事件时病死及病害动物的应急处理，以及边远和交通不便地区零星病死畜禽的处理。不得用于患有炭疽等芽孢杆菌类疫病，以及牛海绵状脑病、痒病的染疫动物及产品、组织的处理。

4.4.2 选址要求

4.4.2.1 应选择地势高燥，处于下风向的地点。

4.4.2.2 应远离学校、公共场所、居民住宅区、村庄、动物饲养和屠宰场所、饮用水源地、河流等地区。

4.4.3 技术工艺

4.4.3.1 深埋坑体容积以实际处理动物尸体及相关动物产品数量确定。

4.4.3.2 深埋坑底应高出地下水位1.5m以上，要防渗、防漏。

4.4.3.3 坑底洒一层厚度为2～5cm的生石灰或漂白粉等消毒药。

4.4.3.4　将动物尸体及相关动物产品投入坑内，最上层距离地表1.5m以上。

4.4.3.5　生石灰或漂白粉等消毒药消毒。

4.4.3.6　覆盖距地表20～30cm，厚度不少于1～1.2m的覆土。

4.4.4　操作注意事项

4.4.4.1　深埋覆土不要太实，以免腐败产气造成气泡冒出和液体渗漏。

4.4.4.2　深埋后，在深埋处设置警示标识。

4.4.4.3　深埋后，第一周内应每日巡查1次，第二周起应每周巡查1次，连续巡查3个月，深埋坑塌陷处应及时加盖覆土。

4.4.4.4　深埋后，立即用氯制剂、漂白粉或生石灰等消毒药对深埋场所进行1次彻底消毒。第一周内应每日消毒1次，第二周起应每周消毒1次，连续消毒三周以上。

4.5　化学处理法

4.5.1　硫酸分解法

4.5.1.1　适用对象

同4.2.1。

4.5.1.2　技术工艺

4.5.1.2.1　可视情况对病死及病害动物和相关动物产品进行破碎等预处理。

4.5.1.2.2　将病死及病害动物和相关动物产品或破碎产物，投至耐酸的水解罐中，按每吨处理物加入水150～300kg，后加入98%的浓硫酸300～400kg（具体加入水和浓硫酸量随处理物的含水量而设定）。

4.5.1.2.3　密闭水解罐，加热使水解罐内升至100～108℃，维持压力≥0.15MPa，反应时间≥4h，至罐体内的病死及病害动物和相关动物产品完全分解为液态。

4.5.1.3　操作注意事项

4.5.1.3.1　处理中使用的强酸应按国家危险化学品安全管理、易制毒化学品管理有关规定执行，操作人员应做好个人防护。

4.5.1.3.2　水解过程中要先将水加到耐酸的水解罐中，然后加入浓硫酸。

4.5.1.3.3　控制处理物总体积不得超过容器容量的70%。

4.5.1.3.4　酸解反应的容器及储存酸解液的容器均要求耐强酸。

4.5.2　化学消毒法

4.5.2.1　适用对象

适用于被病原微生物污染或疑似被污染的动物皮毛消毒。

4.5.2.2 盐酸食盐溶液消毒法

4.5.2.2.1 用2.5%盐酸溶液和15%食盐水溶液等量混合，将皮张浸泡在此溶液中，并使溶液温度保持在30℃左右，浸泡40h，$1m^2$ 的皮张用10L消毒液（或按100mL 25%食盐水溶液中加入盐酸1mL配制消毒液，在室温15℃条件下浸泡48h，皮张与消毒液之比为1∶4）。

4.5.2.2.2 浸泡后捞出沥干，放入2%（或1%）氢氧化钠溶液中，以中和皮张上的酸，再用水冲洗后晾干。

4.5.2.3 过氧乙酸消毒法

4.5.2.3.1 将皮毛放入新鲜配制的2%过氧乙酸溶液中浸泡30min。

4.5.2.3.2 将皮毛捞出，用水冲洗后晾干。

4.5.2.4 碱盐液浸泡消毒法

4.5.2.4.1 将皮毛浸入5%碱盐液（饱和盐水内加5%氢氧化钠）中，室温（18～25℃）浸泡24h，并随时加以搅拌。

4.5.2.4.2 取出皮毛挂起，待碱盐液流净，放入5%盐酸液内浸泡，使皮上的酸碱中和。

4.5.2.4.3 将皮毛捞出，用水冲洗后晾干。

5 收集转运要求

5.1 包装

5.1.1 包装材料应符合密闭、防水、防渗、防破损、耐腐蚀等要求。

5.1.2 包装材料的容积、尺寸和数量应与需处理病死及病害动物和相关动物产品的体积、数量相匹配。

5.1.3 包装后应进行密封。

5.1.4 使用后，一次性包装材料应作销毁处理，可循环使用的包装材料应进行清洗消毒。

5.2 暂存

5.2.1 采用冷冻或冷藏方式进行暂存，防止无害化处理前病死及病害动物和相关动物产品腐败。

5.2.2 暂存场所应能防水、防渗、防鼠、防盗，易于清洗和消毒。

5.2.3 暂存场所应设置明显警示标识。

5.2.4 应定期对暂存场所及周边环境进行清洗消毒。

5.3 转运

5.3.1 可选择符合GB 19217条件的车辆或专用封闭厢式运载车辆。车厢四壁及底部应使用耐腐蚀材料，并采取防渗措施。

5.3.2　专用转运车辆应加施明显标识，并加装车载定位系统，记录转运时间和路径等信息。

5.3.3　车辆驶离暂存、养殖等场所前，应对车轮及车厢外部进行消毒。

5.3.4　转运车辆应尽量避免进入人口密集区。

5.3.5　若转运途中发生渗漏，应重新包装、消毒后运输。

5.3.6　卸载后，应对转运车辆及相关工具等进行彻底清洗、消毒。

6　其他要求

6.1　人员防护

6.1.1　病死及病害动物和相关动物产品的收集、暂存、转运、无害化处理操作的工作人员应经过专门培训，掌握相应的动物防疫知识。

6.1.2　工作人员在操作过程中应穿戴防护服、口罩、护目镜、胶鞋及手套等防护用具。

6.1.3　工作人员应使用专用的收集工具、包装用品、转运工具、清洗工具、消毒器材等。

6.1.4　工作完毕后，应对一次性防护用品作销毁处理，对循环使用的防护用品消毒处理。

6.2　记录要求

6.2.1　病死及病害动物和相关动物产品的收集、暂存、转运、无害化处理等环节应建有台账和记录。有条件的地方应保存转运车辆行车信息和相关环节视频记录。

6.2.2　台账和记录

6.2.2.1　暂存环节

6.2.2.1.1　接收台账和记录应包括病死及病害动物和相关动物产品来源场（户）、种类、数量、动物标识号、死亡原因、消毒方法、收集时间、经办人员等。

6.2.2.1.2　运出台账和记录应包括运输人员、联系方式、转运时间、车牌号、病死及病害动物和相关动物产品种类、数量、动物标识号、消毒方法、转运目的地以及经办人员等。

6.2.2.2　处理环节

6.2.2.2.1　接收台账和记录应包括病死及病害动物和相关动物产品来源、种类、数量、动物标识号、转运人员、联系方式、车牌号、接收时间及经手人员等。

6.2.2.2.2 处理台账和记录应包括处理时间、处理方式、处理数量及操作人员等。

6.2.3 涉及病死及病害动物和相关动物产品无害化处理的台账和记录至少要保存两年。

参　考　文　献

胡新岗，桂文龙，2012. 动物防疫技术［M］. 北京：中国农业出版社.

胡新岗，蒋春茂，2019. 动物防疫与检疫技术［M］. 北京：中国林业出版社.

薛广波，2002. 现代消毒学［M］. 北京：人民军医出版社.

张文福，2002. 医学消毒学［M］. 北京：军事医学科学出版社.

张振兴，姜平，2010. 医学消毒学［M］. 北京：中国农业出版社.

赵德明，张仲秋，周向梅等，2014. 猪病学［M］. 北京：中国农业大学出版社.

中华人民共和国卫生部，2002.《消毒技术规范》第二部分［S］. 北京：卫生部卫生法制与监督司.

候加法，2002. 小动物疾病学［M］. 北京：中国农业出版社.

黄炎坤，雎富根，2009. 禽场消毒与防疫［M］. 郑州：中原出版传媒集团中原农民出版社.

图书在版编目（CIP）数据

畜禽养殖场生物安全简明手册/胡新岗，王胜主编
.—北京：中国农业出版社，2021.1
ISBN 978-7-109-27728-1

Ⅰ.①畜…　Ⅱ.①胡…②王…　Ⅲ.①畜禽—养殖场—安全管理—手册　Ⅳ.①X713-62

中国版本图书馆 CIP 数据核字（2021）第 003569 号

中国农业出版社出版
地址：北京市朝阳区麦子店街 18 号楼
邮编：100125
责任编辑：神翠翠　武旭峰
版式设计：杜　然　　责任校对：刘丽香
印刷：北京中兴印刷有限公司
版次：2021 年 1 月第 1 版
印次：2021 年 1 月北京第 1 次印刷
发行：新华书店北京发行所
开本：720mm×960mm　1/16
印张：14.25　　插页：2
字数：260 千字
定价：58.00 元

彩图3-1　褐家鼠

彩图3-2　黄胸鼠

彩图3-3　小家鼠

彩图3-4　黄毛鼠

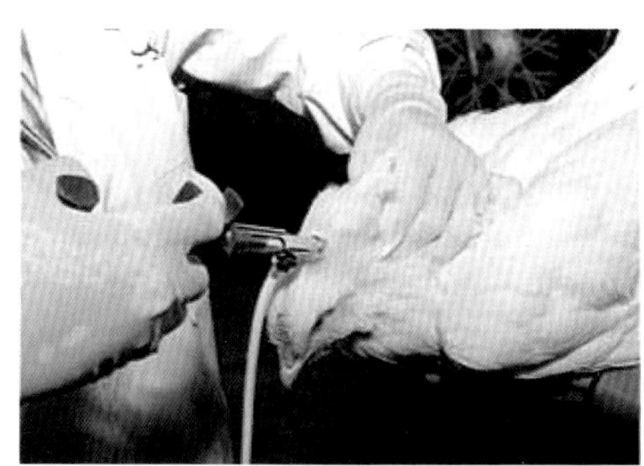
彩图5-1　鸡的皮下注射

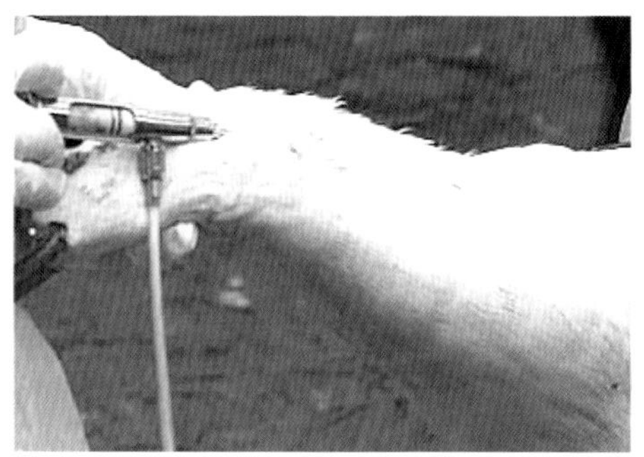
彩图5-2　鸭的皮下注射

彩图5-3　猪肌内注射部位标示（圆圈处）

彩图5-4　肥猪肌内注射

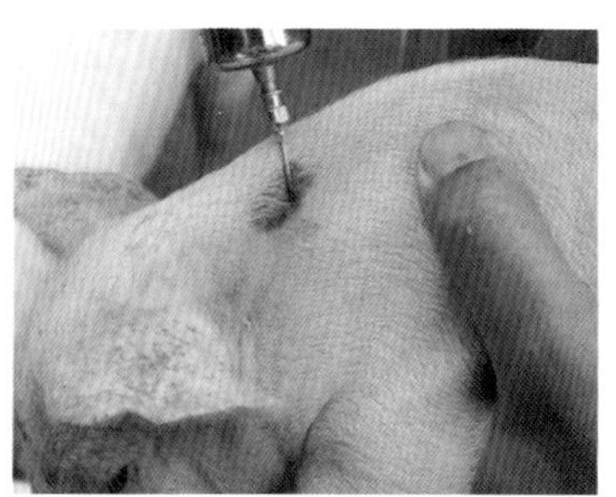
彩图5-5　仔猪肌内注射

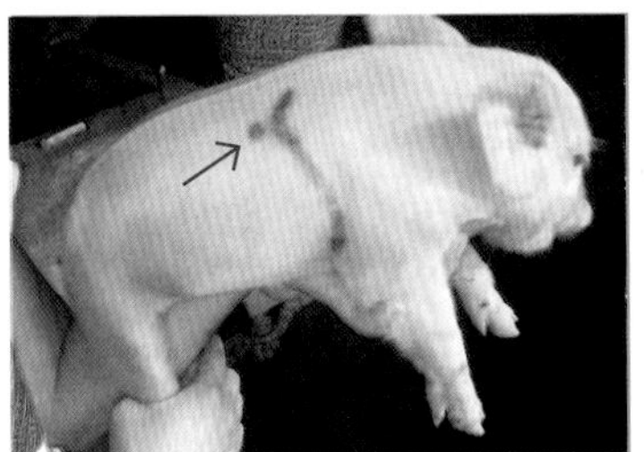

彩图5-6　猪胸腔注射部位（箭头所指处）

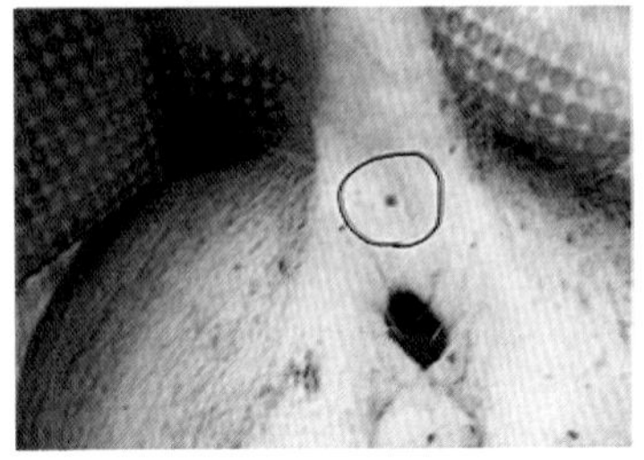

彩图5-7　猪后海穴注射部位标示

彩图5-8　鸽滴鼻免疫

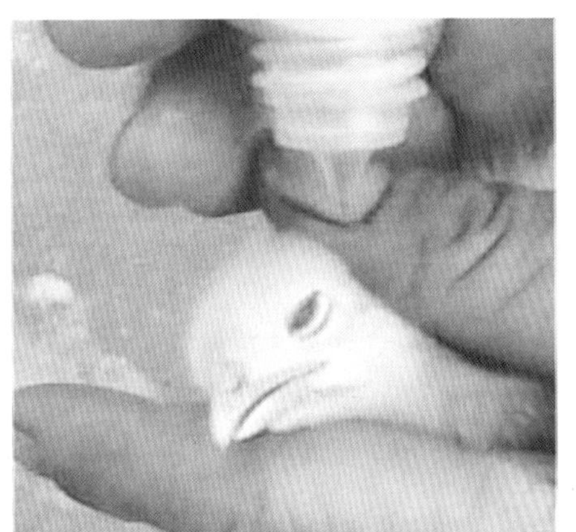

彩图5-9　雏鸡点眼免疫

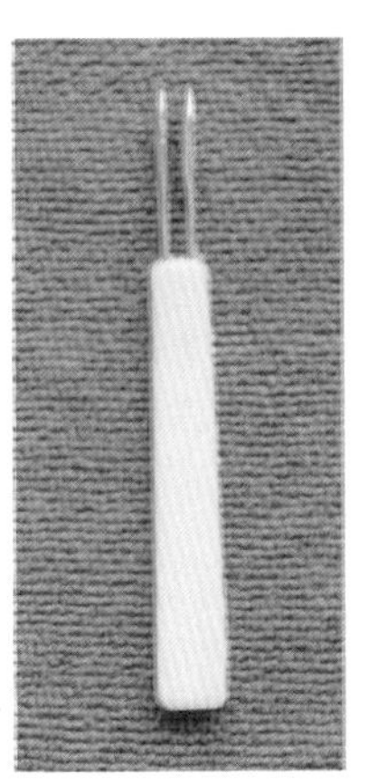

彩图5-10　刺种针

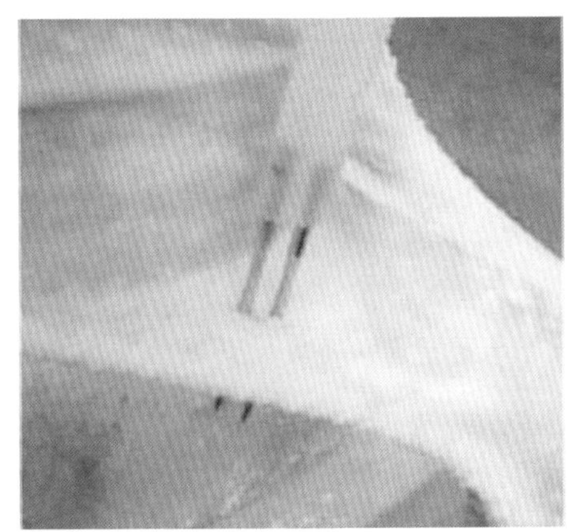

彩图5-11　鸡翼膜刺种

彩图6-1　鸡新城疫病鸡腺胃乳头出血

彩图6-2　鸭病毒性肝炎肝脏出血斑

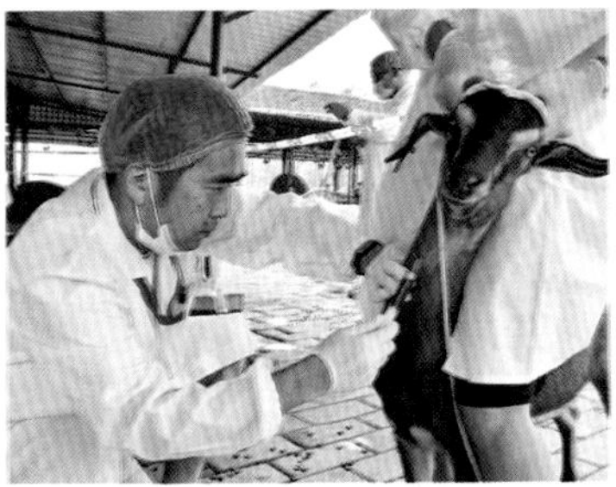

彩图6-3　羊颈静脉采血

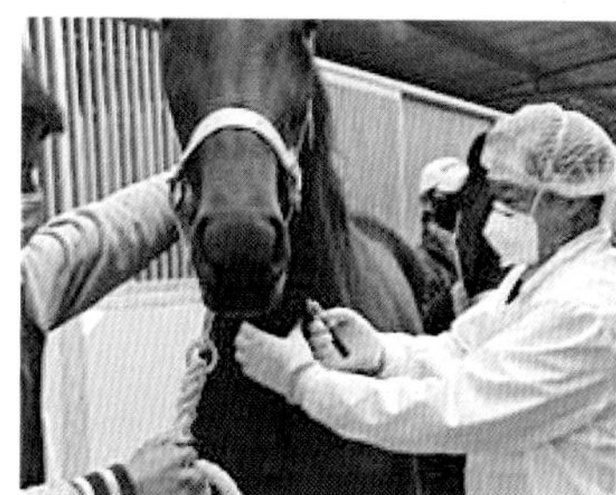
彩图6-4　马颈静脉采血

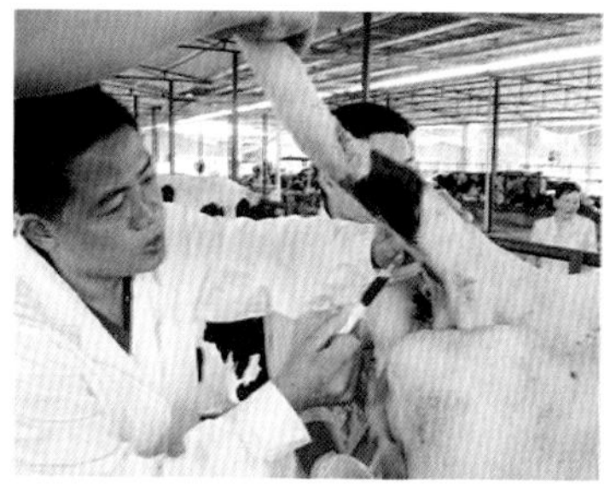
彩图6-5　牛尾静脉采血

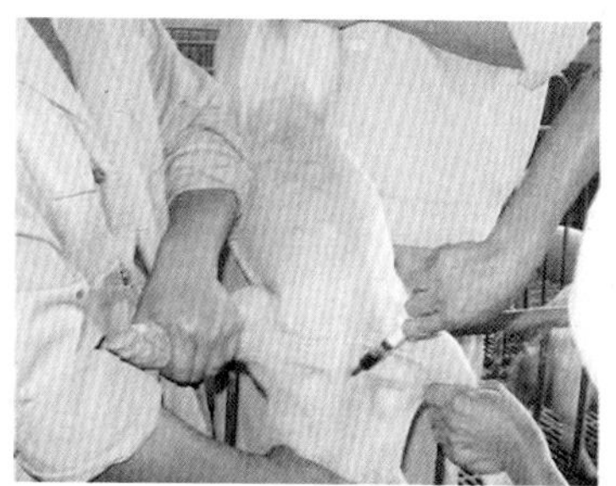
彩图6-6　小猪的保定和前腔静脉采血

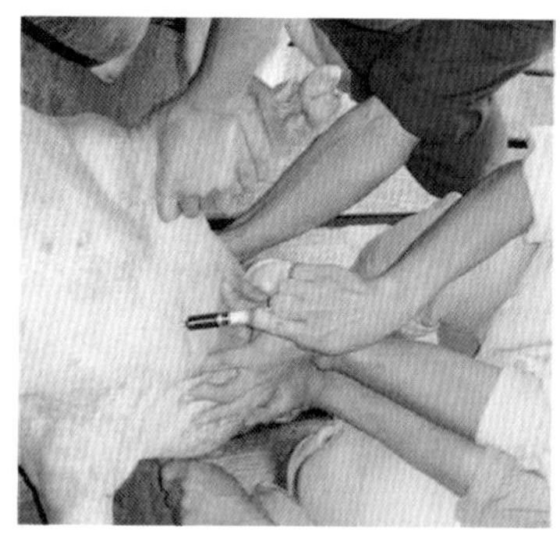
彩图6-7　侧卧式保定和前腔静脉采血

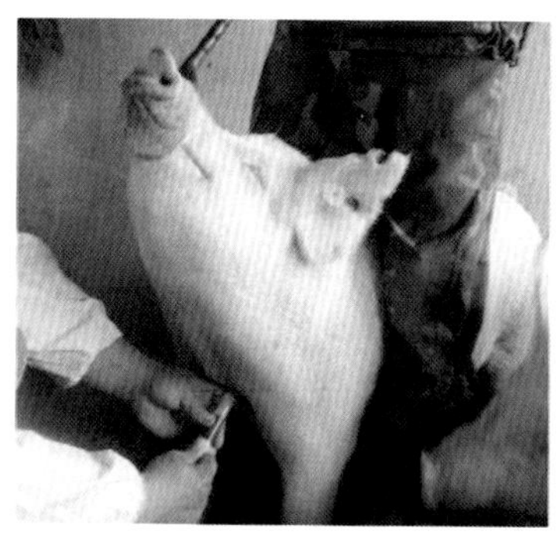
彩图6-8　前肢立式保定和前腔静脉采血

彩图6-9　猪栏内保定和前腔静脉采血

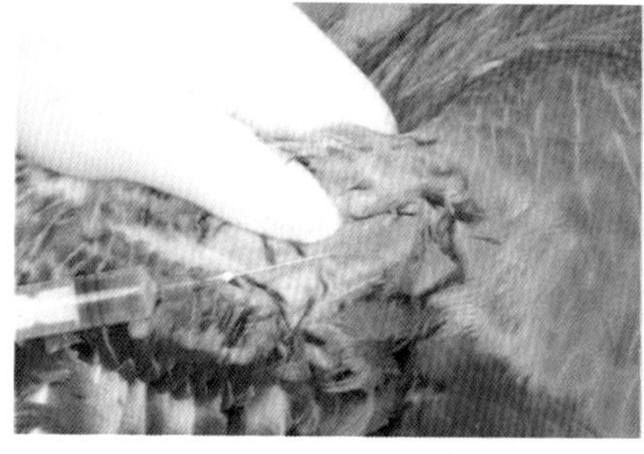
彩图6-10　鸡翅静脉采血

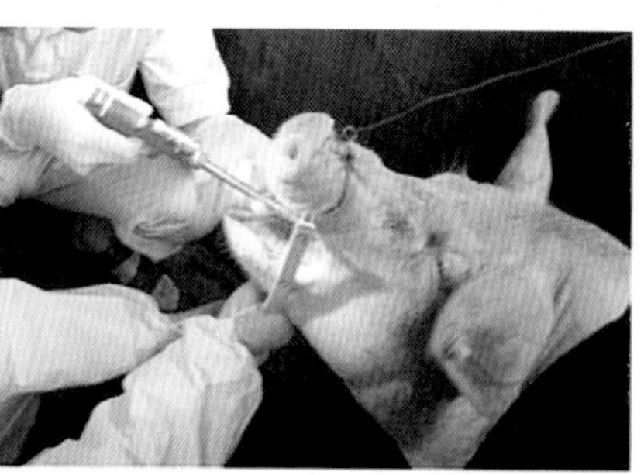
彩图6-11　猪扁桃体采样

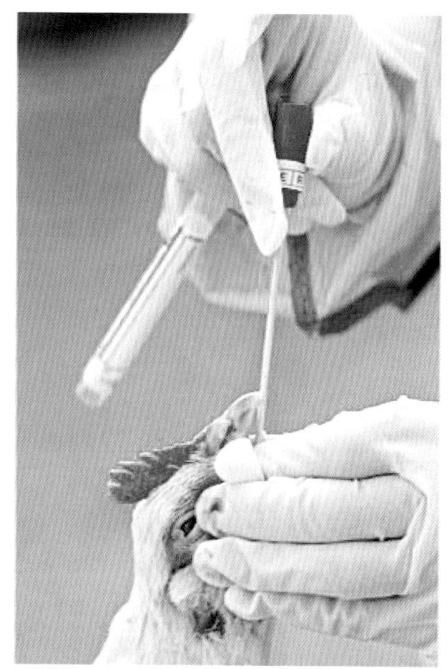
彩图6-12　病禽咽喉拭子采集